MATLAB程序设计

重新定义科学计算工具学习方法

王赫然 / 编著

清華大學出版社

北京

内 容 简 介

MATLAB是一款用于科学与工程计算的高级编程语言，是科学家与工程师必备工具。本书强调MATLAB软件的精髓和应用性，基于 MATLAB R2020a 版本，重新定义了一套最为高效、实用的MATLAB软件学习方法。

本书结构清晰不失全面，语言精要不失生动，既可作为高等院校 MATLAB 教学的参考教材，也可作为广大科研工程技术人员的参考用书。

图书在版编目(CIP)数据

MATLAB程序设计：重新定义科学计算工具学习方法/王赫然编著. —北京：清华大学出版社，2020.7 (2025.1重印)

ISBN 978-7-302-55455-4

Ⅰ. ①M… Ⅱ. ①王… Ⅲ. ①Matlab软件—程序设计 Ⅳ. ①TP317

中国版本图书馆 CIP 数据核字(2020)第 083953 号

责任编辑：盛东亮 钟志芳
封面设计：吴 刚
责任校对：白 蕾
责任印制：杨 艳

出版发行：清华大学出版社
网 址：https://www.tup.com.cn，https://www.wqxuetang.com
地 址：北京清华大学学研大厦 A 座 **邮 编**：100084
社 总 机：010-83470000 **邮 购**：010-62786544
投稿与读者服务：010-62776969，c-service@tup. tsinghua. edu. cn
质量反馈：010-62772015，zhiliang@tup. tsinghua. edu. cn
课件下载：https://www.tup.com.cn，010-83470236
印 装 者：三河市龙大印装有限公司
经 销：全国新华书店
开 本：186mm×240mm **印 张**：15.75 **字 数**：351 千字
版 次：2020 年 9 月第 1 版 **印 次**：2025 年 1 月第 4 次印刷
印 数：4201～4700
定 价：69.00 元

产品编号：086123-01

前言

MATLAB 是一款由 MathWorks 公司推出的科学计算软件，是用于科学与工程计算的高效的高级编程语言。MATLAB 拥有极为强大的功能，是科学家与工程师的必备工具。本书强调 MATLAB 软件的精髓和应用性，重新定义了高效实用的 MATLAB 软件学习方法。

1. MATLAB：科学家与工程师的必备神器

MATLAB 在处理矩阵运算方面有着极强的先天优势，它将矩阵高性能数值计算与图形可视化相结合，将矩阵化程序设计与简单友好的编程语法相结合，被广泛应用在几乎所有科学与工程领域，是科学思维和数学功能的具象体现，也是科学计算领域杰出的软件工具。MATLAB 除了在数学、图形与编程领域表现优异，还拥有海量优质工具箱、实时脚本编辑器、图形用户界面设计工具 AppDesigner、Simulink 组件等强大功能，广泛应用于数学教学、分析数学模型、数据处理及可视化、算法开发、软件制作、动态系统仿真分析等场景，是理工科学生应该深入学习的软件工具。

2. 本书特色：抓住思想核心，结构化学习路线

本书基于 MATLAB R2020a 进行编写，与同类图书相比具有如下诸多特色：

(1) 强调矩阵思想核心，体会基于矩阵的数据结构与程序设计。

(2) 精心编排结构化的高效学习路线，全面涵盖软件主线功能。

(3) 开辟市面罕见的 AppDesigner 教学，深挖 App 设计思想与技术。

(4) 精编极简实用例程、实时脚本助力教学，极大降低学习成本。

3. 高效实用：重新定义 MATLAB 学习方法

本书采用一套快捷有效的 MATLAB 学习策略安排章节内容，章节分布极为考究，建议读者一定依序学习如下内容：

(1) 学习基本流程，熟悉软件框架(第 2 章)。

(2) 理解矩阵思想，练习矩阵编程(第 3 章)。

(3) 进行功能集中实践，探索解决问题的方法(第 4～6 章)。

(4) 聚焦软件设计制作，完成大型项目实践(第 7 章)。

笔者常年奋战在科研一线，深谙 MATLAB 蕴含的巨大能量，也思考并实践如何帮助读者极速掌握 MATLAB 的教学方法，将个人所学提炼成此书，但因水平有限，书中难免有欠妥之处，望读者和同仁不吝赐教。

王赫然

2020 年 4 月 6 日

目录

第1章　初识 MATLAB——数学、图形与编程 …… 1
1.1　MATLAB 概述 …… 1
1.1.1　诞生与发展 …… 1
1.1.2　功能特点 …… 2
1.1.3　应用场景 …… 5
1.1.4　软件地位 …… 6
1.1.5　MATLAB 工具箱 …… 8
1.2　MATLAB 开发环境 …… 9
1.2.1　版本选择 …… 10
1.2.2　开发环境配置 …… 10
1.2.3　命令行窗口 …… 15
1.2.4　编辑器窗口 …… 15
1.2.5　工作区及变量编辑器 …… 17
1.3　MATLAB 学习方法 …… 18
1.3.1　学习策略 …… 18
1.3.2　帮助文档使用指南 …… 19
1.3.3　常见疑问解答 …… 26
本章小结 …… 28
第2章　MATLAB 极速入门 …… 29
2.1　MATLAB 入门基础 …… 29
2.1.1　变量创建与赋值 …… 29
2.1.2　矩阵操作基础 …… 30
2.1.3　矩阵计算基础 …… 31
2.1.4　矩阵索引基础 …… 32
2.1.5　字符型矩阵 …… 33
2.2　图形可视化 …… 34
2.2.1　图形可视化原理 …… 34
2.2.2　多组数据的绘图 …… 34
2.2.3　三维绘图 …… 36
2.2.4　子图绘制 …… 36

目录

2.3 数学计算 …… 37

2.3.1 线性代数 …… 37

2.3.2 微积分 …… 38

2.3.3 微分方程 …… 39

2.3.4 概率统计 …… 40

2.4 程序设计 …… 41

2.4.1 if 控制流 …… 41

2.4.2 for 控制流 …… 42

2.4.3 脚本 …… 43

2.4.4 函数 …… 44

2.4.5 矩阵编程 …… 45

本章小结 …… 46

第 3 章 MATLAB 核心——矩阵 …… 47

3.1 矩阵与数据类型 …… 47

3.1.1 数值矩阵 …… 48

3.1.2 字符矩阵 …… 49

3.1.3 符号矩阵 …… 50

3.2 矩阵与数据结构 …… 51

3.2.1 元胞数组 …… 51

3.2.2 结构体 …… 53

3.2.3 表 …… 54

3.3 矩阵操作 …… 56

3.3.1 索引操作 …… 56

3.3.2 逻辑操作 …… 58

3.3.3 函数操作 …… 59

3.3.4 实用技巧 …… 61

3.4 矩阵运算 …… 62

3.4.1 算术运算 …… 63

3.4.2 逻辑运算 …… 64

3.4.3 关系运算 …… 65

3.5 矩阵编程 …… 66

3.5.1 矩阵编程举例 …… 66

目录

3.5.2 矩阵编程要点 …… 68
本章小结 …… 69
第 4 章 MATLAB 图形可视化 …… 70
4.1 绘图技术 …… 70
4.1.1 线图 …… 72
4.1.2 数据分布图 …… 78
4.1.3 离散数据图 …… 80
4.1.4 极坐标图 …… 83
4.1.5 二维向量与标量场 …… 85
4.1.6 三维向量与标量场 …… 87
4.2 图形外观 …… 89
4.2.1 文本和符号信息 …… 89
4.2.2 坐标区外观 …… 91
4.2.3 颜色栏和配色方案 …… 91
4.2.4 三维渲染 …… 92
4.2.5 实用技术 …… 93
4.3 图像处理 …… 97
4.3.1 读写处理 …… 97
4.3.2 算术运算 …… 98
4.3.3 逻辑运算 …… 99
4.3.4 几何运算 …… 100
4.3.5 灰度运算 …… 101
4.4 动画制作 …… 102
4.4.1 动画原理 …… 102
4.4.2 视频生成 …… 103
本章小结 …… 104
第 5 章 MATLAB 数学计算 …… 105
5.1 初等数学 …… 105
5.1.1 离散数学 …… 105
5.1.2 多项式 …… 105
5.2 线性代数 …… 106
5.2.1 矩阵基础运算 …… 107

目录

5.2.2 矩阵分解 …… 107

5.2.3 线性方程及矩阵的逆 …… 108

5.3 微积分 …… 109

5.3.1 极限 …… 110

5.3.2 导数 …… 110

5.3.3 积分 …… 111

5.3.4 泰勒展开 …… 112

5.3.5 傅里叶展开 …… 113

5.4 插值与拟合 …… 114

5.4.1 一维插值 …… 114

5.4.2 二维网格数据插值 …… 115

5.4.3 二维一般数据插值 …… 116

5.4.4 多项式拟合 …… 117

5.4.5 最小二乘拟合 …… 117

5.5 代数方程与优化 …… 118

5.5.1 代数方程 …… 118

5.5.2 无约束优化 …… 119

5.5.3 线性规划 …… 120

5.5.4 非线性规划 …… 121

5.5.5 最大值最小化 …… 122

5.6 微分方程 …… 122

5.6.1 常微分方程解析解 …… 123

5.6.2 常微分方程数值解 …… 124

5.6.3 微分方程 Simulink 求解 …… 125

5.6.4 抛物-椭圆形偏微分方程 …… 126

5.6.5 偏微分方程工具箱 …… 127

5.7 概率统计 …… 134

5.7.1 概率分布 …… 134

5.7.2 伪随机数 …… 136

5.7.3 统计量分析 …… 137

5.7.4 参数估计 …… 138

5.7.5 假设检验 …… 140

本章小结 …… 140

目录

第 6 章 MATLAB 程序设计 …… 141
6.1 数据结构 …… 141
6.1.1 数据类型 …… 141
6.1.2 数据结构 …… 142
6.1.3 应用技巧 …… 143
6.2 控制流结构 …… 144
6.2.1 分支结构 …… 145
6.2.2 循环结构 …… 147
6.2.3 试错结构 …… 150
6.3 程序文件结构 …… 150
6.3.1 脚本 …… 150
6.3.2 函数 …… 151
6.3.3 类 …… 153
6.4 矩阵化编程 …… 154
6.4.1 基础操作与运算 …… 154
6.4.2 矩阵化算法函数 …… 154
6.5 编程习惯 …… 157
6.5.1 命名习惯 …… 157
6.5.2 代码习惯 …… 160
6.5.3 项目习惯 …… 162
6.5.4 性能习惯 …… 163
6.6 程序交互设计 …… 165
6.6.1 命令行交互 …… 165
6.6.2 文件交互 …… 166
6.6.3 语音交互 …… 168
6.6.4 局部 UI 交互 …… 168
6.7 调试与分发 …… 172
6.7.1 调试脚本 …… 172
6.7.2 程序调试 …… 173
6.7.3 加密分发 …… 175
本章小结 …… 176

目录

第 7 章 MATLAB 软件设计——AppDesigner …… 177
7.1 AppDesigner 介绍 …… 178
7.1.1 GUIDE 替代品 …… 178
7.1.2 基本功能 …… 179
7.1.3 快速入门 …… 180
7.2 AppDesigner 组件 …… 182
7.2.1 常用组件 …… 183
7.2.2 容器组件 …… 189
7.2.3 仪表组件 …… 191
7.3 AppDesigner 编程 …… 193
7.3.1 代码视图 …… 193
7.3.2 编写回调 …… 195
7.3.3 启动任务 …… 196
7.3.4 多窗口 App …… 197
7.3.5 App 打包 …… 199
7.4 软件设计实战 …… 202
7.4.1 功能设计 …… 202
7.4.2 数据准备 …… 203
7.4.3 UI 设计 …… 204
7.4.4 自建准备 …… 205
7.4.5 添加回调 …… 206
7.4.6 填写函数 …… 208
7.4.7 效果分析 …… 210
7.5 App 编程构建方法 …… 212
7.5.1 面向对象编程 …… 212
7.5.2 App 类应用 …… 214
7.5.3 App 编程构建 …… 216
本章小结 …… 217
附录 A 工具箱大全 …… 218
附录 B 常用函数大全 …… 221
B.1 MATLAB 语言基础知识 …… 221
B.1.1 输入命令及功能 …… 221
B.1.2 矩阵和数组 …… 221

B.1.3 运算符和基本运算 …… 222
B.1.4 数据类型 …… 222
B.2 数学 …… 224
B.2.1 初等数学 …… 224
B.2.2 线性代数 …… 226
B.2.3 随机数生成 …… 226
B.2.4 插值 …… 226
B.2.5 优化 …… 227
B.2.6 数值积分和微分方程 …… 227
B.2.7 傅里叶分析和滤波 …… 228
B.2.8 稀疏矩阵 …… 228
B.2.9 图和网络算法 …… 228
B.3 图形 …… 229
B.3.1 二维图和三维图 …… 229
B.3.2 格式和注释 …… 231
B.3.3 图像 …… 232
B.3.4 打印和保存 …… 232
B.3.5 图形对象 …… 232
B.4 数据导入和分析 …… 233
B.4.1 数据导入和导出 …… 233
B.4.2 数据的预处理 …… 234
B.4.3 描述性统计量 …… 235
B.5 脚本和函数编程 …… 235
B.5.1 控制流 …… 235
B.5.2 脚本与函数 …… 235
B.5.3 文件和文件夹 …… 236
B.5.4 代码分析和执行 …… 236
B.6 App 构建 …… 236
B.6.1 App 设计工具 …… 236
B.6.2 编程工作流 …… 237
B.7 高级软件开发 …… 238
B.7.1 App 测试框架 …… 238
B.7.2 性能和内存 …… 238

第1章 初识MATLAB——数学、图形与编程

MATLAB是一款由MathWorks公司推出的科学计算软件，是用于科学工程计算的高级高效编程语言。

MATLAB是Matrix Laboratory的缩写，意为“矩阵实验室”，正如其名，MATLAB在处理矩阵运算方面有着很强的先天优势，它将基于矩阵的高性能数值计算与图形可视化相结合，将矩阵化程序设计与最简单友好的编程语法相结合，提供了海量的优质权威内置函数，被广泛应用在几乎所有科学工程领域，成为科学家与工程师们的必备工具。

本章是全书最重要的一章，不仅全面介绍了MATLAB是什么以及如何使用，还阐明了快速、高效学习MATLAB的方法，建议读者无论是否曾经学过MATLAB，都要认真阅读本章内容。

1.1 MATLAB概述

MATLAB从1984年进入市场至今，以它顶尖的数学、图形和编程能力及面向科研界与工业界前沿需求的诸多功能，成为各行业核心前沿领域的最重要的软件工具之一，甚至成为“领域专家”和“科研机构”的标准配置；其拥有的海量优质工具箱体系让它与其他编程语言拉开了差距，成为科学计算领域最杰出的，也是理工科学生最值得深入学习的软件工具之一。

1.1.1 诞生与发展

很难想象，在没有计算机和MATLAB语言的时代，人们是如何进行科学研究与工程开发的。

20世纪70年代后期，时任美国新墨西哥大学教授的克里夫·莫勒尔(Cleve Moler)在进行线性代数教学的过程中，为了让学生能更方便地使用计算机进行矩阵运算，借助FORTRAN语言独立编写了第一代版本的MATLAB，可以完成矩阵的转置、行列式、特征值等计算功能。

1983 年，莫勒尔到斯坦福大学访问交流时遇到了工程师杰克・李特(Jack Little)，李特敏锐的工程直觉告诉他，这个工具将从根本上改变科学家与工程师的生活，他叫上好友斯蒂夫・班格尔特(Steve Bangert)三人一起花了一年半的时间，用 C 语言开发了第二代版本的 MATLAB，并且加入了数据可视化的功能。

1984 年，MathWorks 公司应运而生，MATLAB 从此进入了市场。可以说，MATLAB 的发展领先于人们对于软件的认识，因为当时的计算机还是 DOS 系统，人们对于数据的计算机图形化还普遍比较陌生；直到 1992 年，MATLAB 4.0 微机版的推出，与微软 Windows 系统的对接，才使得 MATLAB 软件大放异彩，而这一代版本也提供了前所未有的强大功能，如 Simulink 模块、硬件开发接口、符号计算工具包、与 Word 无缝连接的 Notebook，从此奠定了它在科学计算领域的王者地位。

此后，MathWorks 公司从 1992—2005 年分别推出了 MATLAB 4.0 ～7.1 共 18 个版本，从 2006 年开始，MathWorks 公司定下发布规则，即每年的 3 月和 9 月分别推出一个新版本，并以年份加字母 a 或 b 来命名，如在 2020 年 3 月发布的即为 MATLAB 2020a 版本。

MATLAB 从无到有、从 0 到 1 的故事，与国外许多优秀的科学工程软件一样，首先在高校等科研单位面向科研需求而诞生，再转化到商业化公司或企业中发展壮大；其实我国也有诸多优秀的软件科研项目，只是罕有应用转化，因此在科学计算软件方面，国内暂时还没有可与之媲美的软件产品，是非常遗憾的。

1.1.2 功能特点

根据官方网站的提炼，MATLAB 有 3 项最擅长的功能，即数学、图形与编程(Math，Graphics，Programming)，如图 1-1 所示。

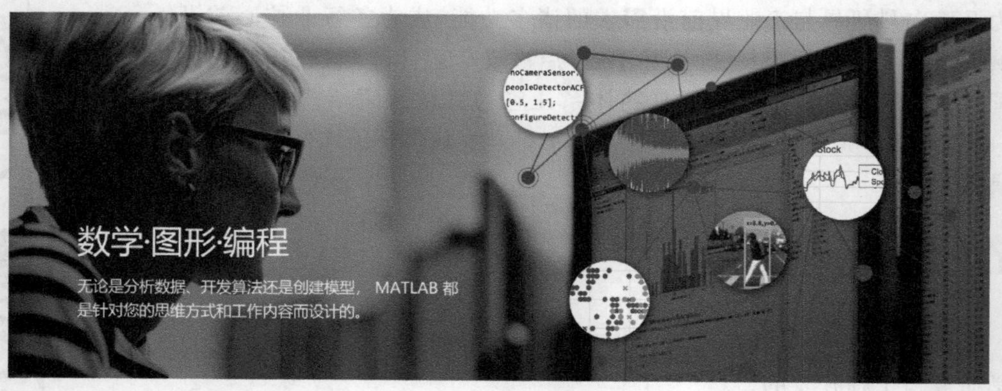

图 1-1 MATLAB 核心基础功能

(1) 数学计算。数学计算包括数值计算与符号计算，MATLAB 非常擅长解决线性代数、微积分、概率统计、数值分析、数据分析及其他数学领域计算问题，是公认的数学计算功能最强大、最权威的软件之一。

(2) 图形可视化。将数值计算得到的数据具象化、可视化地表达出来,是解决科学与工程问题的核心技术手段。

(3) M 语言编程。MATLAB 是一种高级编程语言,简称“M 语言”,它是最接近人脑思维方式的“科学便签式”编程语言,通过编写脚本或函数可以极为快速地实现编程者的任何想法。

MATLAB 功能还远不止于此,其还包括如下内容:

(1) 海量优质工具箱。工具箱简言之就是“函数集”的意思,MATLAB 针对几乎所有可以进行数学计算的领域都提供了专业工具箱,比如数学统计与优化、数据科学与深度学习、信号处理、控制系统、图像处理与机器视觉、并行计算、测试测量、计算金融学、计算生物学、无线通信、数据库、代码生成等,其中内置了大量领域常用函数工具,用户可以直接调用,再也不需要“重新发明轮子”(重新解决前人解决过的问题)了,这些工具箱在对应领域都非常权威、精准与高效,是无数前辈智慧的结晶,而且其中除内置函数外的其他代码都开放并且可扩展,用户还可以开发自己的工具箱并分发,优秀的工具箱积累到一定成熟度独立成为商业软件者比比皆是。

(2) 实时脚本编辑器。实时脚本(.mlx)是一种同时包含代码、输出和格式化文本的程序文件,用户可以同时编写代码、格式化文本、图像、超链接和方程,并实时查看输出数据与图形及其源代码。实时脚本是 MATLAB 2016a 版本以后主推的重要功能,有利于用户快速探索性编程、将代码与数学模型紧密对应、交流共享记叙脚本、整理归档编程文件、回忆总结编程思路,是最受欢迎的笔记神器。

(3) 图形用户界面设计工具 AppDesigner。MATLAB 为用户提供一个快速搭建与分发应用程序(App)的方案,生成的应用可以打包成为 MATLAB 环境下的 App,也可以打包成为基于 Web 服务器的 App,还可以编译成为独立的桌面应用程序。在 MATLAB 2016a 版本以后,AppDesigner 作为老版开发环境 GUIDE 的优化替代品横空出世,在界面美观度与编程简易度方面都有大幅提升,AppDesigner 可以说是开发一款图形用户界面软件的最速方案。

(4) Simulink 组件。Simulink 是 MATLAB 软件的核心组成部分,是终极图形建模、仿真和样机开发环境。它主要用于实现对工程问题的模型化及动态仿真(参见图 1-2),由于它具有非常友好的基于模块图的交互环境,使用“模块组合式”的图形化编程可以快速实现系统级的设计、动态仿真、自动代码生成等,而且可以自定义模块库及求解器,对于复杂系统有很友好的层次性构建方案,在各种科学工程领域都有重要应用,如航空航天、电力系统、卫星控制、导弹制导、通信系统、汽车船舶、神经网络计算等领域。

(5) Stateflow 交互式设计工具。Stateflow 是一种面向复杂事件的驱动系统,用于建立时序决策逻辑模型的仿真环境,它基于有限状态机理论,并将图形和表格(包括状态转移图、流程图、状态转移表和真值表)相结合,用于为监督控制、任务调度和故障管理设计逻辑。

(6) 自动代码生成功能。在 MATLAB 中,RTW 与 Coder 工具可以将 Simulink 的模型框图与 Stateflow 的状态图直接转换成产品级代码,还可以将生成的代码作为源代码、静

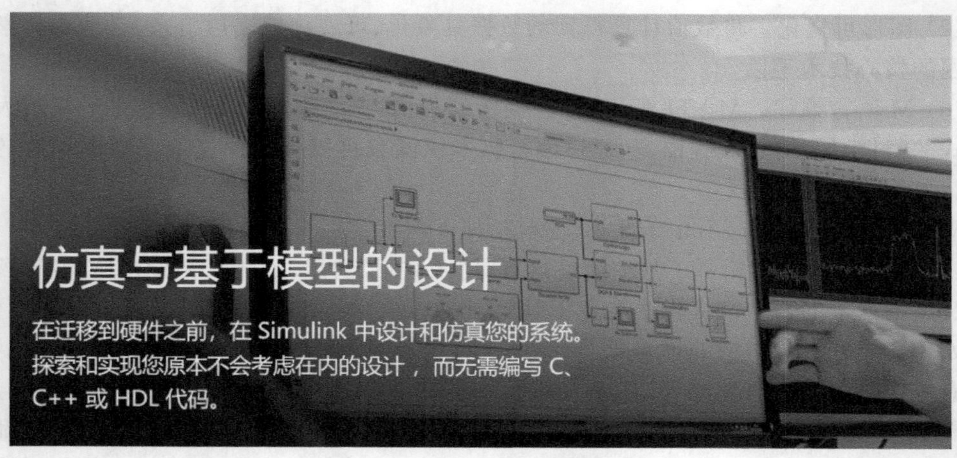

图 1-2　Simulink 核心功能

态库或动态库集成到工程中，甚至还可以在 MATLAB 环境中使用生成的代码加快计算量密集部分的执行速度，生成的代码可以直接部署到不同的软、硬件系统。

（7）拥有诸多硬件接口。可实现与诸多硬件的实时数据流传输，如实验室仪器、数据采集卡、图像采集卡、声音采集卡、FPGA；而且可以直接生成适配多种硬件的可执行的 C、HDL、PLC 代码，如微处理器、FPGA、PLC，可以执行硬件和处理器在环测试，适用于 130 多个硬件供应商提供的 1000 多个常用硬件设备。

其实，MATLAB 还有许多高级功能，比如项目管理、并行计算、GPU 计算、云计算等，如图 1-3 所示为官方归纳的 MATLAB 软件功能。

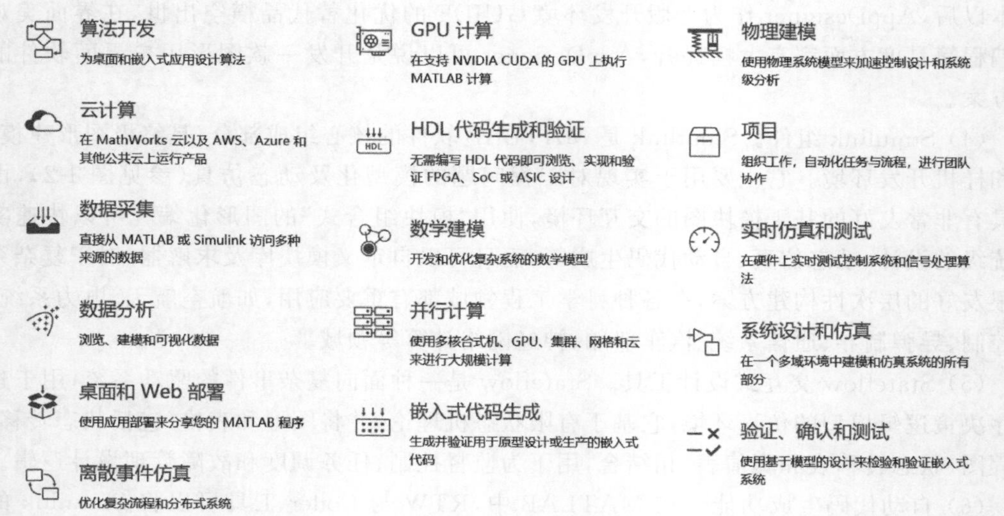

图 1-3　MATLAB 软件功能

1.1.3 应用场景

MATLAB极为广泛的应用是有它的底层逻辑的。

(1) 数学。人们对于生活中物理世界的一切科学理解，都建立在一个又一个的数学模型上，换言之，对于一个问题，如果不能建立起数学模型，就相当于没有真正在科学层面上认知它；因此MATLAB解决的是对物理世界的数学模型的计算、分析与仿真，这也是为什么说“MATLAB无所不能”。

(2) 图形。可视化图形在科学与工程中的重要意义容易被忽略，可能是因为使用得太多太普遍了；其实人类想要精准理解分析一个科学与工程问题，感官中主要依靠视觉，所谓“一图胜千言”，面对科学与工程问题，图形可视化永远是首选的核心解决方案。

(3) 编程。MATLAB是一个高级编程语言，别的编程语言能做到的事情它都能做到，而且与其他编程语言相比又具有编程速度快、矩阵计算速度快的优势，再加上当代科技的高速发展很大程度上是得益于计算机编程的力量。

所以，与数学、图形和编程相关的应用场景，都是MATLAB的主要应用场景，如图1-4所示。

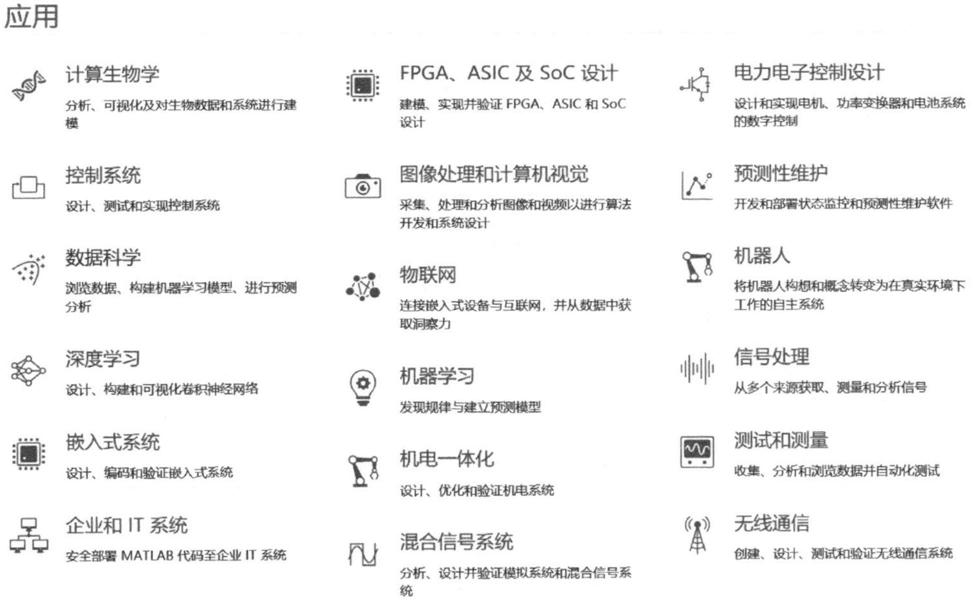

应用

计算生物学
分析、可视化及对生物数据和系统进行建模

控制系统
设计、测试和实现控制系统

数据科学
浏览数据、构建机器学习模型、进行预测分析

深度学习
设计、构建和可视化卷积神经网络

嵌入式系统
设计、编码和验证嵌入式系统

企业和 IT 系统
安全部署 MATLAB 代码至企业 IT 系统

FPGA、ASIC 及 SoC 设计
建模、实现并验证 FPGA、ASIC 和 SoC 设计

图像处理和计算机视觉
采集、处理和分析图像和视频以进行算法开发和系统设计

物联网
连接嵌入式设备与互联网，并从数据中获取洞察力

机器学习
发现规律与建立预测模型

机电一体化
设计、优化和验证机电系统

混合信号系统
分析、设计并验证模拟系统和混合信号系统

电力电子控制设计
设计和实现电机、功率变换器和电池系统的数字控制

预测性维护
开发和部署状态监控和预测性维护软件

机器人
将机器人构想和概念转变为在真实环境下工作的自主系统

信号处理
从多个来源获取、测量和分析信号

测试和测量
收集、分析和浏览数据并自动化测试

无线通信
创建、设计、测试和验证无线通信系统

图1-4　MATLAB应用场景

MATLAB软件这么强大，具体来说，是在哪些场景下使用？

(1) 数学教学。作为最优秀的数学软件，MATLAB可以帮助学生更好地理解数学，即时的可视化计算可以帮助学生对于数学知识更好地消化吸收，也能极大地提高对于知识的应用欲望，在实际教学中，使用实时脚本编辑器可以让课堂上的知识变得活跃和形象起来。

(2) 分析数学模型。对于各领域的实际问题，究其根本往往都可以建立数学模型，使用MATLAB可以快速、方便地对于数学模型进行系统的分析和求解，以解决领域科学难题。

(3) 数据处理及可视化。当手中获得了一定量的数据，MATLAB可以对其进行快速准确的处理并绘制出可视化图形，使得对数据的特性有更为清晰准确的量化认识。

(4) 算法开发。在尝试开发一种新的算法时，MATLAB无疑是最快捷高效的语言，利用已有的工具包，帮助用户在最短的时间内完成算法的开发与测试。

(5) 软件制作。当设计了一套优质的模型或算法，想要与其他人分享时，MATLAB可以非常迅速、方便地生成一套图形用户界面App。

(6) 动态系统仿真分析。对于各种领域内的不同复杂系统，使用Simulink和Stateflow可以很容易地建立模型，并进行动态系统仿真，仿真的结果可以用于指导设计或直接布置。

对于学生而言，MATLAB有着如下极强的应用意义：

首先，学习MATLAB可以锻炼数学应用能力，提高分析和解决问题能力，强化数学建模思维，在数学建模比赛、科技创新活动与实验室的科研活动中，MATLAB的软件应用能力将发挥极大的促进作用；其次，MATLAB在学术文章中也十分常见，是计算、绘图与分析的重要工具；最后，MATLAB的应用能力也是择业过程中，许多用人单位非常重视的，是否擅长MATLAB在一定程度上代表着是否拥有解决高级问题的能力。可以说在大学期间，如果只能推荐一款软件深入系统地学习，那么一定是MATLAB。

1.1.4 软件地位

MATLAB自诞生以来，对于科学技术的发展起到了难以估量的作用，在各行业的前沿核心领域都有着难以替代的作用，可以说许多行业最初的核心关键思想都是由MATLAB刻画出来的。当然，过于基础的岗位可能连数学基础都不需要，然而如果想成为各工程行业(参见图1-5)中的“领域专家”(Domain Experts)，那么强烈建议熟练掌握MATLAB。

可能这样的领域描述还不够具体，还不能实际体会到MATLAB发挥的巨大作用，表1-1提取的15个实际应用案例将生动展示MATLAB在各行业的核心地位。

表1-1 MATLAB的应用案例

公司名称	应用案例
空客(Airbus)	使用基于模型的设计为A380开发出燃油管理系统
安本资产管理公司	在云环境中实现基于机器学习的投资组合分配模型
巴西航空公司	通过系统建模、飞行动力学建模，运行基于需求的仿真，加速软件需求的交付
洛克希德·马丁公司	开发出F-35机队的离散事件模型，加速仿真并对结果进行插值
NASA	对控制系统和飞行器建模，生成C代码；执行硬件和处理器在环测试；创建任务模拟器
三星电子研究所	对MathWorks工具进行标准化，开发下一代无线技术并促进重用

续表

公司名称	应用案例
三菱重工	基于模型设计，为用于福岛第一核电站清理工作的多轴机械臂开发高精度控制软件
上汽集团	对荣威 750 混合动力轿车的嵌入式控制器进行建模、仿真、验证，并生成产品级代码
上海电气	使用 MATLAB Production Server 开发、打包和部署模型与算法，设计分布式能源系统
丰田	开发了高精度发动机模型，并与 SIL＋M 测试相结合，以加快开发进度
壳牌	开发了一个定量描绘地层地质特征的应用，以降低油气勘探成本
大韩航空	基于模型设计，开发飞行控制律和操作逻辑并仿真；生成代码并验证；实施硬件在环测试
欧洲航天局(ESA)	基于模型设计开发控制模型、多域物理模型、运行闭环仿真，生成处理器在环测试代码
博世(BOSCH)	使用 MATLAB 和 Simulink 开发 eBike 传动系统，按照该公司的功能安全标准顺利完成
马自达	加快了最佳校准设置、可嵌入 ECU 的模型和用于 HIL 仿真的发动机模型的生成和开发

图 1-5　MATLAB 应用行业

表 1-1 只是 MATLAB 应用案例中的九牛一毛，但也窥一斑而知全豹，在许多大型项目前期的开发都是“基于模型的设计”(Model-Based Design，MBD)，然后直接用 Simulink 生成嵌入式平台代码，这是工业界的一种常用技术应用手段。

MATLAB 在科研与工程开发领域的地位，就如同操作系统里的 Windows、办公领域的 Office、设计行业的 Adobe、机械设计领域的达索系列，都是极其硬核的存在。

许多优秀软件的早期开发都基于 MATLAB，如 NI 公司的著名软件 LabVIEW，再比如近年来在多物理场有限元仿真领域异军突起的 COMSOL，初期只是 MATLAB 的一个工具箱。所以正在学习本书的读者也有可能使用 MATLAB 开发工具箱，多年以后开发出一个有巨大商业价值的科学工程软件。

MATLAB 是科学家最得力的软件工具，是科学思维和数学力量的具象体现；是否擅于使用 MATLAB 软件，是区分普通工程师与高级工程师的一项简单标准，是能否解决高级工程问题的一项重要判据。

1.1.5 MATLAB 工具箱

MATLAB 工具箱集成了各领域精英长年的思考与经验，是 MATLAB 中最精华的资源，面对科学与工程问题，首先应该思考工具箱中是否已有成熟的解决方案，擅于利用工具箱将事半功倍。附录 A 汇集了 MATLAB 官方全部 97 个工具箱、模块、套件产品，其中的产品对于 MATLAB 和 Simulink 有部分的适用性，有 42 个工具箱打包为 App，在软件的 App 选项卡中均可找到。表 1-2 所示为 23 个最常用、最核心的官方工具箱。

表 1-2 MATLAB 官方工具箱产品大全

类别	英文名称	中文解释	MATLAB	Simulink	App
数学统计和优化	Curve Fitting Toolbox	曲线拟合工具箱	√		√
	Optimization Toolbox	优化工具箱	√		
	Symbolic Math Toolbox	符号数学工具箱	√		
	Partial Differential Equation Toolbox	偏微分方程工具箱	√		√
数据科学	Statistics and Machine Learning Toolbox	统计与机器学习工具箱	√		√
深度学习	Deep Learning Toolbox	深度学习工具箱	√		√
信号处理	Signal Processing Toolbox	信号处理工具箱	√		√
控制系统	Control System Toolbox	控制系统工具箱	√		√
	System Identification Toolbox	系统辨识工具箱	√		√
	Powertrain Blockset	动力系统模块		√	
图像处理	Computer Vision Toolbox	计算机视觉工具箱	√		√
机器视觉	Image Processing Toolbox	图像处理工具箱	√		√
并行计算	Parallel Computing Toolbox	并行计算工具箱	√		
测试测量	Data Acquisition Toolbox	数据采集工具箱	√		√
程序部署	MATLAB Compiler	MATLAB 编译器	√		√

续表

类　别	英文名称	中文解释	MATLAB	Simulink	App
事件建模	SimEvents	事件仿真工具箱		√	
物理建模	Simscape	物理建模工具箱		√	
无线通信	Communications Toolbox	通信系统工具箱	√	√	√
代码生成	MATLAB Coder	MATLAB 编码器	√		√
	Simulink Coder	Simulink 编码器		√	
数据库	Database Toolbox	数据库工具箱	√		√
仿真图形	Simulink 3D Animation	Simulink 三维动画		√	√
系统工程	Stateflow	状态流		√	

除了以上由官方提供的产品以外，更有 1183 款 MATLAB 社区工具箱(截至成书日期)可供使用，这是一个非常巨大的资源宝库，如图 1-6 所示。

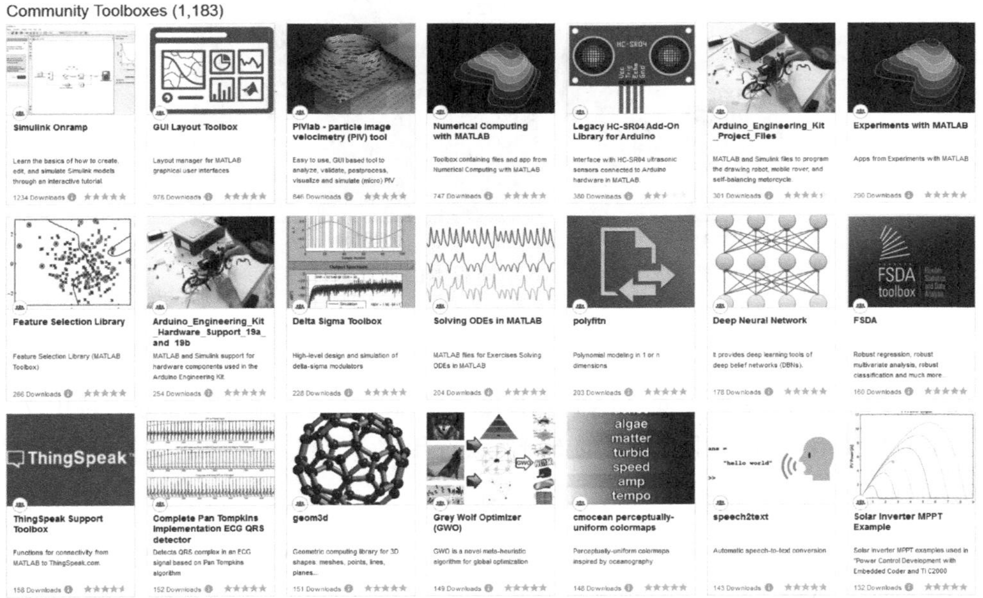

图 1-6　MATLAB 部分社区工具箱

MathWorks 公司内部安排有专业的工具箱测试及优化团队，进行百万量级的测试和验证，以保证它们的稳定性和可靠性。

1.2　MATLAB 开发环境

安装启动最新版本的 MATLAB 软件，进行简单的开发环境配置，就可以使用了。本节将对命令行窗口、编辑器窗口、工作区及变量编辑器进行功能以及常用操作说明。

1.2.1 版本选择

虽然不同版本的 MATLAB 的代码有较强的通用性，但也要尽可能地选择最新版本的 MATLAB。

1. 更优化的代码执行引擎

MathWorks 公司每年投入大量科研力量对 MATLAB 的代码执行引擎进行持续优化，而且效果显著，比如 MATLAB R2019a 的运行速度已经达到 MATLAB R2015a 的 2.12 倍，如图 1-7 所示。所以，单从计算速度角度考虑，也应该尽量使用最新版本的 MATLAB。

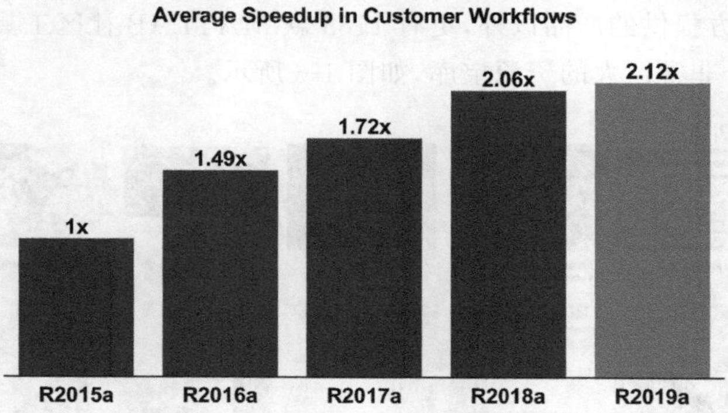

图 1-7　MATLAB 不同版本的计算速度提升

2. 更多中文支持

从 MATLAB 2014a 版本起，MATLAB 操作界面与帮助系统开始部分支持中文，极大地便利了中文使用者，并且中文翻译的部分还会逐年增多。

3. 更多功能更少 BUG

有时遇到自认为难度很大的问题，也许在下一个版本的 MATLAB 中就迎刃而解了；还可以在 MATLAB 官网上进行提问和讨论，这也帮助 MATLAB 在更新的版本中发现并解决一些问题。

1.2.2 开发环境配置

在正式学习 MATLAB 之前，首先要了解软件桌面的基本布局，以及工作目录、字体字号等一些基本环境的设置。

1. 桌面布局

MATLAB 的桌面布局非常友好，与微软的 Office 系列软件风格接近，如图 1-8 所示即

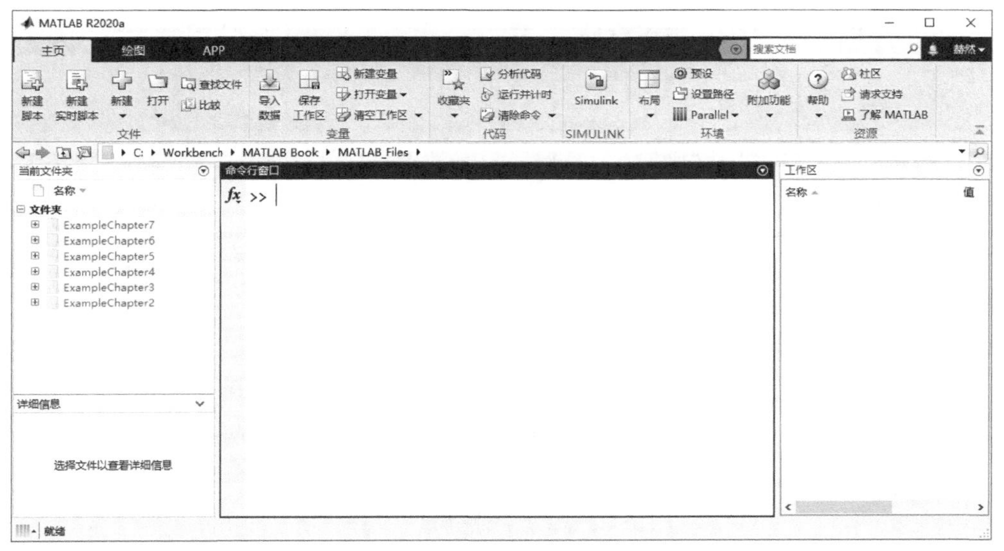

图 1-8 MATLAB 主窗口布局

为主窗口布局。

上方有 3 个通栏工具栏：主页、绘图和 App，双击任一标签可以收起或展开工具栏。

左侧为“当前文件夹”。显示当前工作目录中的文件，建议使用按类型分组。

左下为“详细信息”。显示当前文件的信息，还可以显示. m 文件中由双百分号（%%）加一个空格引出的注释内容，这一点可以灵活利用，可以无须打开文件而清楚文件的内容。

右侧为“工作区”，即工作内存区，显示当前内存中的变量及类型。双击变量即可打开“变量区”，查看或修改变量中的具体内容。

中间为“命令行窗口”，“>>”为命令提示符，在其后输入命令或表达式并按 Enter 键可以直接运行命令或显示计算结果。

在“命令行窗口”中输入 edit 即可弹出“编辑器”，在此窗口中可以创建和编辑脚本、函数、实时脚本、实时函数、类等。

“新建”工程或“打开”工程会弹出“工程”窗口，工程是 MATLAB 推出的新功能，用于协助较大的 MATLAB 和 Simulink 项目的项目文件管理、文件关系分析、项目团队协作等。图 1-9 为工程窗口中的文件依赖性分析，通过文件依赖性分析视图可以非常直观地了解数据流向以及文件之间的逻辑关系。

2. 多显示器桌面布局

多显示器办公是许多科学家与工程师的标配，而 MATLAB 则非常适合这个特点。对于其中的多数窗口，可以拖动至其他屏幕上，并且可以全屏或自由调整大小。这样的设置使得 MATLAB 的使用非常方便，建议将编辑器或实时编辑器放置在一个竖屏上，将变量区放置在另一个小横屏上，将其余部分放置在主横屏上。如果要恢复 MATLAB 的默认布局，可

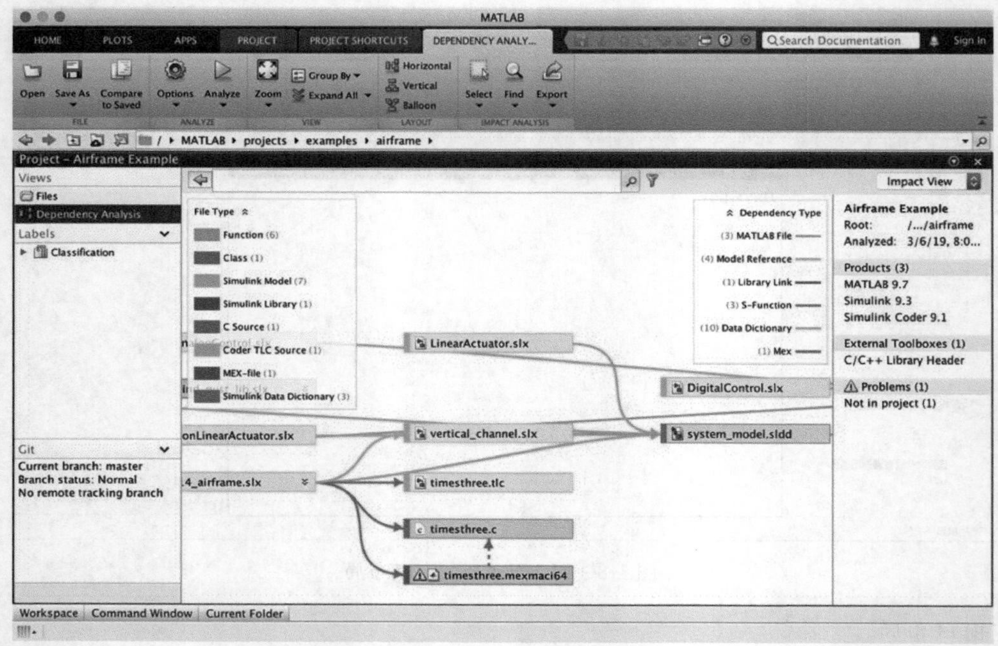

图 1-9　MATLAB 工程窗口中的文件依赖性分析

以选择"主页"→"布局"→"默认"命令，也可以选择"布局"→"保存布局"命令将认为比较好的布局保存起来。由于 MATLAB 是可以"双开"(同时运行多个同一软件)的软件，所以完全可以打开多个 MATLAB 分布在多显示器上，以提高工作效率。

3. 设置临时工作目录

使用 MATLAB 软件要接触的第一个重要概念就是"工作目录"，它是指在使用软件时创建和存放文件的默认目录，建议读者一定要养成"创建工作目录"的良好习惯，每当做一项研究、开发一个算法、新建一个项目、设计一个软件都要先创建工作目录，把相关的文件都保存在这个目录下。创建工作目录的方法如下：

方法一：单击工作目录左侧"浏览文件夹"按钮，选择一个文件夹即可。

方法二：在命令行窗口输入命令

```
cd('E:\Workbench\MATLAB Book\MATLAB_Files')
```

cd 命令是指更改目录(Change Directory)，其中单引号之间的目录即可替换为你的工作目录。

4. 设置长期工作目录和中文编码

熟悉 MATLAB 后就会发现，每次启动软件，工作目录都会恢复到软件原本的临时工作目录，能否让软件记住我们设置的工作目录？

本书提供一种设置长期工作目录的方法：首先把工作目录选择为"MATLAB安装目录下\toolbox\local"文件夹，在左侧的"当前文件夹"中双击打开matlabrc.m文件，如果不清楚软件的安装目录在哪里，可以在"命令行窗口"中输入matlabroot查看安装目录，这是因为matlabroot是软件的默认内置变量，它将MATLAB的安装目录按字符串变量的形式存储。

而以上操作可以由如下命令行中的一行命令替代：

```
open([matlabroot,'\toolbox\local\matlabrc.m'])
```

open命令用于打开一个文件或是变量，而中括号的作用是把安装目录与其余部分作为字符串串联在一起，从这里也可以看出，MATLAB可以方便地使用命令对于文件进行操作。这时编辑器显示了matlabrc.m文件的全部内容，需要在结尾处加入设置工作目录的代码，如：

```
cd('E:\Workbench\MATLAB Book\MATLAB_Files');
```

另外，新安装的MATLAB有可能在中文显示上有问题，这是由于MATLAB的文字编码设置导致的，具体情况也与计算机的配置环境有关，一般来说，MATLAB 2020a版本已经对于中文不太敏感了，个别计算机可能会在AppDesigner中有对中文字符或界面中的中文显示乱码。建议在此处一次性解决该问题。MATLAB的默认编码为ANSI，有趣的是，doc文件中提供的编码方式都不能彻底解决中文显示问题，作者发现GB2312才是中文显示的正解。代码为：

```
slCharacterEncoding('GB2312');
```

将这句代码紧随其后即可，意思是每次启动MATLAB，都会自动校正一次文字编码，以保证中文显示正确。

如图1-10所示，保存并重启MATLAB后，工作目录即完成更新，除非再使用同样的操作更改为其他目录，否则该目录将一直作为默认工作目录。注意，如果提示文件无法保存，较大可能是因为系统权限的问题，只需用管理员权限打开MATLAB软件再执行上述操作即可。

上述操作的原理是，matlabrc.m文件是MATLAB软件启动后自动执行的代码程序，如果需要在每次启动时自动执行一些代码，也如同上面的操作一样即可。

5. 设置字体字号

对于许多专业编程者来说，集成开发环境(IDE)的字体字号在一定程度上会影响编程的效率和心情，因此认真地选择一款整齐、易辨识、适配中英文的字体十分重要。

MATLAB默认的字体是SansSerif和Monospaced，而一般来说，等宽类字体的代码显示效果比较好，如Consolas和Courier New字体，其优势在于代码文字宽度相等、上下对齐，而中文显示比较好的是微软雅黑和华文细黑等，可惜的是在MATLAB中没有自动适配中文字体的功能，也就是说当设置了Consolas字体后，中文会乱码显示。本书提供的解决

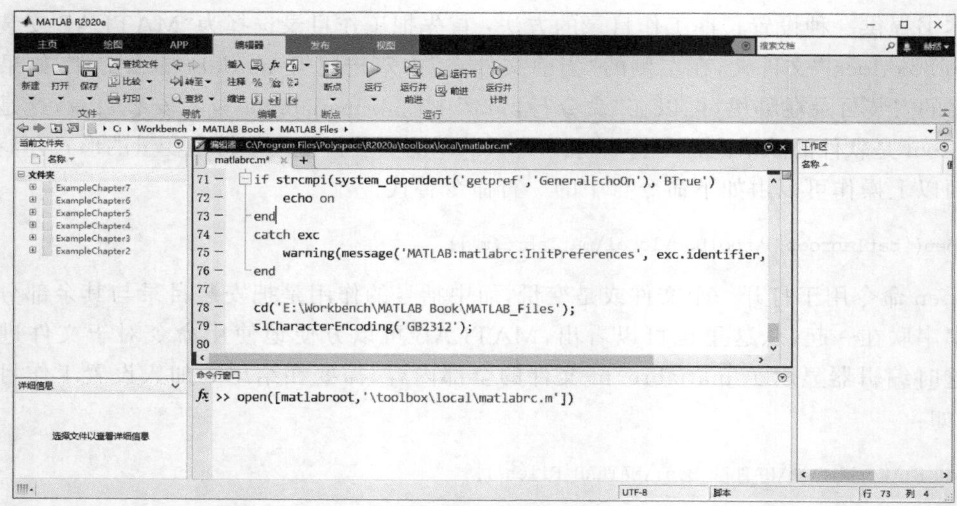

图 1-10 MATLAB设置长期工作目录

方法是，在网上下载混合字体文件(.ttf)，如 YaHei Consolas Hybrid.ttf，将.ttf 文件复制粘贴到系统字体文件夹(C:\Windows\Fonts)中，重启 MATLAB，进入“预设项”对话框，选择 MATLAB 中的“字体”选项进行设置，如图 1-11 所示。建议将桌面代码字体的字号设置偏大一些(如 14 号)，这样在编写代码时更加舒适；桌面系统文本也可以根据个人喜好进行设置。

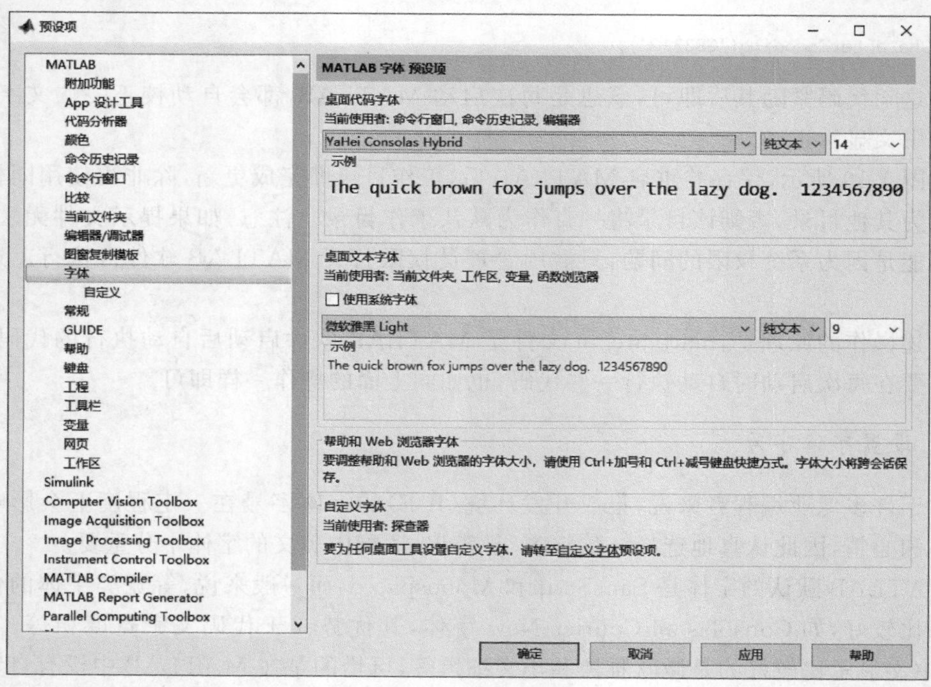

图 1-11 MATLAB 字体字号设置

1.2.3 命令行窗口

命令行窗口的主要用法介绍如下：

1）命令的实时运行

在命令提示符“>>”后输入一条命令，按 Enter 键即可显示执行结果，完成后命令提示符会再次出现；如果命令提示符暂时没有出现，则说明命令在运行中，MATLAB 此时不接受新的命令输入；一般来说这种情况是由于命令进入了较长时间的运算或者死循环，可以使用快捷键 Crtl+C 来强行停止命令的执行，在 Mac 系统上使用 Cmd+.（句点）。

可以认为命令行窗口是一个交互终端、一个“万能计算器”。一般在命令行窗口中运行的命令包括数学运算式、变量创建与赋值、画图命令、文件操作命令等。

2）历史命令窗口

在命令提示符后按“↑”键，即可弹出“历史命令”窗口，其中包含着软件安装以来的所有命令，包括命令的日期和时间。在“历史命令”窗口中按“↑或↓”键可以选择命令，按 Enter 键即可重运行该命令；也可以使用鼠标进行操作，双击即为重运行该命令。使用箭头或鼠标的方式都支持使用 Shift 键多选命令。

3）快速验证程序语句功能

介绍非常实用的快捷键 F9，在编辑器/实时编辑器中，选择命令语句后直接按 F9 键，即可在命令行窗口中执行该语句；更方便的是，F9 快捷键还可以在“帮助”文档中直接执行命令语句，而不需要复制、切换窗口、粘贴、执行，该功能可大大提升调试和测试效率。

4）获取程序运行信息：提示、错误、警告

调试程序时，可以在程序中关键位置加入一些输出语句，如输出变量值或提示信息，用于把握程序运行的中间结果；程序运行中出现的错误和警告，也会在命令行窗口中携带行号出现，单击行号即可定位问题行。

1.2.4 编辑器窗口

在“命令行”窗口中输入 edit 即可弹出“编辑器”，在此窗口中可以创建和编辑脚本、函数及类。

“编辑器”的基本功能如下：

（1）语法高亮显示：关键字为蓝色，字符向量为紫色，未结束的字符向量为褐红色，注释为绿色。

（2）自动语法检查：比如要成对出现的符号或者关键字没有成对出现时，就会有突出显示。

（3）代码自动填充：对于代码中可能使用到的“名称”，如函数、模型、对象、文件、变量、结构体、图形属性等，只要输入前几个字符，按 Tab 键即可调出自动填充项，使用箭头键选择所需的名称，再次按 Tab 键确认。

(4) 代码分析器：在“编辑器”右侧的竖条，用颜色来表示代码状态，如红色表示语法错误，橙色表示警告或可改进处，绿色则表示代码正常。重视代码分析器的判断，有助于提高编程效率。

(5) 注释及代码节功能：单百分号“%”后面所跟随的文字将被视为注释并标绿；双百分号加一空格“%% ”后面所跟随的文字也是注释，同时绿色加粗，作为“代码节”的标题，代码节的结束由下一组双百分号为标志。Ctrl＋Enter 快捷键为仅运行当前代码节，Ctrl＋R 快捷键为批量注释代码，Ctrl＋T 快捷键为批量取消注释。

(6) 代码折叠功能：M 文件中的代码块(如代码节、类代码、for/parfor 模块、函数等)都可以折叠，这个功能大大提高了程序的可读性与可管理性，可以在“预设项”对话框中选择“编辑器/调试器”→“代码折叠”选项，建议设置方式如图 1-12 所示。代码折叠后，可将鼠标置于省略号处快速获得折叠的代码提示。

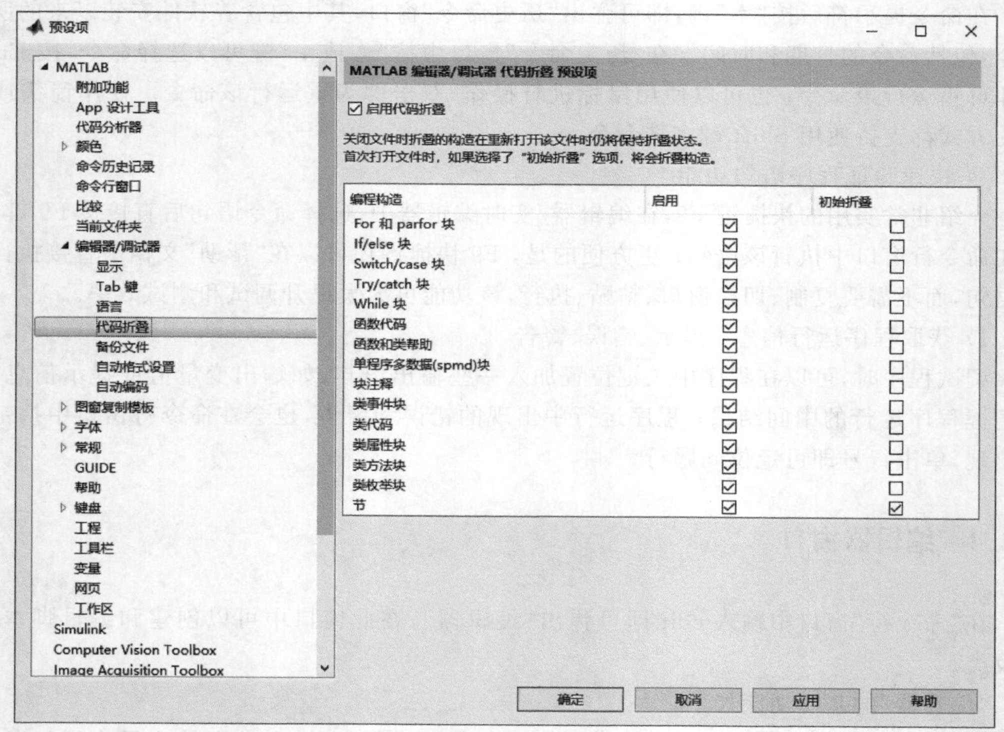

图 1-12　编辑器代码折叠功能设置

(7) 函数提示功能：输入函数名称及左括号，按 Ctrl＋F1 快捷键，可以调出函数提示器，该操作能够快速了解函数对输入参数的要求。

(8) 智能缩进功能：选择代码后，按 Ctrl＋I 快捷键可以实现代码的智能缩进，建议一定要养成使用代码智能缩进的习惯，所有与代码智能缩进矛盾的写法均需要考虑修改。

(9) 变量自动识别与替换：光标处于某一变量时，所有同名变量均为天蓝色高亮显示，此时修改一处变量名，会有提示按 Shift+Enter 快捷键可以将其余所有实例同时修改。这项功能与按 Ctrl+F 快捷键查找替换不同，可以避免某一变量名是另一变量名的一部分导致的误替换的情况。

(10) 脚本函数直接打开：在编辑器中，选择脚本、函数或类的名称可以直接右击选择“打开”命令。

(11) 编辑器分屏显示：直接拖动文件标题即可分屏显示，便于代码的对照，也便于多显示器下的使用。

1.2.5 工作区及变量编辑器

工作区中实时显示当前内存中的变量，在表头处右击可以调出其他显示项，如大小、类、最大值、最小值、均值、标准差等，右击变量可以选择绘图目录，直接将变量进行恰当的可视化表达，如图 1-13 即为绘图目录，其中对于所选变量不可绘制的选项显示为灰色。

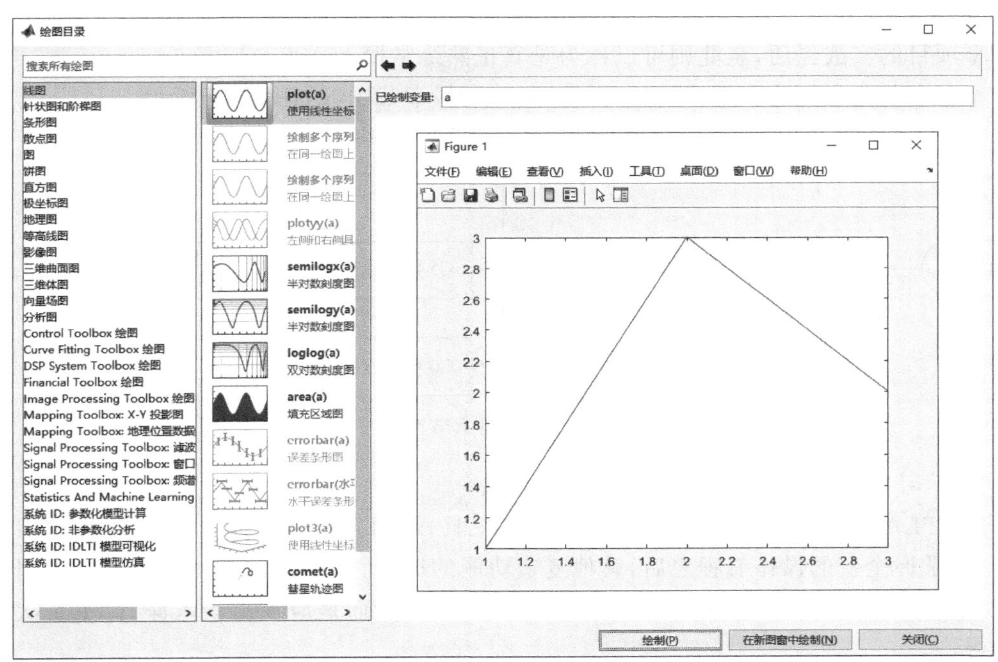

图 1-13 绘图目录

工作区的变量，可以单个或批量保存为. mat 文件，也可以载入. mat 将变量恢复到工作区。

双击变量即可打开“变量编辑器”，类似于 Excel 表格的功能，可以修改列或行名称、重新排列变量、修改变量单位及说明、对变量数据排序等；也可以从 Excel 表格中直接复制数据进行粘贴。默认的编辑变量快捷键：Enter 是向下移动，Tab 是向右移动。

要返回元素的父级元胞数组或结构体，可在视图选项卡中单击“上移”按钮。

1.3 MATLAB 学习方法

软件学习也要讲求学习方法，否则可能事倍功半；尤其对于 MATLAB 这样一个比较特殊的软件，它以矩阵思想和矩阵编程为根本，而大多数教材与课程却不加以重视，学习方法的偏颇导致学生游走于边缘而难以触及核心。

1.3.1 学习策略

学习 MATLAB 有一套最快捷有效的学习策略，即先学习基本流程，熟悉软件框架，对于软件整体的操作与逻辑有一个初步的把握；再集中理解矩阵思想，练习矩阵编程，这是 MATLAB 的核心与特色；然后对功能模块集中实践，反复查阅书籍，查看帮助文档，搜索网络资源，自主探索解决一些局部问题，在实践中成长；最后进行实际的软件设计制作，具有大中型项目的实战经历，至此则可以称为是真正熟练掌握 MATLAB 了。

本书章节分布极为考究，建议一定按顺序学习，章节逻辑如图 1-14 所示。

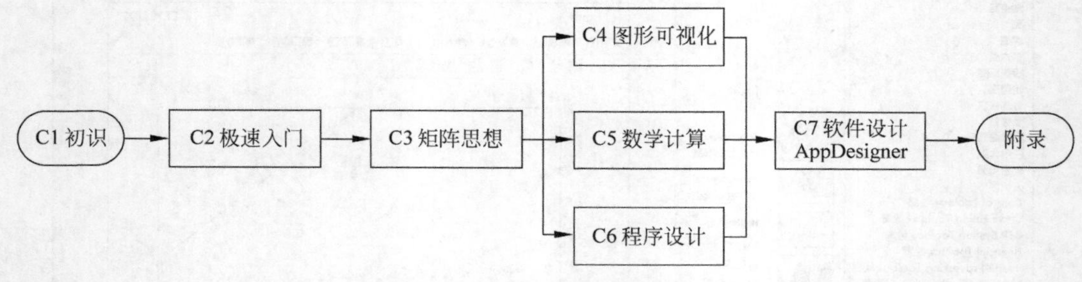

图 1-14　全书章节逻辑

1）学习基本流程，熟悉软件框架（段位一段）

MATLAB 作为功能非常强大的科学计算工具，却拥有一套非常简洁、清晰的软件逻辑和框架，掌握全套的操作流程之后，其他复杂功能的应用无非是在主干上添枝加叶，因此对于初学者而言，不建议直接进入个别功能的分解与深入，而是应该由浅入深、由主及次地进行学习。

本书第 2 章为 MATLAB 极速入门，通过具体实例分别从矩阵、图形可视化、程序设计 3 个核心方面的基础问题入手，以具体的操作与简洁的代码来极速掌握软件整体框架与应用方法。

2）理解矩阵思想，练习矩阵编程（段位二段）

学习 MATLAB 的根本核心，不是软件操作，甚至也不是数学、图形与编程，而是“矩阵”。不重视矩阵思想、不掌握矩阵编程,那么学习得再多,也不能说掌握了 MATLAB。理解矩阵思想后就会认识到,在 MATLAB 中“一切皆是矩阵”;而学会矩阵编程,代码将出奇地简洁,计算速度也将远远碾压其他编程语言,这样才能发挥 MATLAB 的真正实力。“求之其本,经旬必得;求之其末,劳而无功。”学习 MATLAB,一定要“一以贯之”,这个“一”就是“矩阵思想”。

本书第 3 章着重讲解 MATLAB 的核心思想——矩阵,从概念、操作、应用、计算到矩阵化编程,还读者一个真实的 MATLAB。

3)对功能模块集中实践,自主探索解决问题(段位三段)

分别集中学习研究 MATLAB 的 3 大核心:数学计算、图形可视化与程序设计。数学计算分为数值计算和符号计算,两者共同作为解决具体数学问题的基础;图形可视化从二维、三维和高维分别探讨可视化的技术与应用方法;程序设计从数据结构到控制流,从函数设计到编程习惯,全面提升编程素养。在本阶段,要不断学习和查询不熟悉的功能,反复翻阅书籍资料,阅读帮助文档,针对局部问题寻求解决方法,在学习的过程中更深刻地理解 MATLAB 各部分功能的使用。

本书第 4～6 章分别对应图形可视化、数学计算与程序设计,把图形可视化的部分放在第一位,是由于图形可视化是非常重要的基础工具,可以帮助更快速学习数学计算与程序设计的内容。

4)软件设计制作,大型项目实战(段位四段)

学习至此,已经可以用 MATLAB 解决绝大多数问题了,本书第 7 章借助 MATLAB 的图形界面设计工具 AppDesigner,和读者一起,从最基础的控件使用到软件框架与布局进行操作,全面掌握软件设计流程,进而可以依照需求设计软件,完成一个较大型的项目,项目结束之时,就是 MATLAB 软件成功掌握之日。

1.3.2 帮助文档使用指南

如果说有什么技能最能帮助我们快速学习掌握 MATLAB,那就是熟练掌握帮助文档系统,该系统将在使用的各个环节起到引领、帮助的作用,下面依照学习使用的顺序来介绍。

1. 帮助文档中的学习资料

在“命令行”窗口中执行 doc 命令,即可直接打开“帮助”文档,打开后主界面如图 1-15 所示。

“帮助”文档分为“所有”“示例”“函数”“模块”“App”5 个部分,其中只有“所有”中的 MATLAB 和 Simulink 两个是学习软件时经常直接访问的重要部分,这两者是官方提供的最好的学习资料,非常系统而权威,其中 MATLAB 文档主体部分如图 1-16 所示,左侧的树状结构清晰地展示了官方推荐的学习路线。

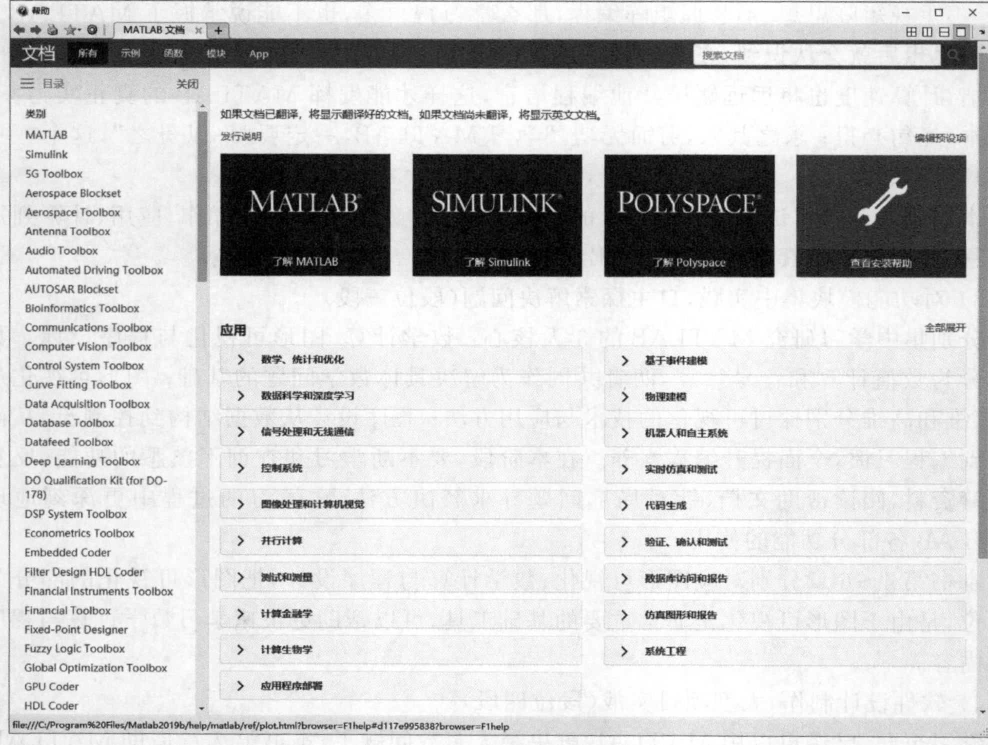

图 1-15 “帮助”文档主界面

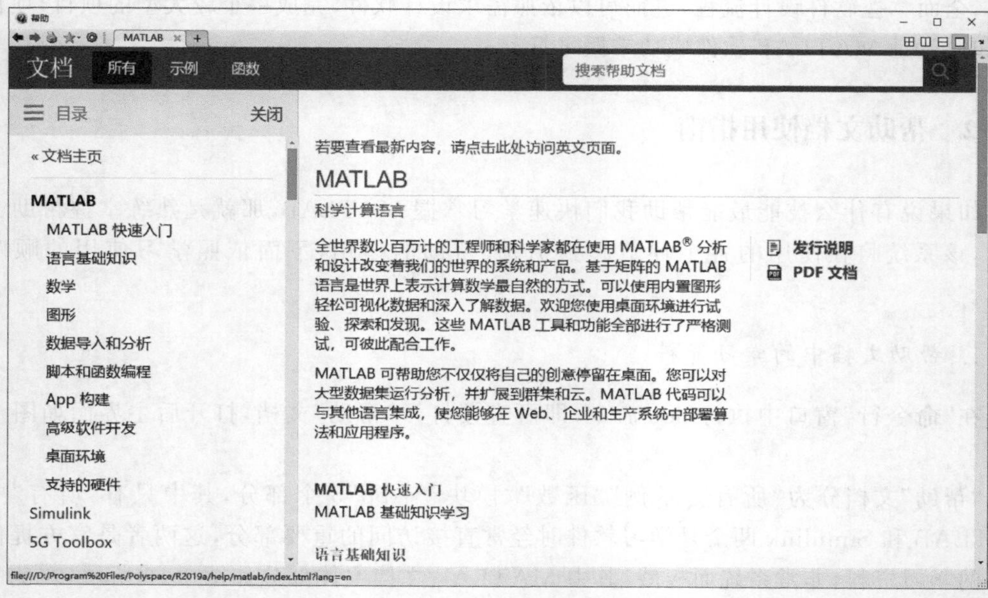

图 1-16 MATLAB文档主体部分

在“示例”中,MATLAB 展示了包括工具箱在内最典型的应用案例,如图 1-17 所示,其中纯 MATLAB 官方应用案例部分就有 298 个(截至成书),这些案例均配有实时脚本或 App,单击即可打开学习。

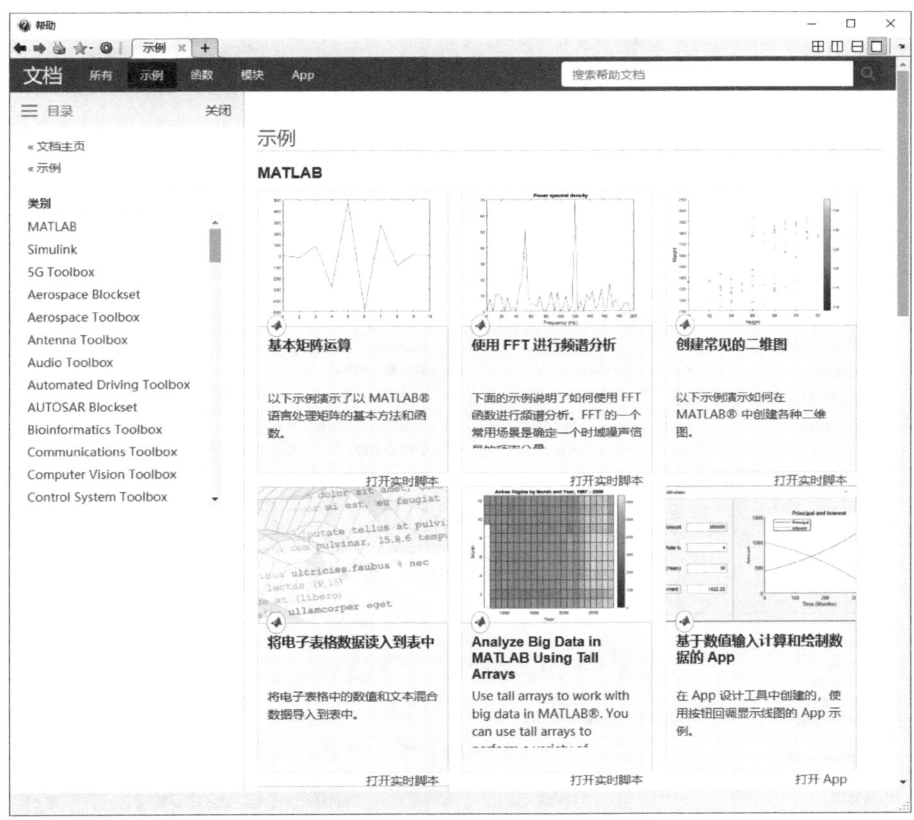

图 1-17 MATLAB 官方应用案例

建议查询“函数”部分时,应在“帮助”文档下直接单击“函数”,再于左侧模型树单击 MATLAB,这样可以按详细分类去学习和查找,分类上与“函数浏览器”一致,界面如图 1-18 所示。

本书附录 B 从 MATLAB 的 2338 个内置函数中提炼了最常用的函数并进行分类,供读者学习使用。

“模块”部分是指 Simulink 模块,在搜索时可以用到。而 App 部分是针对每个 App 的,在用到它们时可以到这里搜索学习。

2. 设置本地帮助文档

软件设置默认直接访问在线帮助文档,但有些情况下不方便访问在线文档,则建议设置本地帮助文档,设置方法如图 1-19 所示。

图 1-18　MATLAB 函数帮助文档

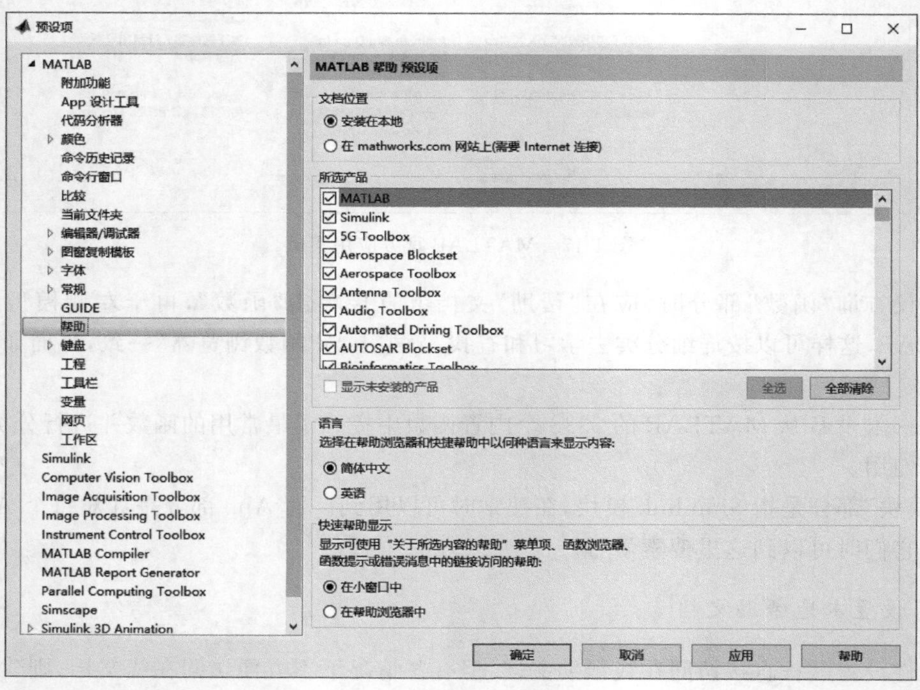

图 1-19　MATLAB 本地帮助文档设置

3. 帮助文档中的搜索功能

搜索功能是帮助文档的第二个重要功能，也可以直接使用命令打开，方法是：doc＋搜索内容，如想搜索制作动画相关的信息，可在命令行中输入

```
doc 动画
```

就可以直接打开如图 1-20 所示的帮助文档，当然，这与使用 doc 命令打开文档再从搜索栏中输入是相同的效果。

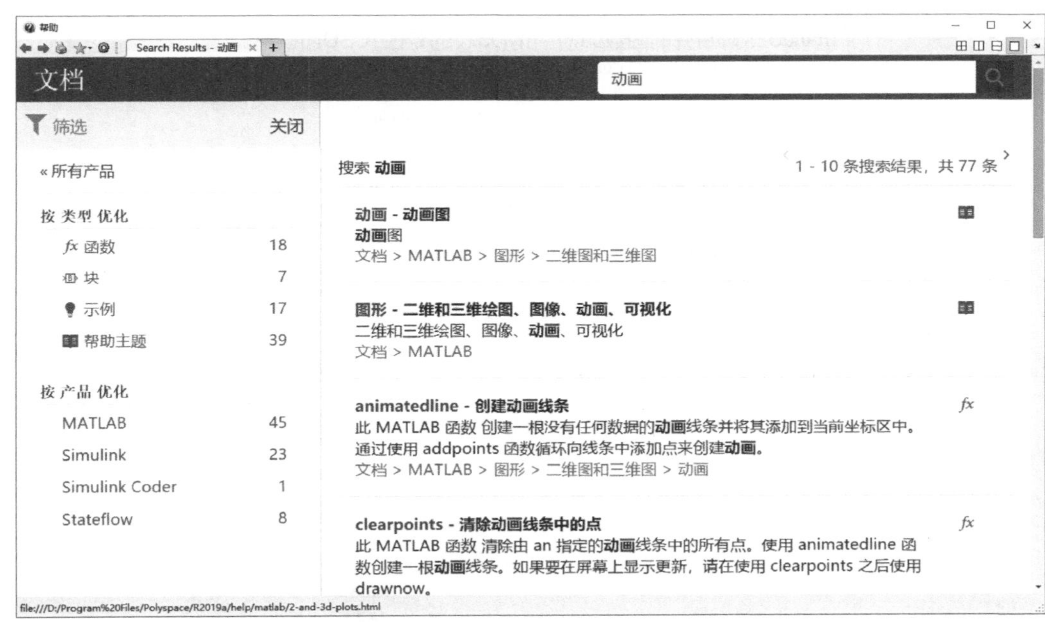

图 1-20　MATLAB 帮助文档的搜索功能

4. 搜索引擎搜索

初学者可能对于 MATLAB 中是否有自己需要的函数还不了解，或者没法清晰地描述自己的想法，这时可以去网络搜索引擎中寻找，得到准确的英文名称后，再去帮助文档中搜索具体的使用方法。由于 MATLAB 的使用者非常多，因此能想到的问题一般在网上都有提问与解答，在搜索时关键字写出 MATLAB 即可，如图 1-21 所示。

5. 函数浏览器

函数浏览器是帮助系统中重要的组成部分，它并不是帮助文档中的“函数”部分，而是在命令提示符左侧的 fx 按钮，图 1-22 中按非常严谨的分类体系将 MATLAB 所有官方函数都归纳起来，如果知道想要的功能在哪个分类中，直接到这里寻找即可。

MATLAB 矩阵拼接

全部　视频　新闻　地图　购物　更多　　设置　工具

找到约 113,000 条结果 （用时 0.35 秒）

matlab 矩阵合并、拼接- renxingzhadan的专栏- CSDN博客
https://blog.csdn.net/renxingzhadan/article/details/51604821
matlab 矩阵合并、拼接. 2016年06月07日16:38:18 renxingzhadan 阅读数3149. a = 1 2 3 2 3 4 b = 4 5 6 5 9 9 要求：c = 1 2 3 2 3 4 4 5 6 5 9 9 使用命令：c = [a; b]

matlab 矩阵合并的函数cat() - myj0513的专栏- CSDN博客
https://blog.csdn.net/myj0513/article/details/8002770
matlab 矩阵合并的函数cat(). 2012年09月21日09:31:55 myj0513 阅读数47209. cat：用来联结数组. 用法：C = cat(dim, A, B) 按dim来联结A和B两个数组。C = cat(dim ...

matlab合并两个矩阵。 - xiaotao_1的博客- CSDN博客
https://blog.csdn.net/xiaotao_1/article/details/79045113
2018年1月12日 - 原文地址：矩阵合并、拼接">matlab 矩阵合并、拼接作者：rat85a= 1 2 3 2 ... Matlab 中矩阵的切割再把得到的矩阵按顺序拼接排列（1维数据按规律转 ...

matlab 矩阵合并、拼接_rat85_新浪博客
blog.sina.com.cn/s/blog_aff412f10101eru9.html
2013年3月25日 - a = 1 2 3 2 3 4 b = 4 5 6 5 9 9 要求：c = 1 2 3 2 3 4 4 5 6 5 9 9 使用命令：c = [a; b]
同时要横向合并，如产生 c = 1 2 3 4 5 6 2 3 4 5 9 9 则使用命令：

图 1-21　搜索引擎使用示例

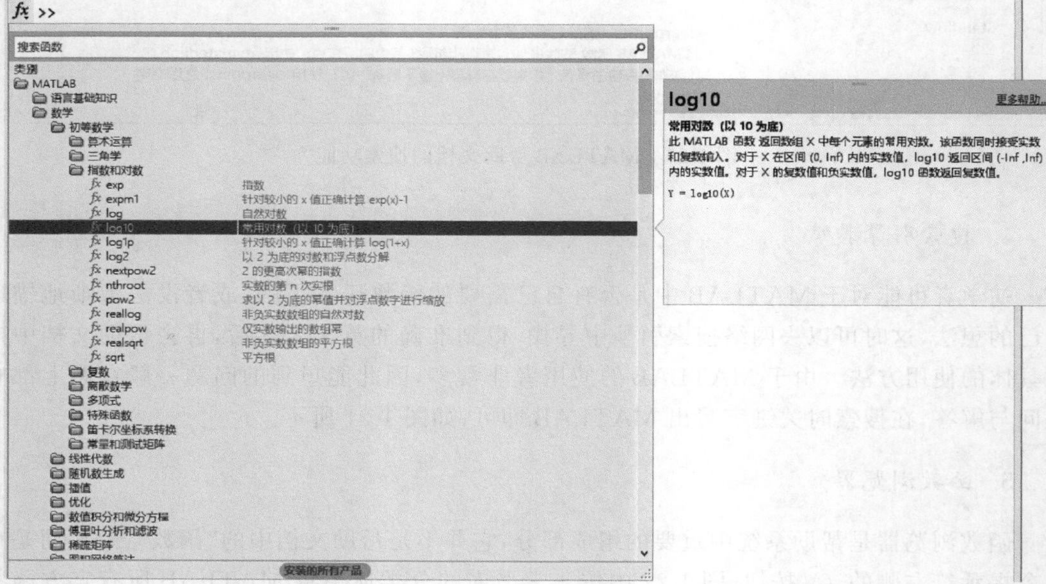

图 1-22　MATLAB 函数浏览器界面

6. 现场提示帮助系统

如果对于要使用的函数名称很清楚了，只是不很明确函数的输入参数格式，无须使用帮助文档搜索函数，只需在输入完函数名和左括号后，稍等两秒或者按下 Ctrl+F1 快捷键，即可打开“现场提示帮助系统界面”，如图 1-23 所示。这种方式非常简捷地提供了函数的调用格式及可能用到的关键字，无论在命令行窗口还是编辑器窗口中均可直接打开，非常高效方便。

```
fx >> plot(
        plot(X,Y,LineSpec)
        plot(X1,Y1,...,Xn,Yn)
        plot(X1,Y1,LineSpec1,...,Xn,Yn,LineSpecn)
        plot(Y)
        plot(Y,LineSpec)
        plot(___,Name,Value)
        plot(ax,___)
        plot(___)
        plot(drivingScenario object...)
        plot(matlabshared.planning.internal.PathPlanner
        object...)
        plot(pathPlannerRRT object...)
        plot(polyshape object...)
        plot(vehicleCostmap object...)
                                                    更多帮助...
```

图 1-23 MATLAB 现场提示帮助系统界面

7. 自定义函数快速帮助

在编程过程中，用户会自定义许多函数，如果在函数头部分编辑一些功能说明的注释，则无须打开函数文件，而是在命令行中使用“help 函数名”的格式即可得到预留的信息，如图 1-24 所示。

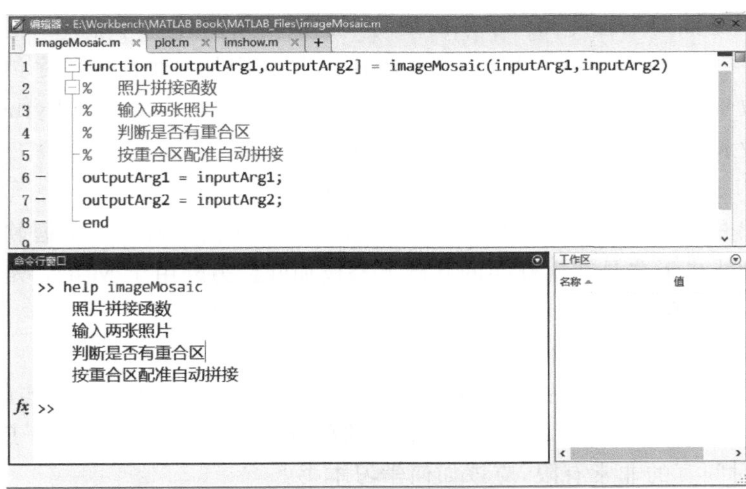

图 1-24 自定义函数快速帮助

1.3.3 常见疑问解答

(1) MATLAB是同Python、C、JAVA一样的编程语言吗?

MATLAB与另外三者有一本质的区别,即MATLAB不仅是一种可用于编程的解释性语言,还是一个集成了无数工具箱的软件体系,编程思想主要面向数学与图形,编程语言简洁而高效。MATLAB通常主要面向科学家与工程师,而并非传统意义上的程序员,它更加追求快速、准确地解决新问题,而不是稳定、高效地解决旧问题。

(2) 算法是什么?为什么算法工程师岗位常要求会使用MATLAB?

算法一般特指计算机编程的计算方法,算法工程师往往要面对新的问题提出计算机解决方案,那么就需要MATLAB这样的工具快速地进行开发,待得到解决方案后可能会由其他工程师将算法进行移植。

(3) 只有理工科学生需要学习MATLAB吗?

MATLAB适合于所有可以归纳出数学模型的学科,事实上,金融财会、经济贸易、医学药学等学科在前沿问题的研究上都离不开数学模型。MATLAB是理工科学生的首选软件,但涉及数学模型学科的学生也可以学习,也许会有意想不到的收获。

(4) MATLAB的计算运行速度比较慢吗?

由于MATLAB的底层逻辑是面向矩阵计算的,所以对于大规模的计算,只要灵活使用"矩阵化编程",MATLAB的计算速度绝不亚于任何一种编程语言,而且编写代码的时间要远远小于其他语言。图1-25所示为MATLAB与Python的计算速度比较。

(5) MATLAB会被Python取代吗?

Python语言由于近年来的人工智能、机器学习、大数据的发展而兴起,并且Python语言与MATLAB语言有许多相似之处,因此有关于两者的对比较多。

MATLAB是面向工程师和科学家的最简单且最高效的计算环境,M语言是专用于数学与图形的唯一顶尖编程语言。相比之下,Python语言则是一个面向程序员的通用编程语言,执行基本数学运算都需要使用加载项库。MATLAB工具箱相比于Python的加载项库更为权威、专业和全面。图1-26是专家讲MATLAB优势。

(6) MATLAB功能这么强大,一定非常难学吧?

MATLAB的功能虽多,但是软件的逻辑架构非常清晰简洁,一旦掌握软件的基本使用逻辑,再多的功能也无非是在主框架的基础上添枝加叶。另外由于M语言是目前最自然友好、贴近数学语言的编程语言,因此它可以被最快地学习掌握。

(7) 多长时间的学习可以称为"掌握了MATLAB"?

根据本书的安排,通过大约30课时的阅读或教学,再辅以10课时的实践练习,即可真正掌握MATLAB。注意实践练习是不可缺少的部分,软件的核心意义在于应用。

(8) 如果时间真的非常有限,应该如何学习本书?

本书的章节布局高度逻辑化与结构化,与初学者的最速学习方法相匹配。时间紧张的

MATLAB Performance over Python	Average	Best
Engineering	3.2x	64x
Statistics	2.7x	52x
Graphics	31x	540x
Nested for loops	64x	64x

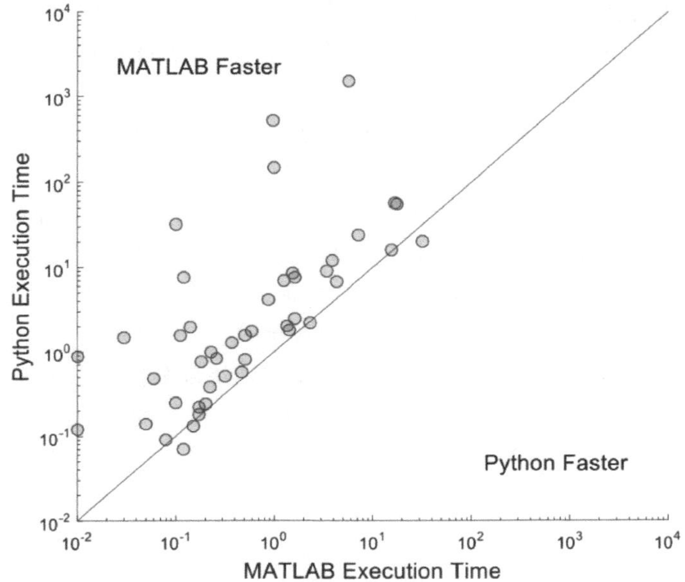

图 1-25　MATLAB 与 Python 计算速度对比

"作为一名流程工程师，我没有神经网络或机器学习方面的经验。我通过 MATLAB 示例为我们的预测计量使用案例找到了最好的机器学习函数。我用 C 或 Python 做不到这一点，查找、验证和集成合适的包会花费太多时间。"

— *Emil Schmitt-Weaver，ASML*

"我们需要过滤数据、考虑极点与零点、运行非线性优化以及执行不计其数的其他任务。MATLAB集成了所有这些功能，并经商业验证十分有效。"

— *BuildingIQ，首席数据科学家，Borislav Savkovic*

图 1-26　专家讲 MATLAB 优势

情况下，越靠前的章节越优先学习，尤其认真学习前两章的内容后，可以说是基本入门MATLAB了。

(9) 以前学过 MATLAB，为什么觉得 MATLAB 与其他编程语言区别不是很大？

很可能是学习的教材或者课程并没有将矩阵思想与矩阵编辑方法作为语言核心来强

调,在这样的学习方法指导下,即使用过多年的 MATLAB 也仍然不能说是真正掌握了 M 语言。

(10) MATLAB 既然是编程语言,怎么没见过以它为开发环境的软件呢?

其实在国外有许多用 MATLAB 开发的软件,其中不乏大量的带图形界面的软件,只是国内关于 MATLAB 图形界面软件设计的资料较少,尤其是自从 2016 年 MathWorks 公司大力主推的 GUI 的替代产品 AppDesigner 的资料非常稀少;本书将图形界面软件的设计列为非常重要的一章,同时也作为学习成果的检验章,学习到此章的读者,都应该以完成设计一款真正的软件为目标去努力。

(11) 在大数据时代,数据科学家的开源编程工具有很多,为什么还是大量采用 MATLAB?

因为数据科学家不是专业程序员,而且 MATLAB 拥有更匹配工业生产的数据分析环境,覆盖了工程上从数据采集、整理、分析到产品发布的各个重要环节,这一点是其他开源工具无法做到的。MATLAB 提供一种能够简化专业工程师工作的手段,降低工程师和数据科学家之间的沟通成本,提升企业大数据分析的效率,这一点和开源框架非常不同。例如在机器学习中,很多人关注的都是怎样做好中间的模型训练部分和算法的实现,但其实工程上最大的时间分配是在数据的预处理部分。这部分需要工程师的专业知识才能够做得最好,这点就需要除了单纯的机器学习之外的工具的配合。

本章小结

本章开启了 MATLAB 的学习之旅,从 MATLAB 的功能与应用出发,强调了 MATLAB 的特色与优势,对开发环境进行了基础设置,最后总结了 MATLAB 学习的最优策略。

本书在编写过程中把握的原则以及与市面上其他 MATLAB 图书的区别在于:

(1) 摆正数学、图形、编程的核心地位。

(2) 强调矩阵化编程的核心思想。

(3) 重视 AppDesigner 的应用。

(4) 代码示例简洁、典型。

作者相信本书必将为读者提供一套最快速有效地掌握 MATLAB 核心精要的学习方法。

第2章 MATLAB极速入门

入门 MATLAB 最快的方法，就是直接上手编写简单程序，本章从 MATLAB 入门基础、图形可视化、数学计算、程序设计 4 大方面，依次介绍 MATLAB 最常用的核心代码，认真学习完本章即可认为是达到了 MATLAB 的入门水平。

2.1 MATLAB 入门基础

MATLAB 的核心就是矩阵，矩阵是一种结构化的数学语言，一切变量类型本质上都可以划归为矩阵类型，因此赋值、操作、计算的方式也都相对一致，在理解并习惯了矩阵思想以后，学习后面的内容将更为顺理成章。

2.1.1 变量创建与赋值

MATLAB 软件的代码文件只有两种格式：.m(脚本)文件和.mlx(MATLAB Live Script，MATLAB 实时脚本)文件。两者的区别在于：.m 文件仅包含 M 代码，而.mlx 文件还可以包含格式化文本、图像、链接、方程等，是交互式的程序文件。需要说明，第 2～6 章的例程均以.mlx 文件的形式展现，而且所有.mlx 文件均另存一份自带运行结果的 HTML 格式，作为不可修改的代码存档，也便于使用手机查看，目的是方便教学演示，在实际学习、测试、科研过程中，建议仍使用.m 文件形式。

打开 exampleChapter2.mlx 文件，这是首次使用“实时脚本文件”，打开并定位光标于某一例程后，按 Ctrl＋ F5 快捷键运行当前节，如图 2-1 所示为单击“右侧输出”按钮后的显示效果，左右位置可一一对应，非常便于用户对代码运行情况的把握。通过“Ctrl＋鼠标滚轮”可以调整编辑区的文字显示大小。

说明：

(1) 单百分号“%”后面的内容为注释，软件自动识别并以绿色高亮

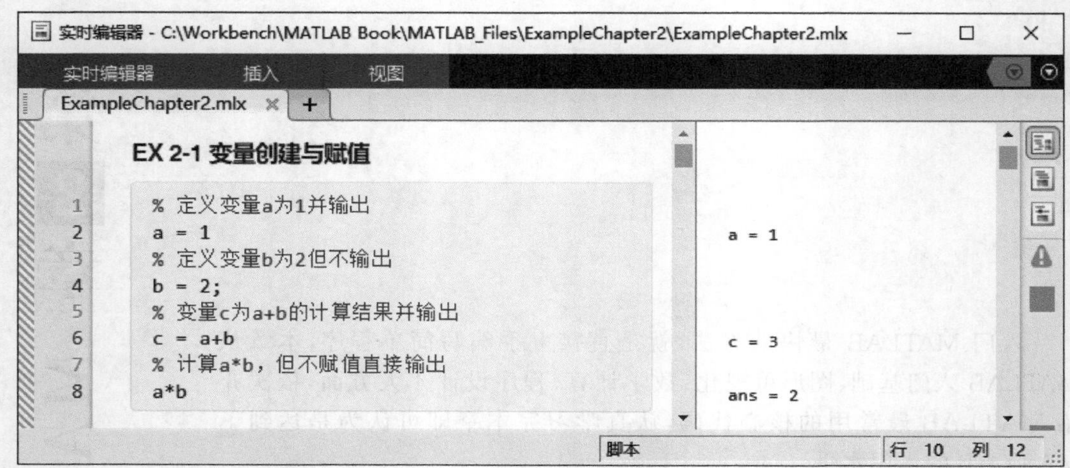

图 2-1 变量创建与赋值例程

显示，习惯上单百分号后空一格，一行注释解释的是下一行代码的内容。

(2) 等号"="用于变量的赋值，并自动将变量保存在工作区中，习惯上在等号的左右两侧各空一格，提高程序清晰度。

(3) 分号";"表示一句命令执行完成后"不予输出"，如果是逗号","，则表示命令执行完成后会自动输出结果。

(4) 代码中所有符号必须使用英文符号，当然由于注释中的内容不进入编译，只是编程者自己可以看到作为内容的提示，所以注释中的符号及格式不做要求。

(5) MATLAB 对大小写敏感，如变量 ax 与变量 aX 并不是同一个变量。变量名要求首字符必须为字母，不得包含除"下画线"以外的其他符号；习惯上使用"驼峰命名法"来命名变量，注意首字母为小写，如 a，cityLocation，studentName 等。

(6) 如果运行无变量赋值的表达式，计算结果将保存在临时变量 ans(即 answer 的简写)中。

2.1.2 矩阵操作基础

一般来说，向量(Vector)是一维的，分为行向量与列向量；矩阵(Matrix)是二维的，有 *m* 行 *n* 列；而数组(Array)可以是任意维度的，这是三者在概念上的仅有区别，因此也常见"多维向量"或"多维矩阵"的说法，就是因为三者在本质上是相同的。MATLAB 名称的本意就是"矩阵实验室"(Matrix Laboratory)，这里的"矩阵"已经包含了向量与数组的概念。在 MATLAB 的帮助文档和一些书籍中，为了照顾不同领域使用者的学科背景，用词上略显混乱，造成了初学者的困惑，在本书中将进行统一。

在 MATLAB 中，一切变量都可以理解为矩阵，矩阵的基本操作如图 2-2 所示。

EX 2-2 矩阵操作基础

```
% 赋值a为行向量(1x3矩阵)
a = [1 2 3]
% 赋值b为2x3矩阵
b = [1 2 3; 4 5 6]
% 赋值c为2x3的零矩阵
c = zeros(2,3)
% d为a的转置
d = a'
% e为a与c的矩阵的垂直串联
e = [a; c]
% f为b与c的矩阵的水平串联
f = [b,c]
```

```
a = 1×3
     1     2     3

b = 2×3
     1     2     3
     4     5     6

c = 2×3
     0     0     0
     0     0     0

d = 3×1
     1
     2
     3

e = 3×3
     1     2     3
     0     0     0
     0     0     0

f = 2×6
     1     2     3     0     0     0
     4     5     6     0     0     0
```

图 2-2　矩阵操作基础例程

说明:

(1) MATLAB 中变量的赋值不需要事先声明,直接赋值即可由软件自动识别维度和类型。

(2) 中括号"[]"为矩阵赋值符,括号内可以为数值,也可以为符合维度的矩阵变量。

(3) 空格或逗号均可表示同一行内的元素分隔;分号";"称为"行间分隔号",分号后的内容即为矩阵中下一行位置的赋值。

(4) zeros()是常用于给矩阵赋值的函数,生成的矩阵中所有元素均为 0,常用于较大型矩阵的运算之前,预先开辟一块储存空间,以防止矩阵维度或元素数目多次变化所引起的计算效率降低;与之同理的还有函数 ones(),用于生成全元素均为 1 的矩阵。

2.1.3　矩阵计算基础

矩阵从思维方式上讲,是一种批量化打包思维,这就意味着矩阵计算首先实现的是对矩阵中全元素的统一计算,如加、减、乘、除、乘方、开方、数学函数等;另外,矩阵有自己的乘法定义,在 MATLAB 中,"矩阵乘法"的符号是" * ",而"矩阵的元素级乘法"(或称"元素乘法")的符号为". * ",要注意区分。矩阵计算基础练习如图 2-3 所示。

说明:

(1) "矩阵运算"与"元素运算"的符号区别还有:矩阵左除(\)与元素左除(.\)、矩阵右除(/)与元素右除(./)、矩阵幂(^)与元素幂(.^)。

EX 2-3 矩阵计算基础

```
% a: [1 2; 3 4]
a = [1 2; 3 4]
% b: a 的所有元素加 2
b = a+2
% c: a 的所有元素都取正弦
c = sin(a)
% d: a 矩阵取逆
d = inv(a)
% e: 矩阵乘法
e = a*d
% f: 对应元素相乘
f = a.*d
```

```
a = 2×2
     1     2
     3     4

b = 2×2
     3     4
     5     6

c = 2×2
    0.8415    0.9093
    0.1411   -0.7568

d = 2×2
   -2.0000    1.0000
    1.5000   -0.5000

e = 2×2
    1.0000         0
    0.0000    1.0000

f = 2×2
   -2.0000    2.0000
    4.5000   -2.0000
```

图 2-3 矩阵计算基础例程

(2) inv()为求逆矩阵的函数,变量 e 的表达式为矩阵 a 与其逆矩阵的乘法,理论结果应为单位矩阵,而实际结果 e 为浮点数的单位矩阵,这是由于 MATLAB 采用的是数值计算方法,存在计算精度,这一点需要牢记。

2.1.4 矩阵索引基础

什么叫索引? 索引(Index)就是元素的 ID(身份证号),有了 ID 就可以快速地从矩阵中找到某个元素,矩阵有两种基本索引,一种是“单索引”(Index),另一种是“角标索引”(Subscript)。角标索引容易理解,是直接用各维度上的角标做索引,比如 a 阵的 3 行 2 列的元素即为 a(3,2)。单索引是一个从 1 开始的单个数字,如何用一个数字来索引一个多维矩阵? 其实,对于任意维矩阵,按照维度的先后(行、列、页、四维等)整理为向量,就可以用一个单索引数字来找到某个元素,比如 a(2)就表示向量化后的第 2 个元素。矩阵索引的基础操作如图 2-4 所示。

说明:

(1) 与许多编程语言索引从 0 开始的习惯不同,MATLAB 的索引数字从 1 开始,更加自然且符合数学意义。

(2) MATLAB 在矩阵存储方式上与 FORTRAN 语言保持一致,均为“列优先存储”,而非“行优先存储”,也就是说默认向量均为列向量,如 a(:)表示将矩阵 a 整理为一个列向量;矩阵的第一角标为行号,第二角标为列号。

(3) 冒号“:”是 MATLAB 中非常神奇而强大的符号,表示“布满”的涵义,如果冒号两

EX 2-4 矩阵索引基础

```
% a:[1 2; 3 4; 5 6]
a = [1 2; 3 4; 5 6]
% b:提取 a 中第 3 行第 2 列的元素
b = a(3,2)
% c:提取 a 中的第 2 个元素
c = a(2)
% d:将 a 化为向量形式
d = a(:)
% e:a 中第 1 行所有元素组成的阵
e = a(1,:)
% 将 a 中的第 2 行删去
a(2,:) = []
```

```
a = 3×2
     1     2
     3     4
     5     6
b = 6
c = 3
d = 6×1
     1
     3
     5
     2
     4
     6
e = 1×2
     1     2
a = 2×2
     1     2
     5     6
```

图 2-4 矩阵索引基础例程

边有数字则表示在两数字之间布满，如果没有数字，则为全部布满；比如 a(:)就等价为 a(1:end)，其中 end 表示最后一个元素的索引，而提取 a 向量中的奇数项，则可以表示为 a(1:2:end)，中间的 2 表示布满的间隔为 2；a(2,:)为 a 阵的第二行的全部元素。

（4）矩阵赋值符号中为空时([])，表示“空矩阵”，而“=[]”的意义即为赋值为“空”，也就是“删掉”某值。

2.1.5 字符型矩阵

字符串类型的赋值使用单引号，此时引号内的字符会高亮显示为紫色。在 MATLAB 中，一切数据类型都是矩阵，因此字符串类型也可以使用矩阵的元素操作以及进行矩阵串联。想要明确一个矩阵的类型可以使用 class 函数，字符型矩阵的类型是 char，如图 2-5 所示。

EX 2-5 字符型矩阵

```
% a:字符串"Hello, World!"
a = 'Hello, World!'
% b:提取 a 的第 1 个字符
b = a(1)
% c:显示矩阵 a 的类型
c = class(a)
% d:串联字符矩阵
d = [a ' I am coming']
% e:在字符串中输入特殊字符
e = [a ' I''m coming']
```

```
a = 'Hello, World!'

b = 'H'

c = 'char'

d = 'Hello, World! I am coming'

e = 'Hello, World! I'm coming'
```

图 2-5 字符型矩阵例程

说明：

(1) 在字符串内部，空格也是一个字符；字符串内部可以灵活赋予中文字符及标点符号。

(2) 一些特殊的字符不能直接输入。比如，由于单引号的内部表示字符，则字符中有单引号时自然会引发混乱，因此有一些特殊字符是有特殊的输入符号的，常用特殊字符输入符号如表 2-1 所示。

表 2-1　特殊字符输入符号

符　号	文本效果	符　号	文本效果
''	单引号	\f	换页符
%%	单个百分号	\n	换行符
\\	单个反斜杠	\t	水平制表符

2.2 图形可视化

“图形可视化”是科学研究的主要手段，一切证据与结论都要可视化出来才能让人信服。MATLAB 非常重视图形可视化的功能，目前提供了 302 个用于图形可视化的函数，涵盖了绝大多数常用的功能，并且每代版本还会不断地优化与更新。

2.2.1 图形可视化原理

图形归根结底由点组成，而点就是一组坐标而已，连点成线、连线成面，就将矩阵(坐标)可视化了。如图 2-6 所示，使用最基础的 plot()函数，分别绘制了向量间隔为 0.1 和 1 的两种图形，可以分析出，所谓圆滑曲线，无非就是很短的直线段相连而成的。所以，所谓作图就相当于矩阵的可视化过程。

说明：

(1) 采用冒号形式的向量赋值，可以不加中括号“[]”，这样得到的向量为行向量。

(2) 既然是点坐标，就要“成对出现”，因此要求向量 x 与 y 长度一致，否则程序会报错。

2.2.2 多组数据的绘图

将多组数据画在同一幅图中的方法如图 2-7 所示，代码中也展示了如何为图加上图例、标签、标题，这是科研与工程中常用的一种对比数据的方法。

说明：

(1) pi 是 MATLAB 软件的内置常数，是一个约等于圆周率的双精度浮点数字，意味着有关它的计算仍然是存在精度的，这也是数值计算的一个特点。

EX 2-6 图形可视化原理

```
% x:向量 0~2pi，间隔为 0.1
x = 0:0.1:2*pi
% y:取 x 每个元素的正弦
y = sin(x)
% 绘图 x-y
plot(x,y)
```

将向量的间隔放大一些，会发生什么？

```
% x:向量 0~2pi，间隔为 1
x = 0:1:2*pi
% y:取 x 每个元素的正弦
y = sin(x)
% 再次绘图 x-y
plot(x,y)
```

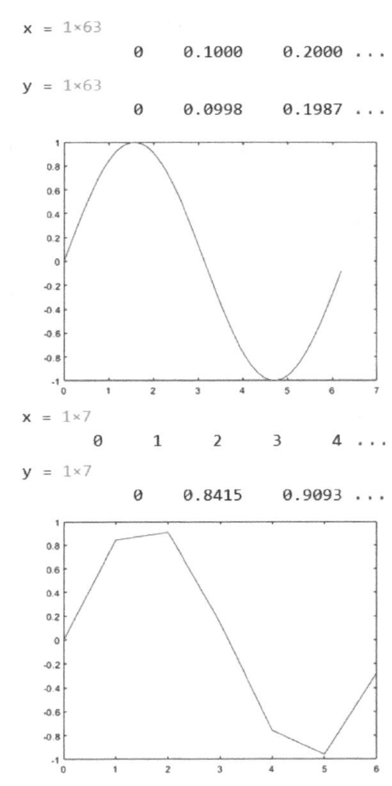

图 2-6 图形可视化原理例程

EX 2-7 包含多组数据的绘图

```
% x:向量 0~2pi，间隔为 0.1
x = 0:0.1:2*pi;
% y1/y2/y3:不同相位的正弦
y1 = sin(x);
y2 = sin(x-0.25);
y3 = sin(x-0.5);
% 绘图x-y
plot(x,y1,x,y2,x,y3)
```

为图形加上图例、标签、标题：

```
% 图例
legend('sin(x)',...
    'sin(x-0.25)',...
    'sin(x-0.5)')
% 轴标签
xlabel('x')
ylabel('y')
% 标题
title('Sine Function Plot')
```

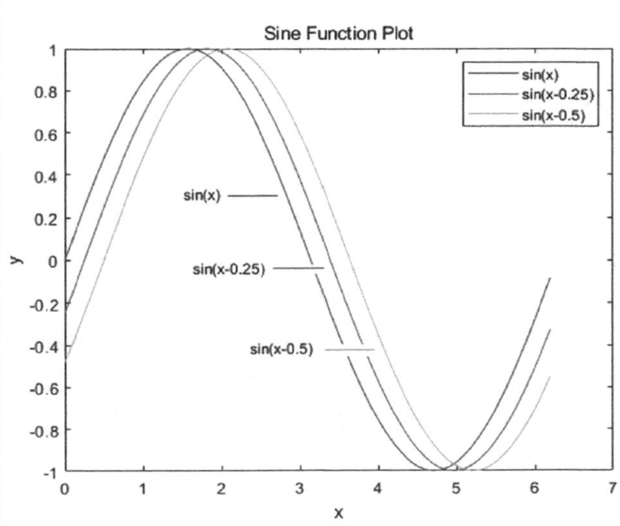

图 2-7 包含多组数据的绘图例程

(2) 连续三个句号(...)称为"续行号",意为"这行写不下,转到下行接着写",有时为了让代码更清晰,也会主动采用续行号分割代码。

(3) 颜色是可视化过程中的重要维度,但由于书籍印刷的限制,图形中的颜色不能展示出来,可以在MATLAB中运行实时脚本程序查看。

2.2.3 三维绘图

三维绘图自然就要求所有点有三个坐标(X,Y,Z),比如画曲面图,相当于Z坐标关于X与Y的变化,如图2-8所示为surf()函数绘制的三维曲面,此时的俯视图是一个均匀的正方形网格。

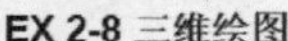


```
% 生成网格矩阵
[X,Y] = meshgrid(-2:0.1:2);
% 探查X的尺寸
sizeX = size(X)
```

三维函数——

$$z = xe^{-x^2-y^2}$$

```
% Z: 按函数创建
Z = X .* exp(-X.^2 - Y.^2);
% 创建曲面图
surf(X,Y,Z)
```

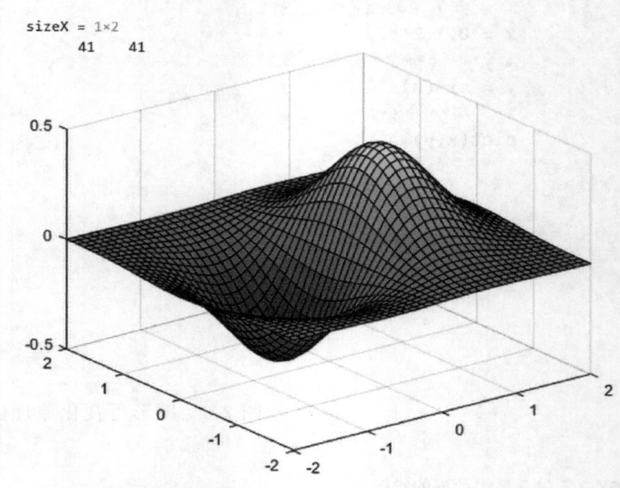

图 2-8 三维绘图例程

说明:

(1) meshgrid()这个函数非常重要和实用,它可以简洁地创建由X与Y两个矩阵编织成的网格,相当于对平面内的二维度进行了遍历,这个功能会在后面的矩阵化编程中经常用到。

(2) size()函数输出的是变量的尺寸(也称"规模"),由图2-8可见,X的规模是41行41列,也说明绘图中共有41×41个点位;size()函数极为常用,size(a,n)表示单独提取矩阵a的第n个维度的长度。

(3) 在实时编辑器中,可以插入方程式以便更清晰地记录,所以实时编辑器也是一个非常好的笔记工具,它采用Markdown的语言格式,可以无缝导出为PDF、Word、HTML、LaTeX格式文件;本书所有.mlx文件均另存一份HTML格式文件,作为不可修改的代码存档。

2.2.4 子图绘制

在一幅图中画几张子图是MATLAB常用的功能,MATLAB提供了subplot()函数来实现(参见图 2-9),正如前面所介绍的"一切皆是矩阵",子图即是总图矩阵的元素,只需要一个数字索引即可明确定义子图的位置。

EX 2-9 子图绘制-subplot

```
% 参数t
t = 0:pi/10:2*pi;
% 返回半径为 4*cos(t) 的圆柱网格
[X,Y,Z] = cylinder(4*cos(t));
% 矩阵图尺寸为 2x2
subplot(2,2,1);
mesh(X); title('X');
subplot(2,2,2);
mesh(Y); title('Y');
subplot(2,2,3);
mesh(Z); title('Z');
subplot(2,2,4);
mesh(X,Y,Z); title('X,Y,Z');
```

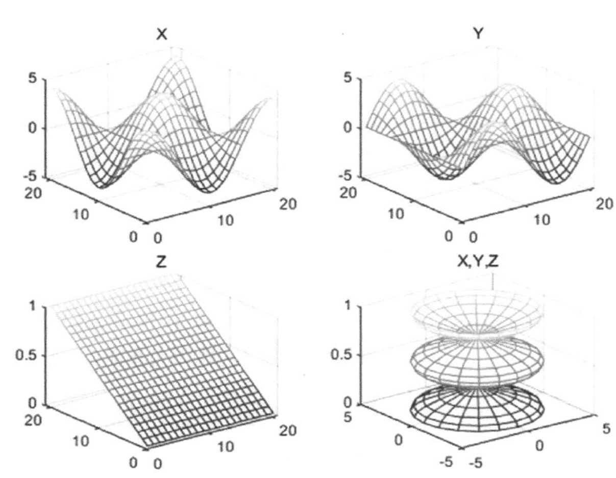

图 2-9　子图绘制例程

说明:

(1) cylinder()是在圆柱坐标下生成三维网格点,它输出 X、Y、Z 三个二维矩阵,此时看 mesh(X,Y,Z)的俯视图,不是线性的方形网格,而是辐射状的圆柱坐标网格。

(2) subplot()中数字索引的顺序与矩阵中的定义有所不同,subplot()是先行后列,如索引为 2 的位置其实是第 1 行第 2 列的位置,这主要是由于照顾查阅图像时先行后列的习惯。

(3) mesh()函数与 surf()函数在功能上基本一致,二者仅在图形中线与面的颜色设置方面有所区别。

2.3　数学计算

MATLAB 作为最强大的数学计算软件之一,解决高等数学问题可以说是最专业、最轻松的,MATLAB 针对数学计算共内置了 498 个函数,将数学的方方面面的常用计算均打包为非常简洁的函数形式,可以说"只有你想不到的,没有 MATLAB 做不到的"。附录 B 中提炼了常用的 56 个初等数学常用函数,读者可在 MATLAB 命令行中自行练习。

2.3.1　线性代数

线性代数被称为"第二代数学模型",是几乎所有现代科学的基础,也是 MATLAB 的发源学科，因此 M 语言对于矩阵的处理再简单不过了；唯一需要注意，这里展示的是数值计算，是存在计算精度的。线性代数例程如图 2-10 所示。

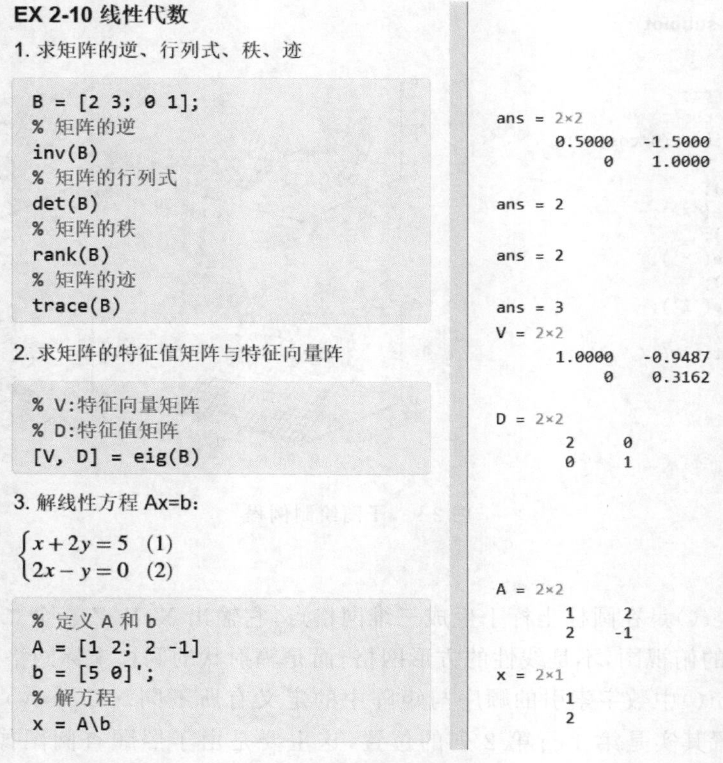

图 2-10　线性代数例程

说明：

（1）MATLAB 中针对线性代数的函数共有 68 个，涵盖了线性代数中可能使用到的所有方面。

（2）数值计算是线性代数的学习重点之一，也是课堂教学容易忽略的点之一，在学习线性代数的过程中，使用 MATLAB 进行计算与尝试，会大大强化学生对于该学科的理解。

2.3.2　微积分

微积分是计算机出现以前的主要计算手段，从它的英文名称 Calculus（计算方法）中也可以想见，这门学科包含着大量的手算方法用以得到解析函数，因此需要用到 MATLAB 的另一强大功能——符号计算。事实上，计算机出现以后，微积分中大量手算技巧的意义降低不少，新时代的学生在学习微积分时，应当重视思想、弱化技术，重视应用、弱化推导，借助 MATLAB 这样的实用工具把微积分应用在科研与工作中。

MATLAB 拥有非常强大的符号计算引擎,可以解决许多人工无法解决的解析问题。使用 syms()函数可以定义符号变量,定义后凡是包含这个符号变量的表达式,均为符号表达式,可以进行解析计算,微积分例程如图 2-11 所示。

EX 2-11 微积分

1. 求导数

```
% 定义一个符号对象 x
syms x
% 定义一个符号函数 f
f = x^2+x
% 求 f 的导数-解析解
f1 = diff(f)
```

$f = x^2 + x$

$f1 = 2x + 1$

2. 求不定积分

```
f2 = int(f, x)
```

$f2 = \frac{x^2(2x+3)}{6}$

3. 求定积分

```
% 求区间[0,2]上的定积分
f3 = int(f, x, 0, 2)
```

$f3 = \frac{14}{3}$

4. 求泰勒展开

```
% 在 x=1 位置泰勒展开
f4 = taylor(f, x, 1)
% 令 x 为 1, 进行验证
x = 1;
subs(f)
subs(f4)
```

$f4 = 3x + (x-1)^2 - 1$

ans = 2

ans = 2

图 2-11 微积分例程

说明:

(1) 在实时编辑器中,符号表达式会自动以公式的形式显示,非常友好而高效。

(2) 如果需要计算符号表达式的数值,可以先将符号变量进行赋值,再使用 subs()函数,其义为“变量转换”(substitution),是将符号变量置换为数值。

2.3.3 微分方程

微分方程其实是人类认识物理世界的重要底层逻辑,许多科学理论总结为数学模型后发现都是微分方程,因此微分方程的求解技术也非常重要。一般来说,非线性微分方程是没有解析解的,但是线性微分方程和低阶的特殊微分方程可以由计算机得到解析解;最基本常用的求解方法就是将方程符号化再使用 dsolve()函数自动求解,如图 2-12 所示。

说明:

(1) MATLAB 与许多其他编程语言一样,把单等号“=”定义为赋值,而双等号“==”

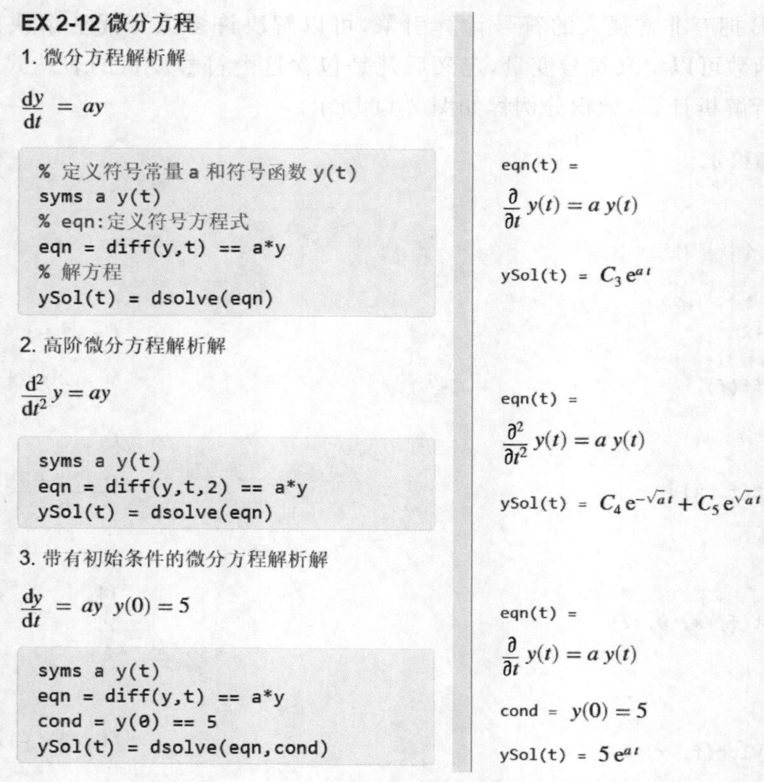

图 2-12　微分方程例程

才定义为相等的含义，这一点对于初学者来说很容易误解并造成程序的错误。

(2) 对于得到的通解，MATLAB 会使用与数学教材中一致的表达方式，即用 C 表示常数。

2.3.4　概率统计

无论从事什么行业，数据分析几乎是最硬核的科技工具，其背后的数学支持就是概率统计。数据分析是用数据说话，找到变量之间的真实关系，建立起数学模型，最终实现正确的预测。数据分析一般包括以下 4 个步骤：

(1) 预处理：考虑离群值和缺失值，对数据进行平滑处理以便确定可能的模型。

(2) 汇总：通过计算基本的统计信息来描述数据的总体位置、规模及形状。

(3) 可视化：绘制数据形态以便形象直观地确定模式和趋势。

(4) 建模：更全面精准地描述数据趋势，进而实现数据预测。

可以加载 MATLAB 软件自带的一组统计数据 count.dat，这个 24×3 的数组 count 包含三个十字路口(列)在一天中的每小时流量统计(行)，提取其中一组数据作为案例进行分析，如图 2-13 所示。

EX 2-13 概率统计

1. 数据预处理

```
% 清空内存数据和图表
clear; clf;
% 加载 count.dat 中的数据
load count.dat; data = count(:,3);
```

2. 数据汇总

```
% 平均值
mu = mean(data)
% 标准差
sigma = std(data)
```

3. 可视化

```
% 绘制直方分布图
h = histogram(data, 12)
hold on
% 平均值线
plot([mu mu],[0 10])
```

4. 建模

```
% 计算直方面积
area = h.BinWidth*size(data,1);
% 指数分布密度函数
t = 0:250;
exp_pdf = @(t)(1/mu)*exp(-t/mu);
plot(t,area*exp_pdf(t))
```

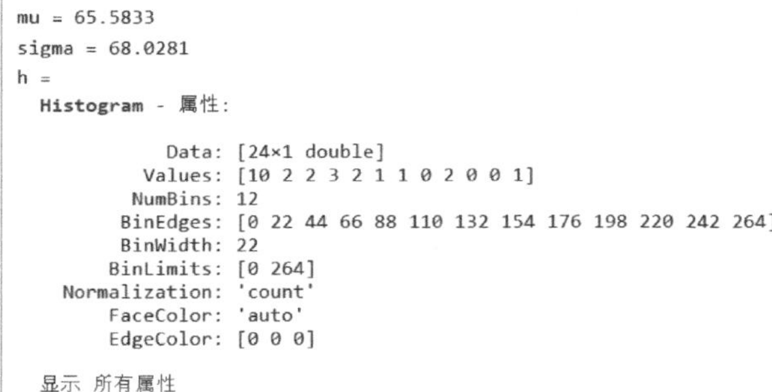

```
mu = 65.5833
sigma = 68.0281
h =
  Histogram - 属性:

             Data: [24×1 double]
           Values: [10 2 2 3 2 1 1 0 2 0 0 1]
          NumBins: 12
         BinEdges: [0 22 44 66 88 110 132 154 176 198 220 242 264]
         BinWidth: 22
        BinLimits: [0 264]
    Normalization: 'count'
        FaceColor: 'auto'
        EdgeColor: [0 0 0]

  显示 所有属性
```

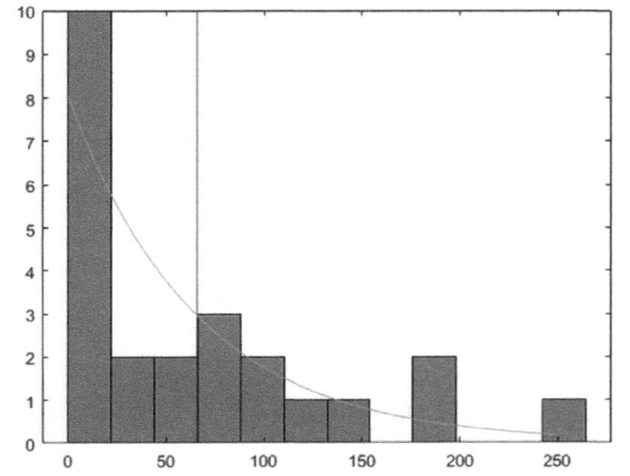

图 2-13　概率统计例程

说明：

(1) clear 命令用于清除内存中的已有数据，clf 命令清除已有图形。

(2) histogram()绘制直方图，12 代表直方图的数量，h 读取的是 histogram 的属性。

(3) hold on 命令用于保持已画图片状态，后续做图即可在原图基础上进行绘制。

(4) @是“匿名函数号”，匿名函数是指不需要设置函数名字，也没有函数文件，其后的括号 t 表示函数的自变量是 t，再其后则是函数的表达式。

2.4 程序设计

编程能力是一名高级工程师的核心能力之一，因为计算机程序是思想、经验的具体体现，是结合数学模型与自动化机制的智慧结晶。程序运行的原理，除了逐行依序运行外，就是由控制流语句来控制程序的“流向”；MATLAB 中的控制流语句与其他编程语言的控制语句比较类似，也容易理解和掌握。

2.4.1 if 控制流

判断控制（分支控制）是非常重要的程序功能，它让机器产生类似于“智慧”的反应；其实只要有足够多的条件判断，程序自然就会显得足够智能，if控制流的例程如图2-14所示。

EX 2-14 if 控制流

1. if - end

```
a = 1;
if a == 1 % 如果 a 等于 1
    disp('Yes! a==1');
end
```

```
Yes! a==1
```

2. if - else - end

```
a = 1;
if a == 1 % 如果 a 等于 1
    disp('Yes! a==1');
else % 否则
    disp('No. a~=1');
end
```

```
Yes! a==1
```

3. if - elseif - else - end

```
a = 2;
if a == 1 % 如果 a 等于 1
    disp('Yes! a==1');
elseif a == 2 % 否则，如果 a 等于 2
    disp('Yes! a==2');
else % 再否则
    % 什么都不做
end
```

```
Yes! a==2
```

图 2-14　if 控制流例程

说明：

(1) if按"逻辑表达式"判断其后的表达式的值，逻辑表达式只有两个值1(真，true)和0(假，false)，true与false都是MATLAB保留的关键字，它们就等于逻辑真与逻辑假。

(2) 双等号"=="是一种"关系运算符"，表示判断如果符号两边表达式相等，则值为1(真)，否则为0(假)，与其同类的符号还有：不等于(~=)、大于(>)、小于(<)、大于等于(>=)、小于等于(<=)。

(3) disp()函数用于在命令行中快速显示字符串或变量等，常用于对程序重要部位的运行提示，把握程序运行的状态。

2.4.2 for 控制流

编程的初衷，就是让计算机自动完成重复的任务，这就出现了"循环控制"，许多看似复杂的难题，只要可以转化为循环语句，都可迎刃而解，for控制流例程如图2-15所示。

说明：

(1) for后循环变量的赋值，如果是行向量，则每层循环中变量取行向量中的各元素；

EX 2-15 for控制流

1. for - end 向量中元素循环

```
for i = 1:4
    i
end
```

2. for - end 矩阵中向量循环

```
a = [1 2; 3 4];
for i = a
    i
end
```

3. for - end 矩阵中元素循环

```
a = [1 2; 3 4];
for i = a(:)'
    i
end
```

```
i = 1

i = 2
i = 3
i = 4

i = 2×1
     1
     3

i = 2×1
     2
     4

i = 1
i = 3
i = 2
i = 4
```

图 2-15　for 控制流例程

如果循环变量是矩阵，则取矩阵中各列的向量为一个元素作为每层循环中的变量。

(2) 注意，如果给循环变量赋值为列向量，则不能实现按元素循环的效果，只能出现一层该列向量的循环，而又由于 a(:)是列向量，所以在循环前必须进行转置操作。

2.4.3　脚本

脚本(Script)是一系列指令的集合，类似于批处理文件，运行一个脚本文件(.m)就相当于依次运行了其中每一条指令。脚本中可以再插入脚本，直接把脚本名作为一条指令即可，MATLAB 解析时，会将脚本名称替换为脚本中的所有语句再执行，所以脚本的意义，就在于将多条指令放在一起，用一个名字来完成调用。在没有使用 AppDesigner 进行图形界面的设计之前，一般主程序都是一个脚本，脚本中可以完成各种功能，比如数据输入、处理、计算、作图、输出等，辅以子脚本和子函数。

输入 edit 打开编辑器，输入以下代码并保存文件名为 ScriptMain.m。

```
%% 主脚本 ScriptMain
a = 1; b = 2;
ScriptAddAB;
c
```

再新建一个脚本，名为 ScriptAddAB，代码如下：

```
%% 脚本 ScriptAddAB
c = a + b;
```

在编辑器状态下，按 F5 快捷键即可运行脚本程序，运行主脚本后命令行显示 c 为 3。

说明：

(1) 应当将子脚本文件保存在与主脚本相同的目录下，否则调用时可能出错并提示“未定义函数或变量”。

(2) 由于脚本的原理就是替换，因此在调用子脚本之前的信息完全将被子脚本所用。

(3) 建议将脚本名称的首字母大写，这是因为脚本的名称被调用时，必须作为一句独立的命令，相当于“一句话”，所以习惯上在“驼峰命名法”的基础上首字母大写。

(4) 脚本的本意是可以将重复的代码打包以多次调用，但是脚本的性质决定它不具备良好的封装性，输入、输出变量不灵活，比如本例中输入变量必须是 a 与 b，输出变量名称也只能是 c；而且子脚本会依赖并修改主脚本的内存空间，往往会产生意想不到的后果，因此除主程序和一些不依赖和修改内存空间的代码外，不建议经常使用子脚本的方式，而是尽量使用“函数”。

2.4.4 函数

函数(Function)的概念与数学中的函数非常相似，也是有自变量(输入变量)和因变量(输出变量)，输入变量与输出变量都可以是多个任意类型的变量。“函”本为“木匣”之义，在这里就代表“封装”，它就像一个黑盒，给其一个输入，就通过计算获得一个输出，而内部的所有计算与主程序的环境并没有依赖于修改关系。灵活性与封装性使函数成为编程中最实用的技术之一，无论程序是否拥有图形界面，程序都是由一个主程序(一般是脚本)加多个函数组成的。

对于初学者而言，在程序的编写过程中，一般建议先采用脚本或实时脚本进行探索式编程，功能初步走通后再将提炼的重复模块进行函数打包。函数打包的原则并不是按代码量的多少，而是按“功能”，毕竟函数的英文名字就是 function(功能)，有些功能即使只有几句代码，但是它多次重复使用或者是明显的功能模块，则同样适用于使用函数进行封装。

将主脚本改为：

```
%% 主脚本 ScriptMain
a = 1; b = 2;
c = functionAdd(a,b)
```

新建函数文件，代码如下，保存时自动识别函数名称为 functionAdd.m。

```
function output = functionAdd(input1,input2)
%将两个输入变量进行相加
output = input1 + input2;
end
```

说明：

(1) 函数编写要注意其固定格式，因此在新建函数时，可以使用软件主界面中的“新增函数”按钮，这样产生的新建函数本身就拥有正确的格式。

(2) 从函数第二行开始，建议使用注释将函数功能以及算法的思路进行较详细的说明。

(3) 函数的输入与输出变量名，与函数文件第一行(函数声明行)中的输入、输出变量名称没有关系，也就是说可以一致也可以不同，都不影响函数的正常使用。

(4) 由于函数不依赖主程序的内存空间，因此在函数中无法直接使用主程序内存空间中的变量，且在函数内部生成的中间结果变量，只要不是输出变量，则在退出函数时即被清除，内部变量是函数的局部变量，不会影响主程序内存空间。

(5) 函数的命名建议形式上与变量一致，即采用“驼峰命名法”，但建议以动词开头，如getLocation，calculateEnergy，plotPicture 等。

2.4.5 矩阵编程

矩阵思想是 MATLAB 的核心，矩阵计算是 MATLAB 最具特色的强势领域，因此，虽然 M 语言可以实现与其他语言相似的编程逻辑，但是在许多方面都独有“矩阵式编程的优化方案”。矩阵化编程可以大大简化编程语言、提高编程效率、提速程序运行，所以，不懂矩阵化编程相当于没学过 MATLAB，不强调矩阵化编程相当于没有抓住 MATLAB 的重点。前面提到的向量与矩阵运算就是一种最基础的矩阵编程，其他常用的简单矩阵编程技术还有矩阵函数和逻辑角标，矩阵编程的例程如图 2-16 所示。

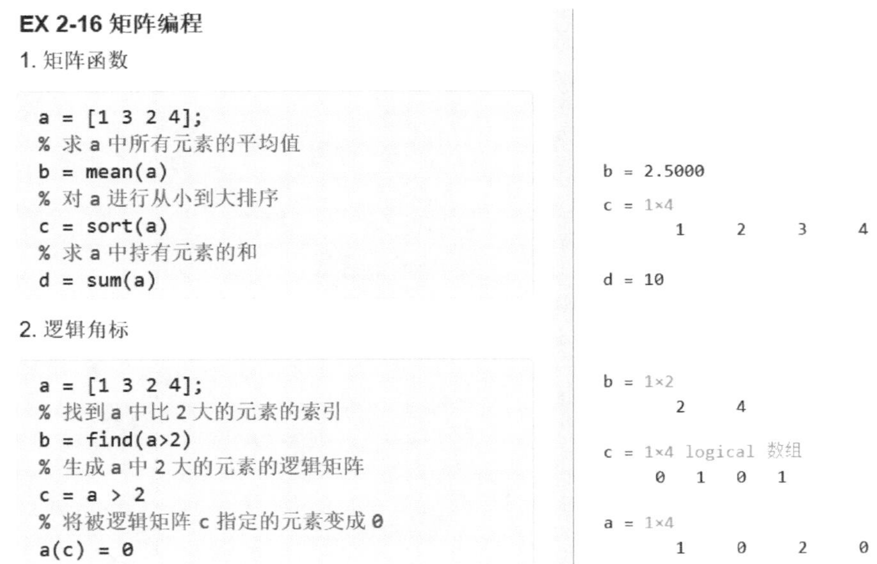

图 2-16 矩阵编程例程

说明：

(1) 矩阵函数可以对矩阵中的元素或向量统一操作，此类函数用法简洁自然，并且由于在底层做了引擎优化，计算速度极快，是 M 语言编程的核心函数。

(2) 逻辑角标在矩阵操作中是非常重要的，借助逻辑表达式生成逻辑矩阵，从而操作矩阵中符合逻辑表达式的元素，使编程简洁、高效。

(3) 对于学过 C 语言或其他一些编程语言的读者，要时刻考虑是否有矩阵编程优化的可能，尤其使用 for 循环时，就要思考是否可以用矩阵编程替代，往往可以化繁为简、化难为易。

本章小结

本章从 MATLAB 基础知识、图形可视化、数学计算、程序设计 4 大主要方面，将 MATLAB 最常用、最核心的一些功能全部展现出来，建议初学 MATLAB 的读者对于本章内容多加练习，熟练掌握本章内容就相当于完成了 MATLAB 的入门学习，已经可以解决一些实际问题了。

第3章 MATLAB核心——矩阵

MATLAB作为“矩阵的实验室”，其最核心的思想与特色就是“基于矩阵的数据结构与编程方法”，在第2章学习了MATLAB的基本操作与软件框架后，建议直接研究MATLAB语言的精髓——矩阵，掌握矩阵的概念、操作、运算及编程风格，从此进入区别于其他语言的极速编程境界。

本章首先从编程语言的基石——“数据类型与数据结构”入手，分别解析矩阵与它们之间的关系，再通过矩阵操作技术与运算方法进入矩阵化编程的殿堂，最后通过具体的编程案例讲解矩阵编程的核心精要。本章内容重要而基础，学习时不可仅停留在知识记忆层面，更要多加练习直至灵活应用。

3.1 矩阵与数据类型

数据类型是编程语言的基本，人类语言中的数据形式无非就是“数字”“文字”与“符号”，对应MATLAB中的3种核心数据类型即为“数值”“字符”与“符号”。

关于数据的结构，在数学中有几个常用概念——标量(Scalar)、向量(Vector)、矩阵(Matrix)、张量(Tensor)，在计算机学中把这一类数据结构统称为“数组”(Array)；它们在本质上其实都是统一的，在许多场合下并不加以区分。本书为了呼应MATLAB的名字“矩阵的实验室”，同时为了强化软件核心思想，使用“矩阵”这个词来涵盖以上所有概念，不同的概念只是不同维度及不同规模的矩阵而已，如图3-1所示。

(1) 空数据：规模0×0空矩阵。

(2) 标量：规模1×1的0维矩阵。

(3) 行向量：规模$1\times n$的一维矩阵。

(4) 列向量：规模$n\times 1$的一维矩阵。

(5) 普通矩阵：规模$n\times m$的二维矩阵。

(6) 多维数组：规模$n\times m\times\cdots$的多维矩阵。

MATLAB的所有数据类型均是以矩阵为核心及基础的，矩阵中的

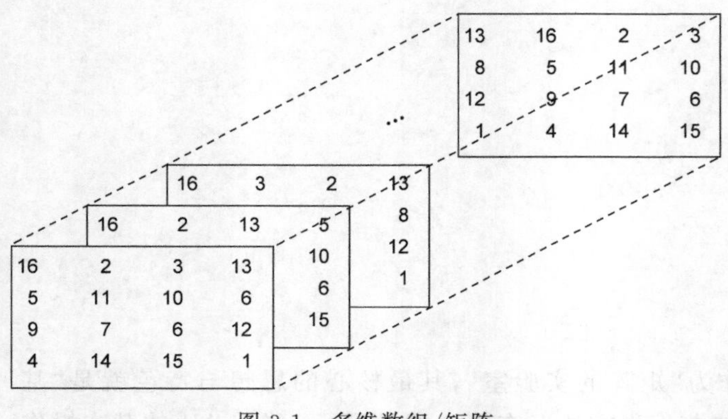

图 3-1　多维数组/矩阵

元素也可以是实数、复数、字符或符号变量。

3.1.1　数值矩阵

MATLAB 中的数值，拥有符合 IEEE 标准的存储格式与精度，包含浮点型与整型。浮点型包含双精度浮点(double)和单精度浮点(single)，整型包含 8、16、32、64 位带符号与不带符号整型。MATLAB 中默认的数值类型就是“双精度浮点型”，对于初学者来说，即可基本涵盖所有应用场合；次常用的是带符号 8 位整型(int8)。MATLAB 在复数计算领域也有很强的优势，因为它所有的运算都是定义在复数域上的，所以计算时不需要像其他程序语言那样将实部与虚部分开，如图 3-2 所示。

EX 3-1 数值类型矩阵

1. 浮点型与整型

```
% 赋值a为2的数值类型
a = 2
class(a)
% 定义变量b为2但不输出
b = int8(a)
class(b)
% 浮点型判断
c = a == 2*pi/3.14
d = abs(a-2*pi/3.14)<0.1
% 整数判断
e = b == 2*pi/3.14
f = b == int8(2*pi/3.14)
```

```
a = 2
ans = 'double'
b = int8
  2
ans = 'int8'
c = Logical
  0
d = Logical
  1
e = Logical
  0
f = Logical
  1
```

2. 复数矩阵

```
% 复数赋值
g = 3+4i
% 求复数g的模
h = abs(g)
% 复数矩阵
l = [g 2*g g*g]
```

```
g = 3.0000 + 4.0000i

h = 5
l = 1×3 complex
   3.0000 + 4.0000i   6.0000 + 8.0000i  -7.0000 +24.0000i
```

图 3-2　数值类型矩阵例程

说明：

(1) 不建议两个浮点数之间直接判断是否相等，而应采用判断差的绝对值的方法，这是由于数值计算存在计算精度的考虑。

(2) 复数中 i 不可与前面的数字有空格间隔，4i 是一个完整的虚数。

(3) 在工作区中，数值矩阵类的变量图标都是"田"字形的图标。

3.1.2 字符矩阵

文字在 MATLAB 中的存储有两种形式："字符"与"字符串"。字符矩阵是一个以字符为元素而组成的矩阵，使用单引号赋值可以直接生成字符行向量。字符串矩阵是以字符串为元素而组成的矩阵，每个字符串元素的长短不受约束，从 R2017a 开始可以使用双引号直接创建字符串，如图 3-3 所示。

EX 3-2 字符型矩阵

1. 字符矩阵

```
% 赋值字符矩阵
a = 'x'
b = 'yz'
class(a)
% 字符矩阵拼接
c = [a b;'uvw']
% 求字符矩阵的规模
d = size(c)
```

```
a = 'x'
b = 'yz'
ans = 'char'
c = 2×3 char 数组
    'xyz'
    'uvw'
d = 1×2
     2     3
```

2. 字符串矩阵

```
% 赋值字符串矩阵
e = "Hello, "
f = string('World!')
class(e)
% 字符串矩阵组合
g = [e,f]
h = strlength(g)
% 字符串矩阵拼接
l = join(g)
m = strlength(l)
```

```
e = "Hello, "
f = "World!"
ans = 'string'

g = 1×2 string 数组
    "Hello, "    "World!"
h = 1×2
     7     6

l = "Hello,  World!"
m = 14
```

图 3-3 字符型矩阵例程

说明：

(1) 字符矩阵可以同时赋值一串字符，而且显示时也会将一行中的字符连续显示出，但这并不表示它是一个字符串，它的类型仍是字符类型。字符与字符串矩阵的操作，同数值矩阵操作原理一致。

(2) 取规模函数 size()取的是矩阵中元素的个数；也就是说，对字符矩阵取规模时，取到的是矩阵中字符的个数，对字符串矩阵取规模时，取到的是字符串的个数，而无法得到字符串内部有多少字符，如需计算字符串中字符的个数，可以使用函数 strlength()。

(3) 字符转换为字符串使用函数 string()，字符串转换为字符使用函数 char()。

(4) 在工作区中，字符变量的图标是 c|h，字符串变量的图标是 str，两者的图标不同。

3.1.3 符号矩阵

符号数学是数学中非常重要的部分之一，它引领人类从“算数学”进入“代数学”，从具象走向了抽象。因而，虽然 MATLAB 的诞生和崛起都依赖于它无与伦比的“数值计算”，但一直强力扩展它的符号计算功能，从 2008 年弃用 Maple 引擎而收购 MuPAD 以来的十余年间，MATLAB 的符号计算引擎早已今非昔比，成为业内最优秀的符号计算工具之一，并以符号数学工具箱(Symbolic Math Toolbox)的形式存在。

符号计算与数值计算都具有非常重要的实际意义，符号计算的优势在于可以无须在计算前对变量赋值，而直接以符号形式输出运算结果，在许多应用场景中其实更接近数学思维。符号变量需要声明定义，而由符号变量组成的表达式则会自动定义为符号类型的表达式；符号表达式是符号矩阵的基本元素。符号计算与数值计算在本质上是两种类型的独立计算引擎，但 MATLAB 实现了二者的深度融合，比如有许多函数都可以不限制输入类型，无论是数值还是符号都可以自由使用，如图 3-4 所示。

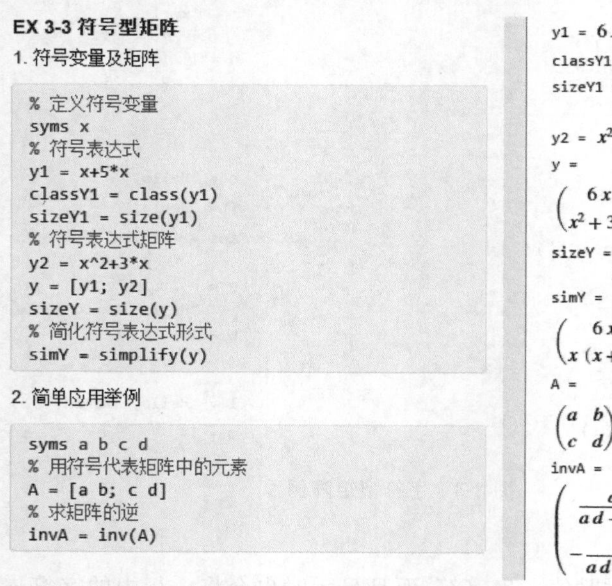

图 3-4 符号型矩阵例程

说明：

(1) 符号变量的定义有两种方式，一种是使用 syms，这是一个关键字，其后所跟变量会定义为符号变量；另一种是使用 sym()，这是一个函数，其代码写成 sym('x')也有同样的效果。

(2) 符号表达式计算当然有一些数值计算中没有的功能，比如简化表达式(simplify)等；但同时也有大量的共通功能，比如求矩阵的逆(inv)等，可以帮助推导公式，获得解析解。

(3) 符号计算尤其在高等数学的教学实践中举足轻重，本书将在第 5 章 MATLAB 数学计算中深入学习应用。

3.2 矩阵与数据结构

线性代数被称为"第二代数学模型"，其中的"矩阵"概念，可以说是整个现代科学的基础，其中的底层逻辑就在于，矩阵中不仅包含每个元素的值，还通过"结构"包含了数据与数据之间的关系信息，正如亚里士多德所说"整体大于部分之和"，就是这个道理，这正是"结构化语言"的好处。

矩阵是 MATLAB 中最核心的数据结构，然而矩阵也有它的不足，矩阵中的元素只可以是数值、字符、字符串、符号，而且只能使用数字进行索引，其实在许多程序设计场合下，都需要更复杂的存储模式，比如需要每个元素拥有不同的规模及不同的类型，或者需要使用名称而不是数字来索引元素，或者不同列拥有不同数据类型的表格类数据，这时就要对矩阵进行数据结构的拓展。在 MATLAB 中，还有 3 种核心数据结构：元胞数组、结构体和表，这三者可以归类为"数据存储结构"，它们一般不直接参与计算，而是转移到矩阵中完成计算，再转存回去，三者与矩阵在存储元素、索引方式、结构形态上的异同如表 3-1 所示。

表 3-1　MATLAB 4 种数据结构比对

比较项目 \ 数据结构	矩　　阵	元胞数组	结　构　体	表
英文名称	matrix	cell array	structure	table
元素要求	同类元素	无要求	无要求	按列同类
元素是否可以是矩阵	不可以	可以	可以	不可以
索引方式	数字索引	数字索引	名称索引 (局部数字索引)	数字/名称索引
结构形态	阵状	阵状	树状	阵状

数据结构是编程语言的基础工具，心理学家马斯洛曾经说过"手里有把锤子，看什么都像钉子"；如果仅掌握矩阵这一种数据结构，那么在编程实践中则难免舍近求远、事倍功半；元胞数组、结构体与表都是 MATLAB 程序设计中极为常用和重要的数据结构，对它们的使用不了解很可能造成程序复杂度的急剧攀升，可惜大多数教材与课堂并未给予足够的重视。

3.2.1 元胞数组

元胞数组(Cell Array)本质上是一种广义的矩阵，因此也可以翻译为"元胞阵"，它与矩阵的不同在于，元胞数组的每个元素，可以是矩阵中的数值、字符、字符串、符号等，也可以就是一个矩阵，甚至还可以是一个元胞数组，其灵活程度可想而知。元胞数组在许多场合下都非常实用，比如需要使用数字来进行索引，而每个元素(如矩阵)的规模都不能保证一致时(参见图 3-5)，元胞数组往往是首选。

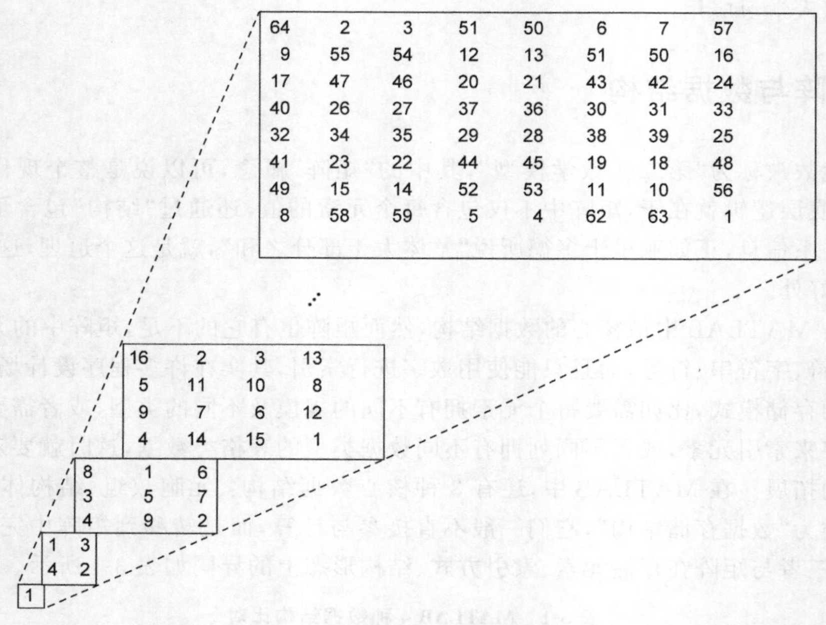

图 3-5 元胞数组的一种存储形式

元胞数组在程序设计中，一般作为存储介质，将获得的数据灵活地保存在元胞中，需要时再利用数字索引快速提取。元胞数组的常用创建与访问操作如图 3-6 所示。

说明：

(1) 元胞数组采用大括号赋值，其余格式与矩阵相同，每个元素会默认形成一个单元素元胞。

(2) celldisp()函数可以用于显示元胞数组中每个元素的具体内容。

(3) 元胞数组本质是一个矩阵，因此也要符合阵形结构，比如仅对某一个位置赋值后，软件会自动用空元胞将其他位置补齐。

(4) cell()函数实现创建一个空元胞数组，多用于预分配内存，与矩阵赋值中的 zeros()函数同理。

(5) 注意，元胞数组中每个元素默认即为一个 1×1 元胞，因此直接使用小括号索引，得到的是元胞元素而不是其中的数据内容；其实，可以使用大括号索引方式，就能直接突破元胞，以矩阵形式取得其中的数据元素。

(6) cell2mat()函数用于将元胞转换为矩阵，但前提是准备转换的数据本身就符合矩阵的格式要求，同样的函数还有 cell2struct()和 cell2table()。

EX 3-4 元胞数组

1. 创建元胞数组

```
% 元胞数组整体输入
cellA = {1, 'text'; zeros(2,3), {11; 22}}
celldisp(cellA)
% 元胞数组按元素赋值
cellB(2,2) = {5}
% 快速创建空元胞数组
cellC = cell(2,3)
```

2. 访问元胞数组中的数据

```
% 使用小括号，访问的是元素，即元胞
a = cellA(1,1)
% 使用大括号，访问的元素中的数据
b = cellA{1,1}
c = cellA{1,2}
```

3. 元胞数组转化为矩阵

```
cellD = {[1 2]; [3 4]}
matD = cell2mat(cellD)
```

```
cellA = 2×2 cell 数组
    {[       1]}    {'text'  }
    {2×3 double}    {2×1 cell}
cellA{1,1} =
     1
cellA{2,1} =
     0     0     0
     0     0     0
cellA{1,2} =
text
cellA{2,2}{1} =
    11
cellA{2,2}{2} =
    22
cellB = 2×2 cell 数组
    {0×0 double}    {0×0 double}
    {0×0 double}    {[       5]}
cellC = 2×3 cell 数组
    {0×0 double}    {0×0 double}    {0×0 double}
    {0×0 double}    {0×0 double}    {0×0 double}
a = 1×1 cell 数组
    {[1]}
b = 1
c = 'text'
cellD = 2×1 cell 数组
    {1×2 double}
    {1×2 double}
matD = 2×2
       1     2
       3     4
```

图 3-6　元胞数组例程

3.2.2　结构体

结构体(Structure)在许多编程语言中都有非常重要的应用，因为它代表着一种通过名称(field，翻译为字段)索引来存储的“树形结构”。在 MATLAB 中，结构体中可以存储的元素同元胞数组一样，都没有什么特定的要求，可以是矩阵中的数值、字符、字符串、符号等，也可以就是一个矩阵，甚至还可以是一个元胞数组。结构体中的元素还可以是另一个结构体，只不过在表示时，结构体下的结构体可以直接使用多级结构来定义；结构体也可以形成数组，此时可以局部使用数字索引来完成。结构体是树形结构，在程序设计中拥有非常重要的应用，它可以把杂乱的数据很好地按层级与名称存储归类(参见图 3-7)，灵活使用结构体是 MATLAB 程序设计中非常重要的技能之一。

说明：

(1) 英文句点“.”是用来定义结构体层级的，多层级设置也同理，如 patient. name. firstName。

(2) 结构体作为树状结构，既可以使用名称(字段)来进行分支，也可以使用数字来分支，此时形成“结构体数组”，结构体数组中的所有结构体都具有相同的分支，因为毕竟没有脱离数组(矩阵)的本质。

(3) 程序设计中，常用结构体主名称为一个“对象”，使用结构体分支字段来存储该对象的一些“属性”，通过存取和修改对象的属性来完成一些程序功能，这种思想虽然与真正的

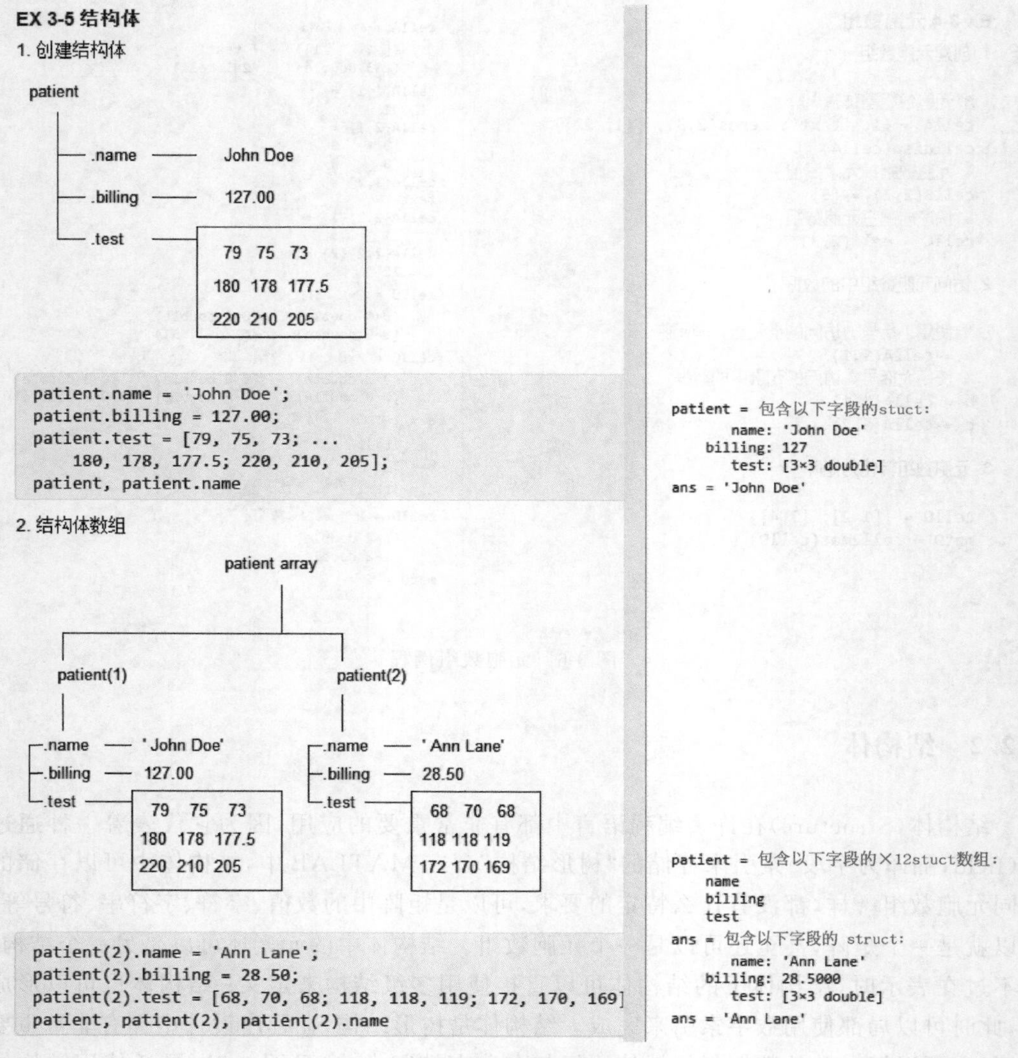

图 3-7　结构体例程

“面向对象编程”还有一定距离，但是往往可以大大简化程序结构、提高代码的清晰度。

（4）结构体中的显示顺序与创建顺序相同，并且修改其值后也不会改变显示顺序，为程序设计中创建数据和存储数据提供了方便。

3.2.3　表

表(Table)是一种以矩阵为基础的异化数据结构，正如表格一样，表中每个变量可以具有不同的数据类型和大小，但是每个变量的行数必须相同；表中的变量并不限于列向量，也可以是包含多列的矩阵，只要行数相同即可。表作为一种程序设计中非常实用的数据结构，在 R2013b 版本首次引入，以取代统计工具箱中的 dataset 数据类型，从此大受欢迎，成为数据处理和程序设计的神器。

表适用于在数据分析和处理行为中，典型用途是存储试验数据，行表示不同的观测点，列表示不同的测量变量，还可以对于文本文件或电子表格中的数据进行存取。表可以实现名称索引，速度很快类似于哈希表功能，同样的功能在矩阵或者元胞数组中则需要全数据比对，当数据量较大时效率略低。MATLAB 中的表格式可与两类格式无缝对接：

(1) .txt、.dat 或 .csv(适用于带分隔符的文本文件)。

(2) .xls、.xlsm 或 .xlsx(适用于 Excel 电子表格文件)。

使用 writetable()函数可以将表保存为上述格式，使用 readtable()函数可以读取上述格式，如图 3-8 所示。

EX 3-6 表

1. 创建表

```
% 清空工作区
clear
% 载入内存变量
load patients
% 取变量建立表
tablePatients = table(Gender, Age, Weight, Smoker)
```

2. 表索引

```
% 提取表的一部分——数字索引
tablePatients(1:3,:)
% 制作命名索引
tablePatients.Properties.RowNames = LastName;
% 提取表的一部分——命名索引
tablePatients({'Smith','Johnson'},{'Gender','Smoker'})
```

3. 表存储

```
% 存储为文本文档
writetable(tablePatients, 'tablePatients.txt')
% 存储为电子表格
writetable(tablePatients,'tablePatients.csv')
```

tablePatients = 100×4 table

	Gender	Age	Weight	Smoker
1	'Male'	38	176	1
2	'Male'	43	163	0
3	'Female'	38	131	0
4	'Female'	40	133	0
5	'Female'	49	119	0
6	'Female'	46	142	0
7	'Female'	33	142	1
8	'Male'	40	180	0
9	'Male'	28	183	0

ans = 3×4 table

	Gender	Age	Weight	Smoker
1	'Male'	38	176	1
2	'Male'	43	163	0
3	'Female'	38	131	0

ans = 2×2 table

	Gender	Smoker
1 Smith	'Male'	1
2 Johnson	'Male'	0

图 3-8 表例程

说明：

(1) patients 是 MATLAB 自带的工作空间数据，并保存为一个.mat 文件；同理，用户也可以将工作空间保存下来，命令为 save name.mat，其中 name 是用户自起的名字。

(2) table()函数用于创建表，输入的变量名同时将作为表头，输入变量可以是列向量、矩阵、元胞数组、字符矩阵、逻辑矩阵，只要它们拥有相同的行数即可，工作区中图标为一个"对号"的 Smoker 变量为逻辑矩阵，其中存储的只有 1(真)和 0(假)两个值。

(3) 许多数据量较大的文件常以.csv 格式存在，MATLAB 甚至可以直接打开.csv 文件，并可以选择输入类型，常用的有表、列向量、数值矩阵、字符串数组、元胞数组，图 3-9 所示为数据文件导入窗口。

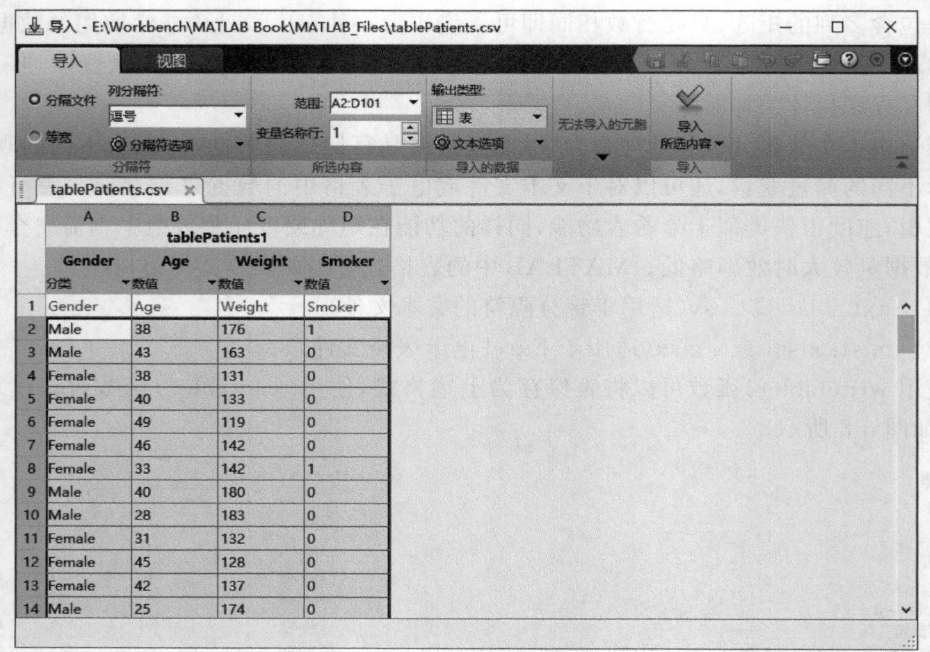

图 3-9 数据文件导入窗口

3.3 矩阵操作

在这个大数据与机器学习风靡全球的时代，矩阵成为各行各业炙手可热的词汇，原因在于矩阵作为一种数据结构，对其进行的操作相当于“批量化行为”，一方面计算效率高，另一方面将意义打包更利于理解。矩阵是 MATLAB 中的核心概念，灵活使用矩阵操作技能，可以让代码非常简洁高效，感受到 MATLAB 与其他语言相比的重大优势，因而矩阵操作是学习 MATLAB 必须掌握的核心技能，基本包括矩阵的索引操作、逻辑操作和函数操作。建议矩阵操作时养成如下 3 点习惯：

(1) 整存整取：如果可以对矩阵整体进行操作，就一定整体操作，尽量减少使用循环或单独提取某一元素。

(2) 每个维度要定义明确的意义：在初始化矩阵时，注释清楚每个维度所代表的涵义，遇到维度变换时要马上注释新维度的涵义。

(3) 同一维度里的数据的地位一致：避免将不同意义或不同地位的数据放在一个维度中，否则将对代码编写带来许多不必要的麻烦。

3.3.1 索引操作

索引是探查矩阵中元素的主要方法，利用索引可以实现矩阵特定局部的提取与赋值；

索引分为“单索引”(Index)和“角标索引”(Subscript),角标索引即是直接用各维度上的角标做索引,单索引是一个从1开始的单个数字,对于任意维矩阵,按照维度的先后(行、列、页等)整理为向量,就可以用一个单索引数字来定位元素,图3-10所示为单索引与角标索引的对应关系。

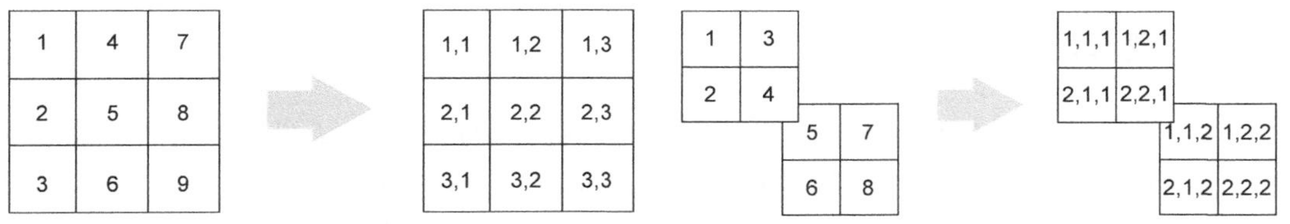

图3-10 单索引与角标索引的对应关系

使用索引进行矩阵操作时,要灵活利用冒号“:”与end关键字,理解掌握单索引与角标索引的转换方法,如图3-11所示。

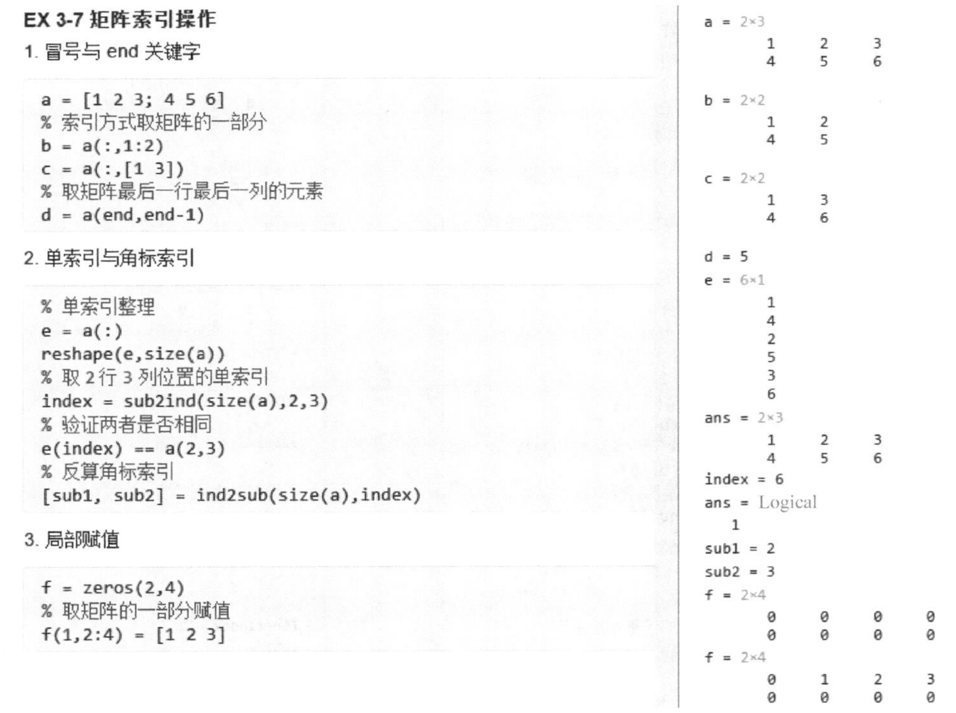

EX 3-7 矩阵索引操作

1. 冒号与 end 关键字

```
a = [1 2 3; 4 5 6]
% 索引方式取矩阵的一部分
b = a(:,1:2)
c = a(:,[1 3])
% 取矩阵最后一行最后一列的元素
d = a(end,end-1)
```

2. 单索引与角标索引

```
% 单索引整理
e = a(:)
reshape(e,size(a))
% 取 2 行 3 列位置的单索引
index = sub2ind(size(a),2,3)
% 验证两者是否相同
e(index) == a(2,3)
% 反算角标索引
[sub1, sub2] = ind2sub(size(a),index)
```

3. 局部赋值

```
f = zeros(2,4)
% 取矩阵的一部分赋值
f(1,2:4) = [1 2 3]
```

```
a = 2×3
     1     2     3
     4     5     6
b = 2×2
     1     2
     4     5
c = 2×2
     1     3
     4     6
d = 5
e = 6×1
     1
     4
     2
     5
     3
     6
ans = 2×3
     1     2     3
     4     5     6
index = 6
ans = Logical
   1
sub1 = 2
sub2 = 3
f = 2×4
     0     0     0     0
     0     0     0     0
f = 2×4
     0     1     2     3
     0     0     0     0
```

图3-11 矩阵索引操作例程

说明:

(1) end代表该维度最后一个角标的值,在程序设计中,对于要操作的矩阵,尽量使用end而不是实际的数字来取到最后一位,这样的程序鲁棒性强,不会受到矩阵规模变化的影响。

(2) a(:)这种形式非常重要和实用,它可以将任意维度矩阵整理为列向量,进而可以当作向量来处理和计算，如需回归原形式，使用 reshape()函数即可。

(3) 角标索引换算为单索引使用 sub2ind()函数，单索引换算为角标索引使用 ind2sub()函数，两者的第一输入变量均为矩阵的规模向量，可使用 size()函数得到。

(4) 矩阵可以通过索引实现局部的赋值，注意等号两边的规模一定要相同，否则会报错。

3.3.2 逻辑操作

逻辑操作是极为实用的操作技术，一方面可以通过逻辑判断式来代替索引的位置，对矩阵中满足特定要求的元素进行批量操作；另一方面可以将逻辑矩阵整体作为程序流中的判断依据；另外，利用 find()函数可以极速实现矩阵索引的按逻辑提取。

在程序设计过程中，往往需要经常进行逻辑判断，根据判断结果决定程序流向；MATLAB 基于矩阵操作的整体判断方法在程序设计语言中独树一帜，简洁高效，节省用户大量的操作与构思时间，如图 3-12 所示。

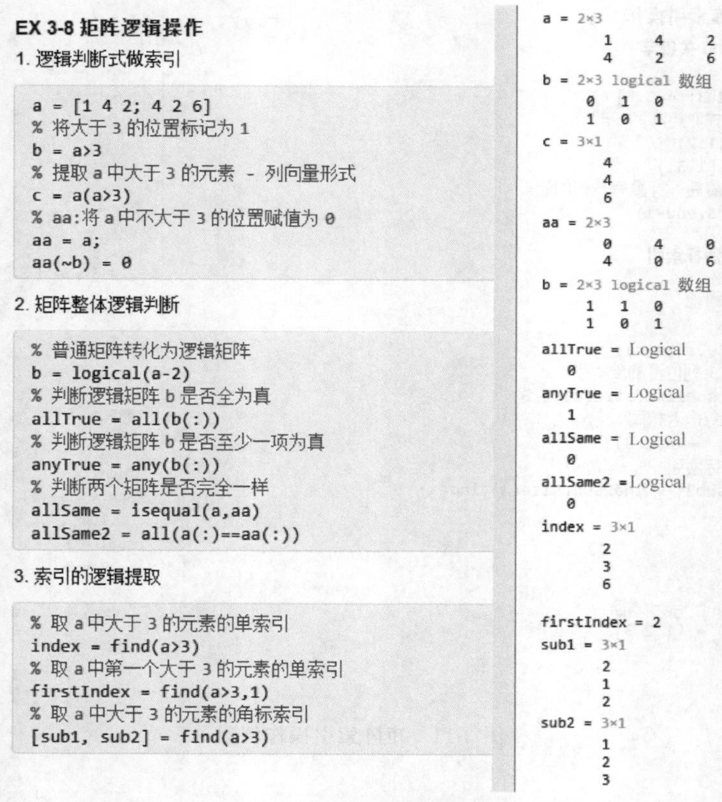

图 3-12 矩阵逻辑操作例程

说明：

(1) “a > 3”这样的式子可以直接取得与 a 矩阵规模一致的逻辑矩阵。

(2) 逻辑矩阵做索引可以取得所有满足逻辑的元素,结果按列向量输出。

(3) logical()函数可以将输入变量换算成逻辑矩阵,其中的任意非零元素都将转换为逻辑值1。

(4) all()与any()函数的基本处理单元都是列向量,也就是说,输入一个 $m \times n$ 规模的矩阵,返回的是 $1 \times n$ 的行向量,其中每个元素对应的是每个列向量的逻辑值;如果想对矩阵中所有元素进行判断,先使用冒号索引把矩阵向量化即可。

(5) find()函数的默认输出是单索引,如需要输出角标索引,使用中括号承接输出变量即可。

3.3.3 函数操作

在MATLAB中为矩阵操作设置了大量的函数,可以说能想到的函数都已准备好,最基础和常用的是提取矩阵信息以及矩阵生成的函数(参见图3-13)。

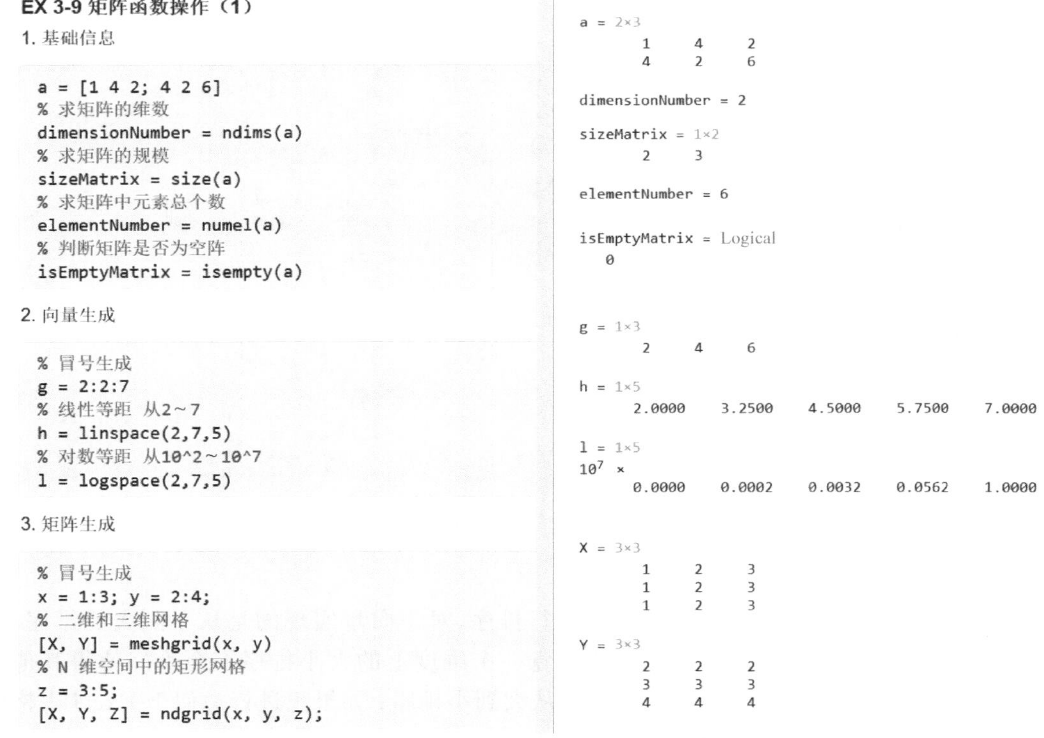

EX 3-9 矩阵函数操作(1)

1. 基础信息

```
a = [1 4 2; 4 2 6]
% 求矩阵的维数
dimensionNumber = ndims(a)
% 求矩阵的规模
sizeMatrix = size(a)
% 求矩阵中元素总个数
elementNumber = numel(a)
% 判断矩阵是否为空阵
isEmptyMatrix = isempty(a)
```

```
a = 2×3
     1     4     2
     4     2     6

dimensionNumber = 2

sizeMatrix = 1×2
     2     3

elementNumber = 6

isEmptyMatrix = Logical
   0
```

2. 向量生成

```
% 冒号生成
g = 2:2:7
% 线性等距 从2~7
h = linspace(2,7,5)
% 对数等距 从10^2~10^7
l = logspace(2,7,5)
```

```
g = 1×3
     2     4     6

h = 1×5
    2.0000    3.2500    4.5000    5.7500    7.0000

l = 1×5
10^7 ×
    0.0000    0.0002    0.0032    0.0562    1.0000
```

3. 矩阵生成

```
% 冒号生成
x = 1:3; y = 2:4;
% 二维和三维网格
[X, Y] = meshgrid(x, y)
% N 维空间中的矩形网格
z = 3:5;
[X, Y, Z] = ndgrid(x, y, z);
```

```
X = 3×3
     1     2     3
     1     2     3
     1     2     3

Y = 3×3
     2     2     2
     3     3     3
     4     4     4
```

图3-13 矩阵函数操作第一部分例程

说明:

(1) numel()函数意为元素个数(Element number),等于各个维度上规模的乘积。

(2) 使用冒号生成线性向量极为常用,其中间的数字为正数或负数均可,省略时表示为

1；最后一个数字表示生成范围，超过它时则结束数字生成算法。

（3）二维、三维、N 维网格的生成是 MATLAB 程序设计中常用的技巧，相当于准备了多维空间中的全遍历点，是矩阵化编程中必不可少的技术之一。

矩阵操作的函数远不止此，下面重点介绍矩阵操作的 8 大“神函数”，包括 sort()，permute()，squeeze()，fliplr()，reshape()，cat()，repmat()，kron()，掌握这 8 个核心函数将让 MATLAB 程序设计更加简洁，如图 3-14 所示。

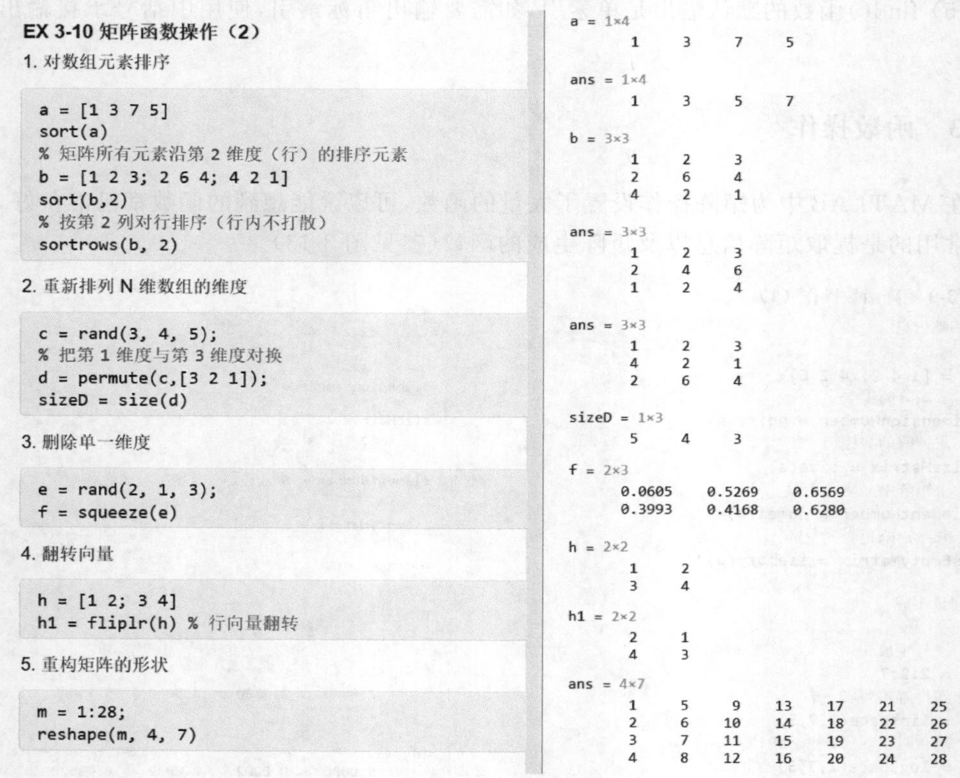

图 3-14 矩阵函数操作第二部分例程

说明：

（1）sort()函数用于对矩阵中的元素进行排序，对于向量实现的是从小到大的排序，对于矩阵可以指定排序所依据的维度，因为毕竟一个维度上的大小排序不会恰好使得其他维度也成有序态；sort(a,'descend')可以实现从大到小排序；如果想进行类似于 Excel 表格中的排序操作，即按行进行排序并且维持行内对应关系，则可使用 sortrows()函数，该函数对于 MATLAB 中的表结构也可以进行排序。

（2）permute()函数用于重新排列矩阵中的维度，permute 意为“置换”。

（3）squeeze()函数用于撤销长度为 1 的维度，使矩阵降维，该函数的灵活使用可以减少无用功，squeeze 意为“压榨”。

(4) fliplr()函数用于将矩阵中所有的行向量进行翻转，flipud()函数可以实现矩阵中所有列向量的翻转，而 wrev()函数用于实现所有向量翻转，也可以认为是接连进行了一次行向量翻转与列向量翻转，另外 rot90()函数用于实现把矩阵逆时针旋转 90°。

(5) reshape()函数，用于将一个矩阵在总元素不变的情况下，改变行列数与形状。

还有一些用于矩阵串联、重复、扩展的函数，如图 3-15 所示。

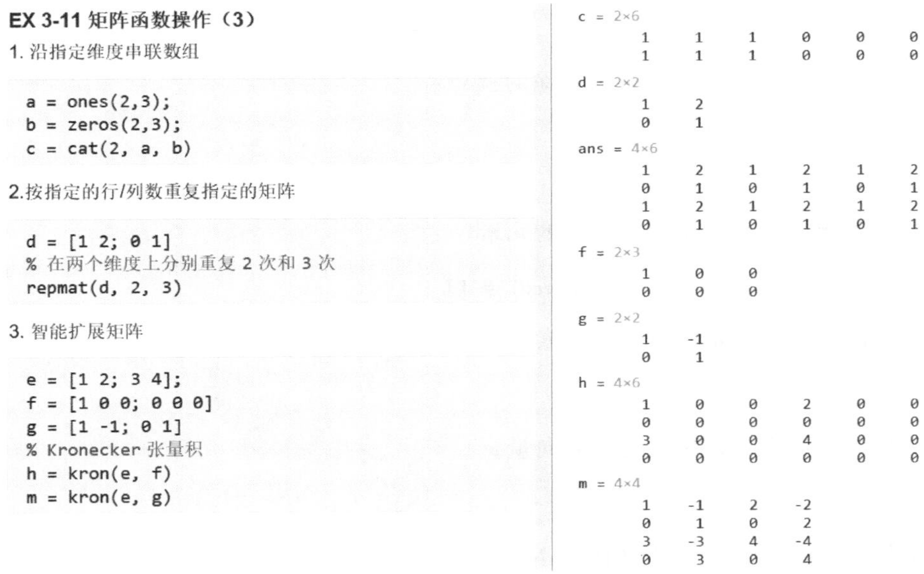

图 3-15　矩阵函数操作第三部分例程

(1) cat()函数可以把若干矩阵，沿“指定维”方向拼接为高维矩阵，函数的第一个输入变量就是指定的维度，在高维矩阵拼接操作时非常实用，注意拼接之前确定输入矩阵规模是可以拼接的，否则报错。

(2) repmat()函数用于按指定的行/列数重复(阵列)指定的矩阵，可以将一个小矩阵按规律快速扩展成一个周期性矩阵。

(3) kron()函数返回两矩阵的 Kronecker 张量积，简单地说，就是将第一个矩阵的各元素分散开，再将每个元素与第二矩阵相乘，是一种高级的矩阵扩展方法，灵活使用可以在一些场合四两拨千斤。

3.3.4 实用技巧

矩阵操作还有一些常用的小技巧，比如下面关于矩阵性质判断的技巧：

(1) 如何判断矩阵 ***a*** 是否为空矩阵。

```
isempty(a)
```

（2）如何判断是否存在 a 变量。

```
exist('a')
```

（3）如何判断矩阵 $\boldsymbol{a}$ 是否为行向量、列向量、标量。

```
isrow(a)
iscolumn(a)
isscalar(a)
```

再比如关于矩阵中指定元素的删除的技巧：

（1）如何删除 a 中最后一个元素。

```
a(end) = []
```

（2）如何删除向量 $\boldsymbol{a}$ 中偶数位置的元素。

```
a(rem(a, 2) == 0) = []
```
或
```
a(2:2:end) = []
```

（3）如何删除向量 $\boldsymbol{a}$ 中重复的元素。

```
a = unique(a)
```

（4）如何删除矩阵 $\boldsymbol{a}$ 中重复的列向量。

```
a = unique(a, 'row')
```

（5）如何删除矩阵或向量中的 NaN、inf。

```
a(isnan(a)) = []
a(isinf(a)) = []
```

（6）如何删除 a 中全为 0 的列。

```
a(:, sum(abs(a)) == 0) = []
```

类似的技巧还有很多，由于不同的用户习惯与熟练程度有所不同，每个人对技巧的定义也不同，建议在平日的编程积累中将看到或想到的小技巧总结成电子文档，日积月累逐渐成长为 MATLAB 的应用高手。

3.4 矩阵运算

向量是最基础的矩阵，向量运算往往可以实现“批量化的元素运算”；矩阵是由向量组成的，矩阵是“向量的向量”，所以矩阵的运算往往可以实现“批量化的向量运算”；因此，在 MATLAB 中优先考虑矩阵运算，其次为向量运算，最后再考虑用元素运算实现。学习使用 MATLAB 时，要注意 MATLAB 打包了相当多的函数，虽然这些函数也可以自己编程实现，但是寻找使用打包好的函数则是事半功倍，拥有更快的计算速度和稳定性，节省大量编程时间。

3.4.1 算术运算

矩阵/向量有一些基本的算术运算函数，可以批量对矩阵中元素进行算术处理或得到统计信息，如图 3-16 所示。

EX 3-12 矩阵算术运算

1. 算术处理

```
a = [-2 0 1; 2.1 3 1.5]
absA = abs(a) % 绝对值
roundA = round(a) % 四舍五入取整
signA = sign(a) % 符号阵（1/0/-1）
```

2. 统计处理

```
minA = min(a) % 列向量元素的最小值
maxA = max(a) % 列向量元素的最大值
meanA = mean(a) % 列向量元素的平均值
sumA = sum(a) % 列向量元素总和
```

3. 向量运算

```
b = [1 2 0]; c = [0 3 1];
% 向量 b 和 c 的内积
dotBC = dot(b, c)
% 向量 b 和 c 的外积
crossBC = cross(b, c)
% 求 b 向量的范数（欧氏长度/模）
normb = norm(b)
```

```
a = 2×3
    -2.0000         0    1.0000
     2.1000    3.0000    1.5000

absA = 2×3
     2.0000         0    1.0000
     2.1000    3.0000    1.5000

roundA = 2×3
    -2     0     1
     2     3     2

signA = 2×3
    -1     0     1
     1     1     1

minA = 1×3
    -2     0     1

maxA = 1×3
     2.1000    3.0000    1.5000

meanA = 1×3
     0.0500    1.5000    1.2500

sumA = 1×3
     0.1000    3.0000    2.5000

dotBC = 6
crossBC = 1×3
     2    -1     3

normb = 2.2361
```

图 3-16　矩阵算术运算例程

说明：

(1) abs()函数求取每个元素的绝对值，对于复数来说是求复数的模。

(2) round()函数求四舍五入后的最近整数，与其类似的函数还有：fix()函数无论正负，舍去小数至最近整数，floor()地板函数，求四舍五入到小于或等于该元素的最接近整数，ceil()天花板函数，求四舍五入到大于或等于该元素的最接近整数。

(3) sign()是很常用的符号函数，对每个元素计算返回值：1(元素大于 0)，0(元素等于 0)，−1(元素小于 0)。

(4) mean()为平均值函数，求向量中的元素平均值，类似的还有：median()中位数函数，求向量中元素的中位数，std()标准差函数，求向量中元素的标准差。

(5) dot()为点乘函数，求得向量的内积，结果为一个数值；cross()为叉乘函数，求得向量的外积，要求输入的向量长度必须为 3(或者是以长度为 3 的列向量组成的矩阵)，结果也是一个长度为 3 的向量(或矩阵)。

3.4.2 逻辑运算

逻辑值只有两种：真(true,1)或假(false,0),在程序设计中为判断起到非常重要的作用。MATLAB可对矩阵中的元素进行批量的逻辑运算处理,灵活使用可使程序极致简洁,如图3-17所示。

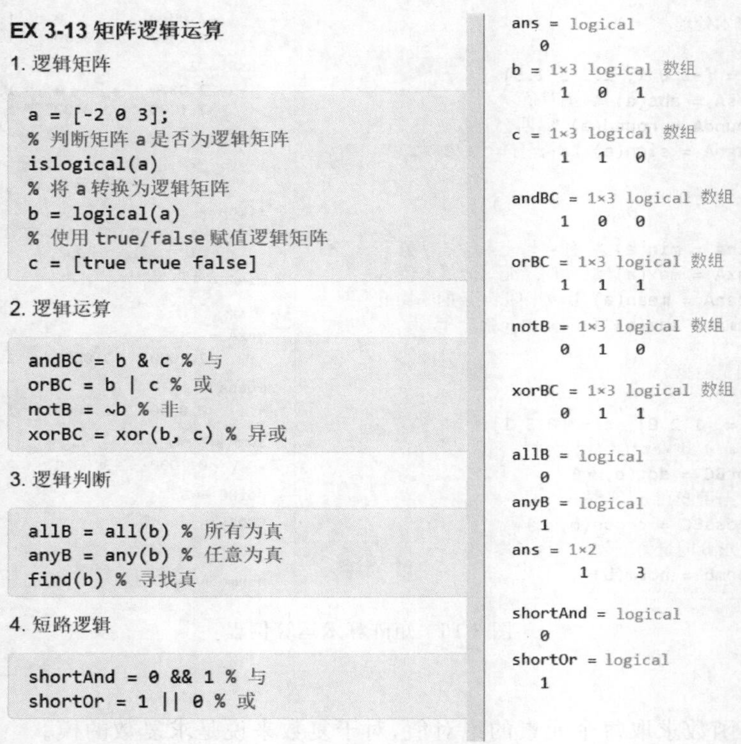

图3-17 矩阵逻辑运算例程

说明：

(1) logical()为逻辑化函数,将矩阵中所有元素变成逻辑值,原则是“遇0为0,非0即1”。

(2) true和false在MATLAB中是关键字,代表逻辑1与逻辑0,通常用1和0代替更为简洁高效。

(3) 短路逻辑运算与普通逻辑运算有两处不同：一是短路逻辑运算要求符号两边必须为逻辑元素而不能是矩阵；二是如果计算第一个逻辑元素就得到了整体表达式的必然值,则不必再计算后面的式子；短路逻辑常用于程序流中的判断,如if或while后面的表达式。

3.4.3 关系运算

同规模矩阵可以进行关系运算，可以比较两矩阵对应元素的大小关系；在同一矩阵中相邻元素之间可以用导数函数求取大小关系；如果矩阵中的信息是点坐标，还可以求取点与点之前的距离关系，如图 3-18 所示。

EX 3-14 矩阵关系运算

1. 关系运算

```
a = [1 2 3]; b = [3 2 1];
a == b
a >= b
a ~= b
% 确定两个矩阵完全相等
isEqual = isequal(a, b)
```

2. 相邻关系 - 差分

```
c = [1 4 7 0 5 5 2 1]
% 相邻元素的差：后一元素减前一元素
diffC = diff(c)
% 符号函数，明确大小关系
signDiffC = sign(diffC)
```

3. 点关系 - 距离

```
d = [1 2; 2 3; -1 0; 0 1]
% 各点之间的欧氏距离
distVector = pdist(d)
% 将距离向量化为更形象的矩阵
disMatrix = squareform(distVector)
```

```
ans = 1×3 logical 数组
     0   1   0
ans = 1×3 logical 数组
     0   1   1
ans = 1×3 logical 数组
     1   0   1
isEqual = logical
   0
c = 1×8
     1     4     7     0     5     5     2     1
diffC = 1×7
     3     3    -7     5     0    -3    -1
signDiffC = 1×7
     1     1    -1     1     0    -1    -1
d = 4×2
     1     2
     2     3
    -1     0
     0     1
distVector = 1×6
    1.4142    2.8284    1.4142    4.2426    2.8284    1.4142
disMatrix = 4×4
         0    1.4142    2.8284    1.4142
    1.4142         0    4.2426    2.8284
    2.8284    4.2426         0    1.4142
    1.4142    2.8284    1.4142         0
```

图 3-18 矩阵关系运算例程

说明：

(1) 关系运算符包括：确定等于(==)、确定不等于(~=)、确定大于(>)、确定大于等于(>=)、确定小于(<)、确定小于等于(<=)。

(2) isequal()函数可以确定两矩阵完全相等，如果矩阵中有 NaN 时，可使用 isequaln()函数，其将 NaN 值视为相等。

(3) diff()为差分函数，返回比原向量少一个元素的差分向量，比如差分向量位置为 n 的元素，即等于原向量位置 $n+1$ 的元素减去位置 n 的元素，配合符号函数即可得到两元素之间的关系是大于、小于还是等于。

(4) 当矩阵中存储的是点坐标信息时，可以使用 pdist()函数求取各点间的距离，这里的距离是欧几里得距离，也即两坐标点连线的长度，取得的是向量形式，也可以使用 squareform()函数将向量形式转化为矩阵形式，这样更为直观形象，也更容易通过角标直接取得两点之间的距离；pdist()函数还有一个很常用的选项，即 pdist(X,'cityblock')，从字面翻译为街区距离，也称曼哈顿距离，最早命名是用于在曼哈顿街区表征交通，因此它不是直线距离，而是两点之间只走横线和竖线的路程距离。

3.5 矩阵编程

矩阵编程(也译为“向量化编程”)是 MATLAB 中的核心特色，相比于常规的 C 语言代码风格，矩阵编程是一种非常可取的编程风格：

(1) 更接近自然数学语言，代码涵义更容易阅读。

(2) 取代循环结构，代码大大简洁，减少出错概率。

(3) 计算速度大大提高，使用 MATLAB 独有的针对矩阵的计算引擎，效率远远超出常规编程。

矩阵编程以矩阵为核心；本章前面小节中关于矩阵与数据类型、矩阵与数据结构、矩阵操作与运算的学习已经包含了矩阵编程的大部分内容，熟练掌握并灵活应用这些技术即可认为基本上实现了矩阵风格的编程，更深入的内容将在第 6 章学习。

3.5.1 矩阵编程举例

本节列举 5 组具体的代码示例，分别为以 C 语言为典型代表的元素风格，以及 MATLAB 的矩阵化编程风格，其中 C 语言风格也是完全可行的 M 代码，只不过执行的效率略低、代码略多、理解性较差。

(1) 如何计算 1001 个从 0～10 之内的值的正弦值？

C 语言风格：

```
i = 0;
for t = 0:0.01:10
    i = i + 1;
    y(i) = sin(t);
end
```

MATLAB 矩阵风格：

```
t = 0:0.01:10;
y = sin(t);
```

MATLAB 中大量的计算函数都是既可以对元素计算，也可以对向量及矩阵进行批量计算，这使得代码异常简洁与高效。

(2) 已知 10000 个圆锥体的直径 D 和高度 H，如何求它们的体积？

C 语言风格：

```
for n = 1:10000
   V(n) = 1/12 * pi * (D(n)^2) * H(n);
end
```

MATLAB 矩阵风格：

```
V = 1/12 * pi * (D.^2). * H;
```

(3) 如何计算某向量每 5 个元素的累加和?

C 语言风格:	MATLAB 矩阵风格:

`x = 1:10000;`
`ylength = ...`
`(length(x) - mod(length(x),5))/5;`
`y(1:ylength) = 0;`
`for n= 5:5:length(x)`
`    y(n/5) = sum(x(1:n));`
`end`
	`x = 1:10000;`
	`xsums = cumsum(x);`
	`y = xsums(5:5:length(x));`

cumsum()为累积和函数,求取的是向量或矩阵中列向量从第 1 个元素开始的累积和,是非常常用的函数。

(4) 假设矩阵 **A** 代表考试分数,行表示不同的班级,如何计算每个班级的平均分数与各分数的差?

C 语言风格:	MATLAB 矩阵风格:

`A = [97 89 84; 95 82 92; 64 80 99;76 77 67; 88 59 74; 78 66 87; 55 93 85];`
`mA = mean(A);`
`B = zeros(size(A));`
`for n = 1:size(A,2)`
`    B(:,n) = A(:,n) - mA(n);`
`end`
	`A = [97 89 84; 95 82 92; 64 80 99;76 77 67; 88 59 74; 78 66 87; 55 93 85];`
	`devA = A - mean(A)`

即使 A 是一个 7×3 矩阵,mean(A)是一个 1×3 向量,MATLAB 也会隐式扩展该向量,就好像其大小与矩阵相同一样,并且该运算将作为正常的按元素减法运算来执行。

(5) 如何计算两个向量形成的所有组合乘积的正弦值?

C 语言风格:	MATLAB 矩阵风格:

`x = -5:0.1:5;`
`y = (-2.5:0.1:2.5)';`
`N = length(x);`
`M = length(y);`
`for ii = 1:M`
`    for jj = 1:N`
`        X0(ii,jj) = x(jj);`
`        Y0(ii,jj) = y(ii);`
`        Z0(ii,jj) = ...`
`sin(abs(x(jj) * y(ii)));`
`    end`
`end`
	`[X,Y] = meshgrid(-5:0.1:5, -2.5:0.1:2.5);`
	`Z = sin(abs(X.*Y));`

“网格”是一个重要的概念，当目标是计算多个向量中的每个点的所有组合时，多个向量将形成一个网格，把向量扩展成矩阵以形成网格的方式称为“显式网格”，可以使用meshgrid()或ndgrid()函数来进行创建。遇到此类问题，往往第一反应是建立循环，然而凡是循环建立之时，都应该思考是否可以使用矩阵化编程风格。

3.5.2 矩阵编程要点

关于矩阵编程，除了掌握本章前述的概念、方法与技巧之外，还要理解以下编程要点。

(1) 编程前要对矩阵进行内存预分配。

编程前，首先使用如zeros()或ones()函数，将要处理的矩阵的内存空间开辟出来，以避免在程序运行的中途反复更改矩阵的规模，这会消耗大量的时间与算力。

(2) 矩阵意义要单一且明确。

每个矩阵只有一个涵义，矩阵中的每个维度也只有单一意义，不要在一个矩阵中存储多种类型信息；要借助良好的命名以及清晰的注释保证每个矩阵的意义明确。

(3) 编程过程中检查和确认矩阵的规模。

通过时刻检查和确认，保证在程序流中每一阶段，矩阵的规模都清晰可知，并通过注释进行标记，以避免出现由于规模异常导致的程序报错。

(4) 优先使用逻辑索引操作。

逻辑索引的使用将大大简化代码实现，也是M代码简洁高效的重要基石，在对矩阵进行操作时，往往一句逻辑索引即可解决一些比较复杂的问题。

(5) 慎用循环语句。

绝大多数的循环语句都可以使用矩阵编程来替代，刚入门的初学者可能由于不擅长矩阵编程而弃之不用，这是不明智的，反而应该是每当准备使用循环时，都要考虑是否有升级为矩阵编程的可能性。

(6) 多向量计算时的遍历网格化。

多向量计算时最容易形成无法矩阵化编程的错觉，以为循环是唯一的解决方式，然而网格生成技术常可以将代码大大简化，同时也降低了代码中出错的可能性。

(7) 元胞数组和结构体的使用。

元胞数组和结构体很好地解决了矩阵的存储和索引局限，然而它们无法像矩阵一样进行高效的批量计算，因此只是在特殊场合下使用，除此之外矩阵仍是最优先使用的数据结构。

(8) 对于以0元素为主的矩阵，尽量使用稀疏矩阵。

顾名思义，稀疏矩阵就是指矩阵中的非0元素较少，因此使用常规矩阵的存储与计算就比较低效，MATLAB提供了针对于此的“稀疏矩阵模式”，可以大大提高此类矩阵的运算速度，同时减少存储空间。

本章小结

本章集中研究了 MATLAB 的核心概念与思想——矩阵，从数据类型、数据结构、矩阵操作、矩阵运算、矩阵编程 5 个方面全方位介绍了 MATLAB 的特点与应用，帮助读者加深 M 语言是以矩阵为核心的印象，为今后对于 MATLAB 的学习打下坚实的基础。

第4章 MATLAB图形可视化

面对科学与工程问题，图形可视化永远是首选的核心解决方案，所谓“一图胜千言”，数据中蕴含的重要信息如果不能通过图形的方式直观形象地展现，则不能发挥出数据本身应有的价值。图形可视化正是MATLAB软件多年以来的核心方向之一，帮助用户更快速地分析数据，更形象地展示观点。

4.1 绘图技术

图形绘制的本质是将数据可视化，无论坐标还是颜色都在通过视觉来传递数据信息，而在MATLAB中，数据是以矩阵的形式存储的，因此图形绘制即是通过利用打包好的函数来实现“矩阵可视化”。

1. 图形种类

图形的表达形式多种多样，同一组数据集(矩阵)也可以生成不同类型的图形，实际应用时要灵活选用合适的表达方式。图4-1所示为MATLAB提供的63种绘图形式。

2. 绘图原理

MATLAB是基于面向对象(Object Oriented，OO)的编程思想来搭建图形功能的，每张图片都需要绘制在一个“图窗”(Figure)中，在编辑器(.m代码)中绘图时会弹出一个图窗，而在实时编辑器(.mlx代码)中，图窗窗口被融合进了“输出窗口”中，但两者本质相同，都是把图窗视作一个“对象”(Object)来处理。

正如矩阵中的元素可以用索引来找到，在MATLAB中，每个对象也都可以用称为“句柄”(Handle)的唯一索引来找到，句柄可以在创建对象时一起定义，也可以创建对象以后再读取。既然是对象，就有属性(Attribute)，改变对象的属性值就相当于改变了对象的设置，比如，想要改变某条图线的颜色，就找到该图线的句柄，再找到该对象下的Color属

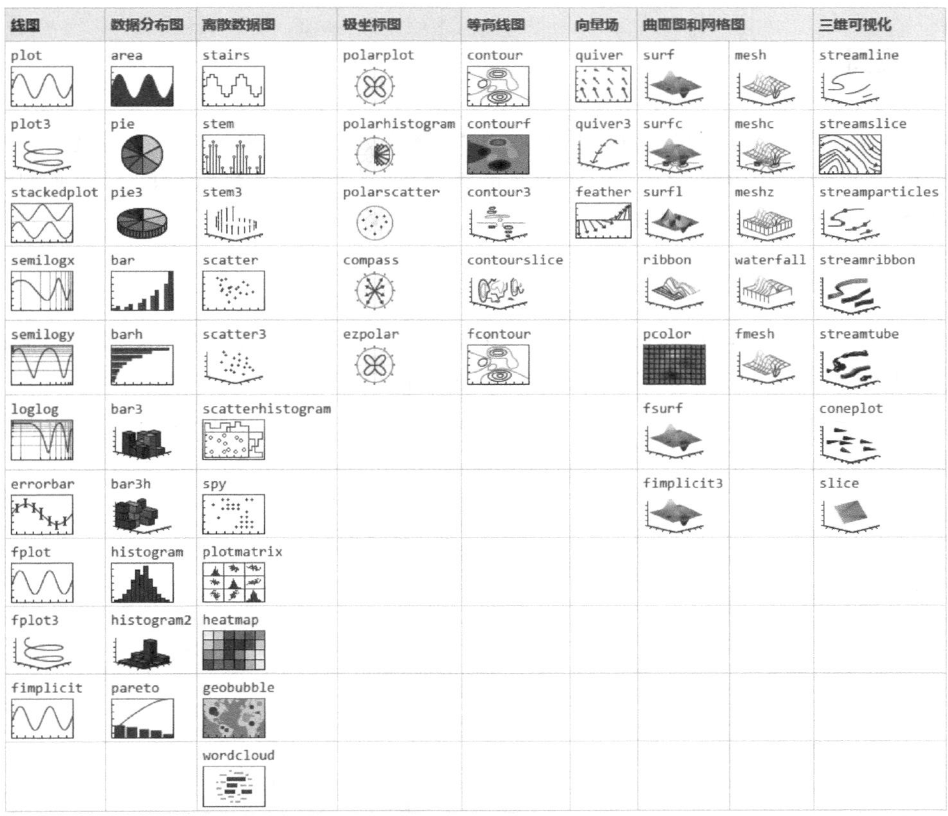

线图	数据分布图	离散数据图	极坐标图	等高线图	向量场	曲面图和网格图		三维可视化
plot	area	stairs	polarplot	contour	quiver	surf	mesh	streamline
plot3	pie	stem	polarhistogram	contourf	quiver3	surfc	meshc	streamslice
stackedplot	pie3	stem3	polarscatter	contour3	feather	surfl	meshz	streamparticles
semilogx	bar	scatter	compass	contourslice		ribbon	waterfall	streamribbon
semilogy	barh	scatter3	ezpolar	fcontour		pcolor	fmesh	streamtube
loglog	bar3	scatterhistogram				fsurf		coneplot
errorbar	bar3h	spy				fimplicit3		slice
fplot	histogram	plotmatrix						
fplot3	histogram2	heatmap						
fimplicit	pareto	geobubble						
		wordcloud						

图 4-1　MATLAB 绘图形式

性，对其赋值即可。既然是对象，一般就会有层次结构，比如图 4-2 所示即为图窗对象的典型层次结构，即图窗下还有坐标轴(Axes)和图例(Legend)，坐标轴下可以有线(Lines)和文本(Test)。

3. 绘图原则

科学作图有 3 项基本原则：①真实，数据来源真实可靠才有可能得出正确的结论；②明确，数据、坐标的意义都要明确；③简洁，作图不是越复杂越炫酷就越好，而是用尽量少的元素来表达足够充分的信息。

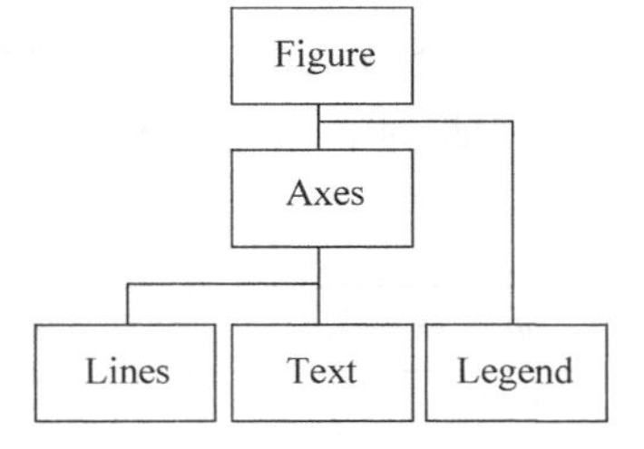

图 4-2　图窗对象的典型层次结构

MATLAB 作图有许多技巧和规则，本节将结合示例由浅入深地揭示，并在 4.2 节再次总结归纳，这样的布局将更易于全面快速掌握 MATLAB 绘图技术。本章将作图归纳为：线图、数据分布图、离散数据图、极坐标图、二维向量与标量场以及三维向量与标量场。

4.1.1 线图

顾名思义，把数据点连接成线的图形称为“线图”，线图常用来分析一变量随另一变量的变化规律，是科学研究中最常用、最实用的可视化方法。以下是最常用的 5 个典型线图函数，常用线图函数如附表 B-29 所示。

1. 二维线图 plot()

二维线图是可视化中最基础、最常用的图形，也是最具威力的图形。二维线图清晰地描述一变量与另一变量之间的影响关系，反映两者间的因果响应。在第 2 章中已经对 plot()函数进行了初步探索，本节借助 plot()函数更深一步，探索 MATLAB 对于图形中对象属性的设置方法，如图 4-3 所示。

EX 4-1 二维线图

```
x = 0:pi/15:2*pi;
y1 = sin(x);
y2 = sin(x-0.8);
y3 = sin(x-1.6);
% 将 y1,y2,y3 同时绘制在一个图中
% y2 使用虚线, y3 使用点线
p = plot(x,y1,x,y2,x,y3)
% 将线 1 的线型设为虚线
p(1).LineStyle = "--";
% 将线 2 的符号设为圆圈
p(2).Marker = 'o';
% 将线 3 的颜色设为绿色
p(3).Color = [0.4 0.8 0.1];
% 将所有线的线宽设为 3
[p.LineWidth] = deal(3);
% 令 XY 两轴的数据单位相等
axis equal
```

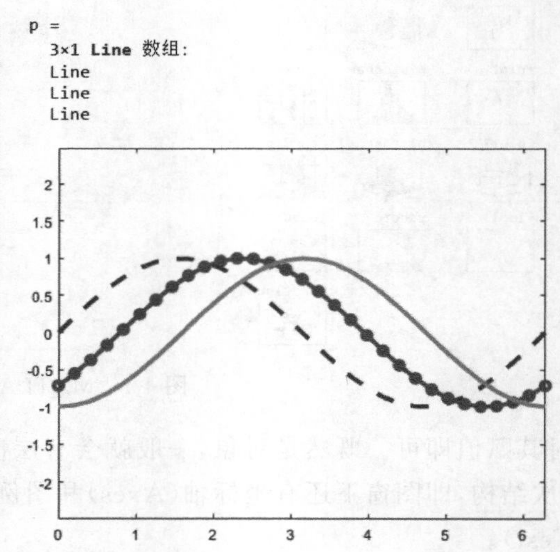

图 4-3　二维线图例程

说明：

(1) 每次绘图都会返回一个“绘图对象”，此例中 plot()函数同时绘制 3 条线图，则返回值 p 为 3 个 Line 对象，3 个对象的属性都在结构体 p 中存储。

(2) 此例中 p 结构体后跟的变量名都是 plot 线图的属性，常用的 6 个属性如表 4-1 所示。

表 4-1　常用 plot 线图属性

英文属性名	中文属性名	英文属性名	中文属性名
Color	线条颜色	Marker	标记符号
LineStyle	线型	MarkerEdgeColor	标记轮廓颜色
LineWidth	线条宽度	MarkerSize	标记大小

(3) 代码“[p. LineWidth] = deal(3)”体现了非常重要的赋值技术，这里的目的是将 p 结构体中 $p(1)$、$p(2)$、$p(3)$ 的 LineWidth 属性都赋值为 3，deal()函数的作用是将输入分发到输出，让 p 结构体中所有名为 LineWidth 的属性同时赋值。

在工作区中打开结构体 p，MATLAB 会自动使用“属性检查器”显示结构体内容，如图 4-4 所示，这其中就是 Line 对象的所有属性，左列即为属性名称，右列为值，可以参考它来对图线进行设置，因此并不需要记忆属性的名称，只需到此“属性列表”中寻找即可；同时注意在“实时编辑器”中，直接在“属性检查器”中修改属性值是没有意义的。

图 4-4 “属性检查器”界面

(4) 当输入矩阵中有 NaN 或 Inf 值时，线图绘制将强行断开，但仍属于一条线(Line)，共享同样的线型、颜色等属性。这一点看似无用，实则在许多场景下的图形绘制中可以发挥重要作用，最典型的应用就是在需要绘制多条同外观不连续线段时，可以将数据尾部加 NaN 再相接后直接绘图即可。

(5) Axis 是关于坐标轴设置的函数关键字，后面跟坐标轴范围和标尺的类型，常用 4 种类型值总结如表 4-2 所示。

表 4-2　Axis 属性常用 4 种类型值

值	伸展填充	坐标轴范围	单位增量	显示效果
normal	启用	自动	自动	默认效果
tight	启用	等同于数据范围	自动	轴框紧贴图线
equal	禁止	自动(至少一轴相同)	相同	各轴单位增量相同
square	禁止	轴线长度相同	自动	方形轴框

2. 三维线图 plot3()

三维线图与二维线图同理，只是输入的参数需要三组，数据分别对应于轴1、轴2与轴3，如图4-5所示。

EX 4-2 三维线图

```
t = 0:pi/50:5*pi;
st = sin(t);
ct = cos(t);
plot3(st,ct,t);
hold on
plot3(st,ct,t+pi);
hold off
```

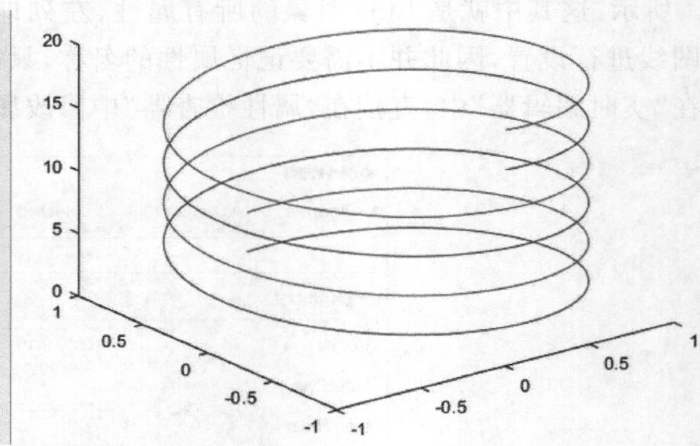

图 4-5　三维线图例程

说明：hold 是 MATLAB 的函数/关键词，hold on 意为“保持”，保持此图中已绘制的部分，以便将再次绘制的图线在原图形基础上添加绘制；hold off 意为“不保持”，将绘图区的已绘制部分全部清空，再绘图时将形成一个全新的图形，这也是软件的默认设置。

3. 误差线图 errorbar()

误差线图是一种常用的科学作图方式，对于实验得到的数据，都存在一定的误差范围，对数据点给出误差范围才是准确的描述方式，如图4-6所示。

EX 4-3 误差线图

```
x = 0:6;
y = sin(x);
err = 0.2*ones(size(y));
e = errorbar(x,y,err);
% 属性赋值
e.LineWidth = 2;
e.Color = [0.4 0.8 0.1];
e.LineStyle = '--';
e.CapSize = 12;
xlim([-1 7.00]);
ylim([-2 2]);
```

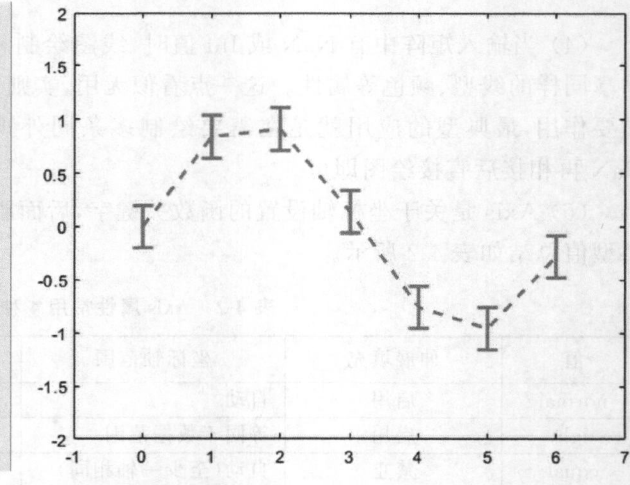

图 4-6　误差线图例程

说明：

(1) 误差线图输入3个参量时，第3个参量为误差量，与前两个参量的尺寸必须一致，所以此例中使用size()函数构造了一个误差量。

(2) errorbar()函数返回的是一个ErrorBar对象，与前述的Line对象同理，CapSize属性是指误差条末端的端盖长度。

(3) 误差线图默认是将数据连线，即包含一个plot()功能，如果不需要连线，可以将线型设置为无，代码为：

```
e.LineStyle = 'none'
```

(4) 更实际的情况是，具有 y 坐标的数据值对应的正负误差，据此绘制正负垂直误差条的代码如下，其中neg确定数据点下方的长度，pos确定数据点上方的长度，代码为：

```
errorbar(x,y,neg,pos)
```

(5) 本例展示了坐标轴范围的设置函数xlim()和ylim()，括号中需要以向量形式输入该轴的范围；如果需要仅确定一边的范围，而想让另一边自动检测，可以使用inf代替数字，如 x 轴要求左范围为0而右范围不限，则代码为：

```
xlim([0 inf])
```

4. 半对数图semilogx()

由于一些数据之间可能存在指数关系，在普通坐标系下往往看不出规律，将其中一者或两者进行对数处理后往往有更为简单清晰的函数关系。semilogx()、semilogy()和loglog()三者为一组对数图函数，分别代表 x 为对数、y 为对数、x 和 y 均为对数，如图4-7所示。

EX 4-4 半对数图

```
x = 0:1000; y = log(x);
% 建立左图
ax1 = subplot(1,2,1);
plot(ax1,x,y)
axis(ax1,'square')
t(1) = title(ax1,'普通线图'); % 左图标题
% 建立右图
ax2 = subplot(1,2,2);
semilogx(ax2,x,y)
axis(ax2,'square')
t(2) = title(ax2,'x半对数图'); % 右图标题
[t.Color] = deal([0.00,0.45,0.74]);
```

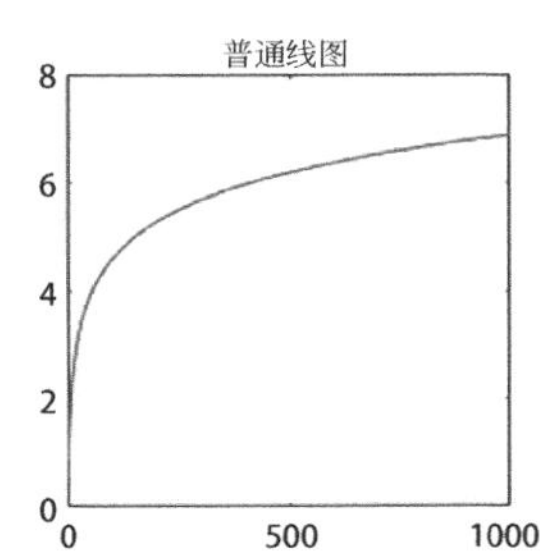

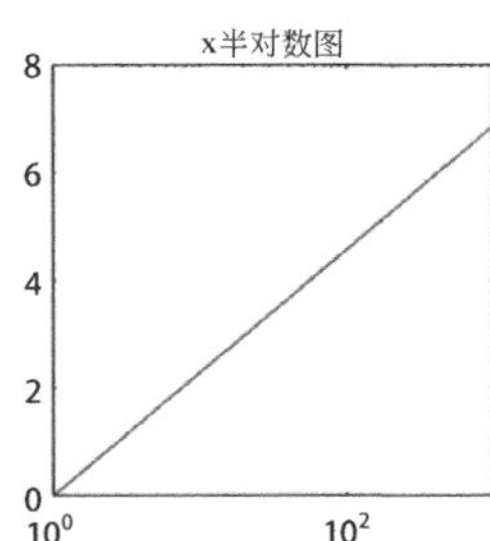

图4-7 半对数图例程

说明：

(1) 为了将两图左右放置进行对比，使用subplot()函数建立“子图”，前两个输入参数1和2代表建立1行2列个子图，第3个输入参数代表处于子图矩阵中的第几个位置；subplot()函数返回的是坐标区对象(Axes)。

（2）作图函数以及坐标轴设置等函数在默认条件下处理的都是“当前坐标区”，也就是当前代码之前最后一个创建的坐标区，因此本例中也可以将坐标区对象省略，代码为：

```
plot(x,y)
```

（3）title()函数用于添加标题，函数返回一个文本对象（Text），可以对文本对象的属性进行设置，如本例中同时将两子图的标题文字颜色改为蓝色。

（4）从两子图的对比可以看出，本来不甚清楚的函数关系，对单边取过对数后成为明显的线性关系，该情况在科研数据分析中不乏出现。

5．显函数图 fplot()

在数学中，把握一个函数的性质莫过于作出它的图线；在 MATLAB 中，用数值计算的方式当然也可以作出函数的图线，但 MATLAB 针对函数作图提供了一个更好的解决方法——fplot()函数，它可以仅依靠函数表达式、无须数值计算就生成精准的函数图像，如图 4-8 所示。

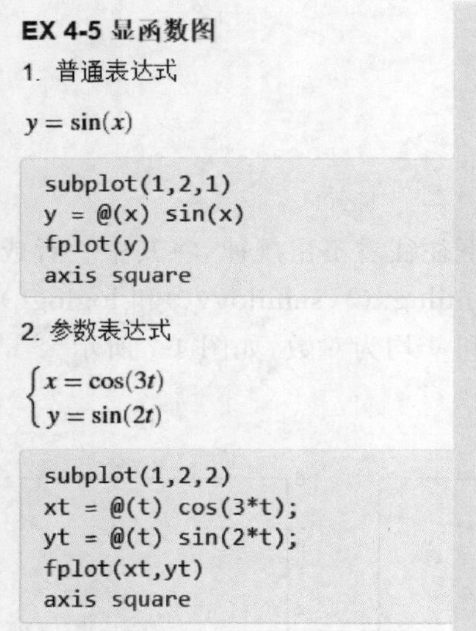

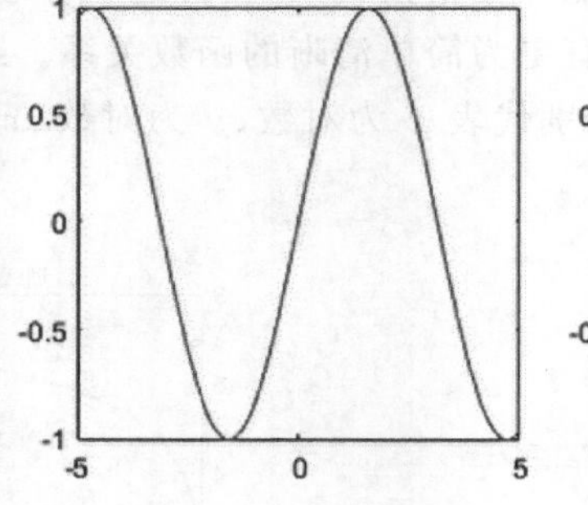

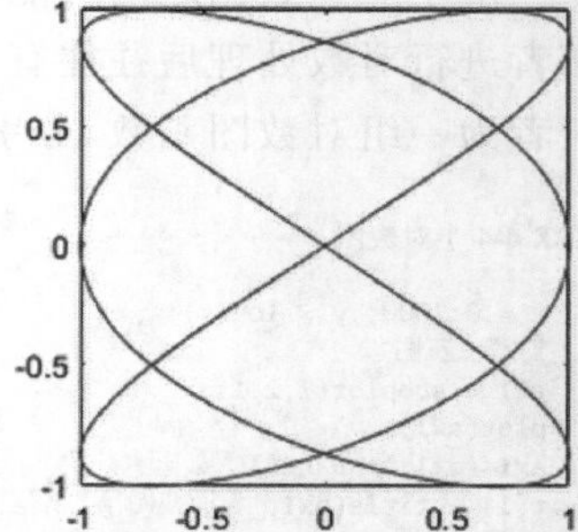

图 4-8　显函数图例程

说明：

（1）符号@表示“函数句柄”（Function handle）。“句柄”是一个不太准确的翻译，很多编程初学者遭遇此词都难免心生畏惧，其实，“句”是“勾”的通假字，后写作“钩”，从英文也可知，句柄就是“把手”，抓住这个把手就抓住了整个大门，函数句柄简单说就是“函数地址的代号”，它所保存的并不是函数的实际地址（指针），而是指针的指针，所以句这个字也暗合古言“微曲为倨，甚曲为句”。

（2）对于 sin(x)，可以认为是一个表达式，那么@后需要紧跟自变量并写于括号内；但同时，sin(x)也是一个独立的函数，它的函数名为 sin，所以该句也可简写为代码：

```
y = @sin
```

(3) fplot()函数的参数表达式作图非常好用，类似地，fplot3()函数可以实现三维参数化曲线函数的绘图。

(4) fplot()函数之所以"精准"，是由于它的绘图点分配是曲率自适应的，也就是说当函数变化剧烈时，软件会自动提取更为密集的数据点；同时它也是屏幕自适应的，当用户放大图形时，fplot()将重画图形以自动适应当前显示；所以用户看到的永远是"完美"的函数曲线。

(5) 一些老教材中的函数绘图使用 ezplot()函数，但其实它早已被 fplot()取代了，目前虽然尚可使用，但是官方表示不推荐，预计会在后续的版本中弃用。

6. 隐函数图 fimplicit()

隐函数(Implicit function)的绘制就更不适合使用数值方法了，MATLAB 提供了强大的 fimplicit()函数轻松绘制隐函数图像，如图 4-9 所示。

EX 4-6 隐函数图

隐函数： $y\sin(x)+x\sin(y)-1=0$

```
f = fimplicit(@(x,y) y.*sin(x)+x.*cos(y)-1);
axis equal
% 绘制网格线
grid on
% 绘制次网格线
grid minor
% x轴范围
f.XRange = [-6 6];
% y轴范围
f.YRange = [-6 6];
f.LineWidth = 2;
```

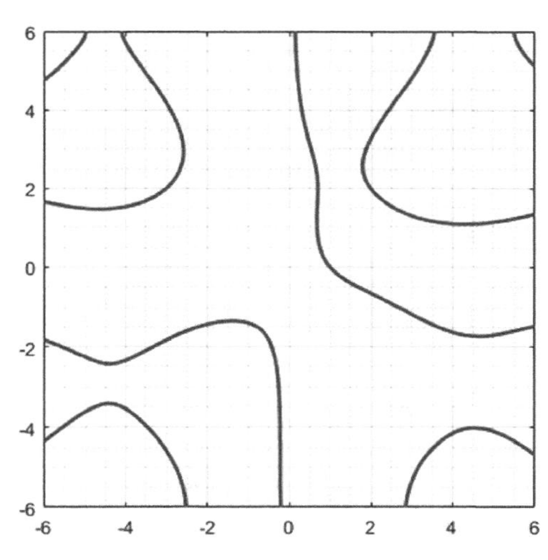

图 4-9　隐函数图例程

说明：

(1) 隐函数作图要求方程整理为表达式等于 0 的形式，并且同显函数一样也使用函数句柄方式定义。

(2) grid 关键字/函数用于绘制坐标区的网格线，默认为 off 状态，grid minor 可以用于改变次网格线的显示状态，默认为"不显示"，因此首次使用即为开启次网格线的意义。

(3) fimplicit()函数返回的对象为"隐函数线"(Implicit Function Line)，该对象可以设置 x 与 y 轴的作图范围，并与 fplot()函数一样，任意改变作图范围仍然可以保持高精度的显示。

4.1.2 数据分布图

对于预处理完成的统计数据，分析的第一步往往就是用分布图的形式，直观认识数据的分布规律，下面是最核心的 3 种数据分布形式——饼状图、柱状图、直方图，常用数据分布图函数如附表 B-30 所示。

1. 饼图 pie()

饼图是最直观表示一组数据中各类占比的作图形式，一块圆饼表示 100%，而其中每个色块分配的面积即对应了此类数据的占比，还可以隔离某色块以突出此类数据的地位，如图 4-10 所示。

EX 4-7 饼图

```
a = [1, 3, 0.5, 2.5, 2];
% 准备标签名称
labels = {'A1','A2','B1','B2','C'};
% 准备隔离向量
e = zeros(size(a));
% 将色块 4 隔离
e(4)=1;
% 绘制饼图
p = pie(a,e)
% 将标签名称后接入百分比
for i = 2:2:2*length(a)
    p(i).String = [labels{i/2}, '(',p(i).String,')'];
end
% 去除色块 4 的边线
p(7).EdgeColor = 'none';
% 修改色块 4 的颜色
p(7).FaceColor = [0.39,0.83,0.07];
% 修改所有色块的边线透明度
[p(1:2:9).EdgeAlpha] = deal(0.2);
```

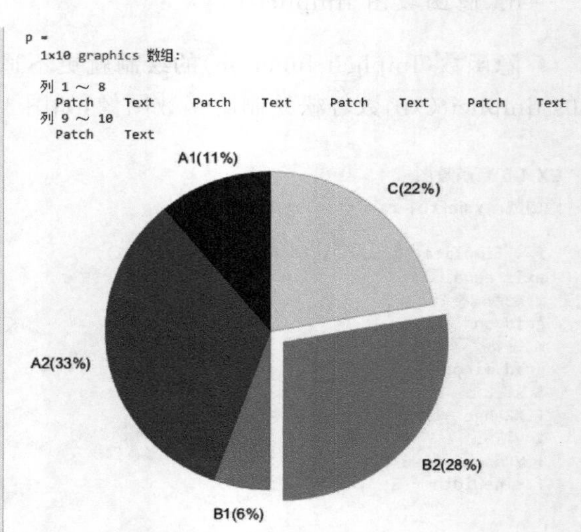

图 4-10 饼图例程

说明：

(1) 标签名称需要使用元胞数组的形式来赋值，主要原因是标签名往往是字符串的形式。

(2) 隔离向量中，非零元素对应的色块，即为要隔离的色块。

(3) 饼图默认起始位置为竖直中轴线上方，并逆时针进行。

(4) pie()函数返回的是一个图表(graphics)数组，每组数据对应一个多边形色块对象(Patch)和一个文本标签对象(Text)，因此 n 组数据对应 $2n$ 组对象。

(5) MATLAB 中饼图中的标签规则：①无标签向量输入时，默认标签为类别所占百分比；②有标签向量输入时，只显示标签而隐藏百分比。例程展示的是一种同时显示标签与百分比的方法。

(6) 色块属性 EdgeAlpha 表示色块边线的透明度，默认值为 1(不透明)，当其值为 0

时，相当于隐藏边线。

（7）MATLAB 还提供三维饼图函数 bar3()，以显示立体效果。

2. 柱状图 bar()

柱状图（也称条形图）是比较数据大小的最直观方式，同时也擅长表示多组数据之间的逻辑关系，如图 4-11 所示。

EX 4-8 柱状图

```
x = categorical({'A', 'B', 'C', 'D'});
y = [2 2 3; 2 5 6; 2 8 9; 2 11 12];
ax(1) = subplot(1,2,1);
ax(2) = subplot(1,2,2);
bar(ax(1), x, y)
bar(ax(2), x, y, 'stacked')
% 所有坐标区均打开 Y 向网格
[ax.YGrid] = deal('on');
% 所有坐标区均为方形
axis(ax, 'square');
```

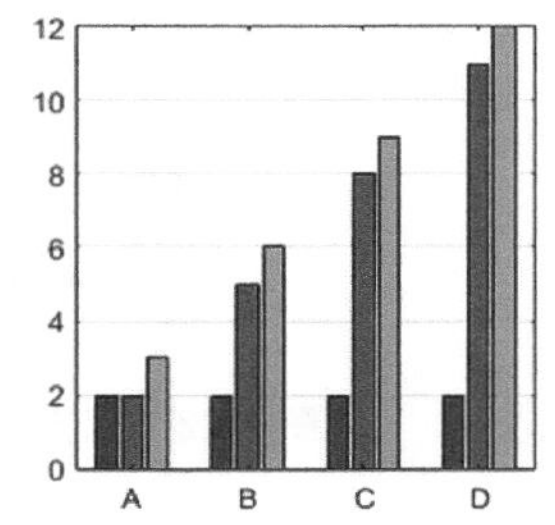

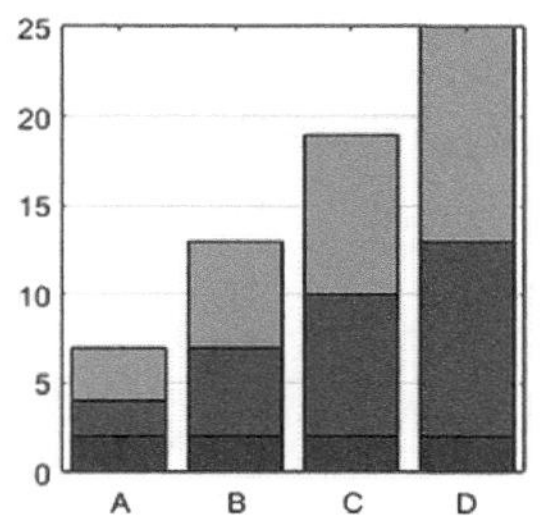

图 4-11　柱状图例程

说明：

（1）categorical()是将普通元胞数组转变为“类别数组”，存储的是离散的“类值”，本例中用于代替 x 轴的坐标。

（2）子图函数 subplot()同样会返回一个坐标区结构体，建议使用一个变量来存储，方便统一设置，简化代码。

（3）YGrid 属性意指 y 向的网格，同理的属性还有 XGrid。

（4）同理的柱状图函数还包括①barh()：水平绘制柱状图；②bar3()：三维柱状图；③bar3h()水平绘制三维柱状图。

3. 直方图 histogram()

直方图（histogram）是概率统计中分析数据分布的最常用方法，它处理的往往是连续数据，由一系列纵向条组（bin）表示数据分布的情况，横轴为数据值，纵轴为条组中数据的数量，如图 4-12 所示。

说明：

（1）randn()函数产生符合标准正态分布的随机数，randn(m，n)返回一个由随机数组成的规模为 $m \times n$ 的矩阵。

（2）条组（bin）的数量意指整体区间内被细分成了多少个条组，条组数目多，则条组宽度相对就窄。

（3）一些老教材中使用 hist()函数来绘制直方图，而 MATLAB 官方早已不推荐使用该函数。

EX 4-9 直方图

```
% 1000 个随机变量
x = randn(1000,1);
% 2000 个随机变量且加 1
y = 1 + randn(2000,1);
% 设置条组（bin）的数量
nbins = 50;
h(1) = histogram(x,nbins);
hold on
h(2) = histogram(y,nbins);
hold off
% 设置所有条组的边线透明度
[h.EdgeAlpha] = deal(0.4);
```

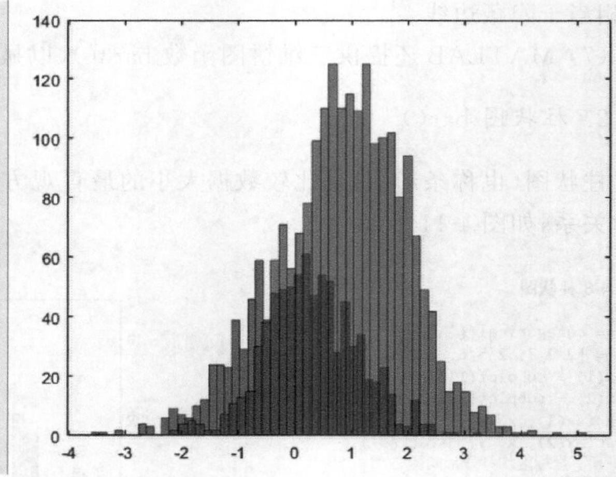

图 4-12　直方图例程

4.1.3　离散数据图

常用离散数据图函数如附表 B-31 所示。

1. 散点图 scatter()

散点图可以将数据以独立的点绘制出来，当所有点的属性（如颜色、大小）一致时，也可以使用前面介绍过的 plot()和 plot3()函数，而当需要独立设置每个点的属性时，就必须用到 scatter()和 scatter3()函数了。由于 plot()的处理单元是“线上的点”，而 scatter()的处理单元是“每个点”，所以当两者均可使用时，优先使用 plot()，可以有效提高绘图速度（参见图 4-13）。本书第 7 章还会展示一种通过点的尺寸与透明度的设置绘制散点热力图的技法。

EX 4-10 散点图

数据由参数方程定义：$\begin{cases} x = e^{\theta}\sin(a\theta) \\ y = e^{\theta}\cos(a\theta) \end{cases}$

```
theta = linspace(0,1,60);
a = linspace(20,100,6);
for i=1:6
    ax(i) = subplot(2,3,i);
    x = exp(theta).*sin(a(i)*theta);
    y = exp(theta).*cos(a(i)*theta);
    % 颜色向量：线性均匀分布
    c=linspace(0,1,length(theta));
    % 设置颜色方案为："秋天"
    colormap autumn
    s = scatter(ax(i),x,y,15,c,'filled');
    axis off
    axis square
    % 对每个子图打印标题
    title(ax(i),['\alpha = ', num2str(a(i))]);
end
```

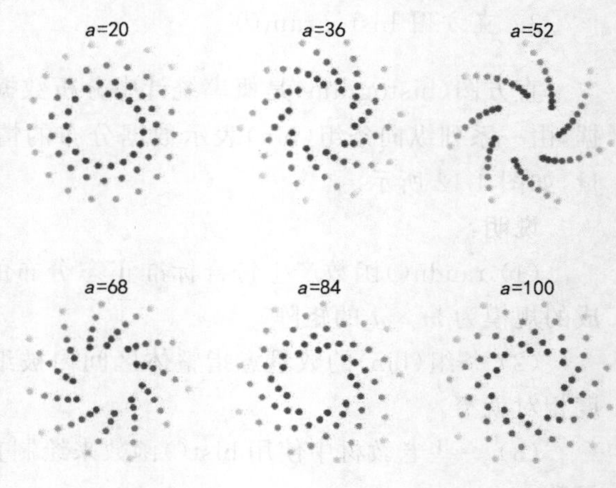

图 4-13　散点图例程

说明：

(1) 颜色参数有如下输入形式：

① RGB 三元组或颜色名称，强度值必须位于[0,1]范围内，此时是使用相同颜色来绘制所有点，因此建议使用 plot()；关于常用颜色名称值与 RGB 三元组如表 4-3 所示。

表 4-3 常用颜色名称值与 RGB 三元组

名　称　值	中　　文	对应的 RGB 三元组
'red' 或 'r'	红色	[1 0 0]
'green' 或 'g'	绿色	[0 1 0]
'blue' 或 'b'	蓝色	[0 0 1]
'yellow' 或 'y'	黄色	[1 1 0]
'magenta' 或 'm'	品红色	[1 0 1]
'cyan' 或 'c'	青蓝色	[0 1 1]
'white' 或 'w'	白色	[1 1 1]
'black' 或 'k'	黑色	[0 0 0]

② 由 RGB 三元组构成的三列矩阵：每行的颜色对应一个点，因此行数必须等于点个数。

③ 一维向量：把配色方案中的颜色映射到向量中，以实现对于每个点的颜色赋值，因此向量长度也要求等于点个数。

(2) colormap 关键字用来修改配色方案。

(3) axis off 的功能是将坐标的线条与背景设置为不可见，默认为可见('on')。

(4) \alpha 是用于显示特殊字符的“字符序列”，其他特殊字符的序列可参见 4.2.1 节图 4-27。

2. 直方散点图 scatterhistogram()

直方散点图，顾名思义就是直方图与散点图的合体，既能把数据以点的形式绘制在平面上，又能同时对数据进行直方图统计，是近年来数据统计领域很常见的一种表达方式，由于加入了用颜色进行的分类，因此它最多可以在 3 个维度上表达数据，易于快速发现结论，如图 4-14 所示。

说明：

(1) carsmall 是 MATLAB 软件自带的数据文件，加载后相当于加载了多组矩阵变量到工作空间中，这些变量的长度是一致的，可以用来生成表结构。

(2) 此例中表结构的生成对于绘图来说不是必要的；然而在许多情形下，由于数据量大、数据类型多样、数据交互需求大，使用表结构存储是一种非常适宜的方法。

(3) 第三维度使用颜色来表征，往往是“类别分组”，分组的依据需要使用 GroupVariable 属性定义。

(4) 直方散点图中，当鼠标移动到某点时，软件会自动显示该点的信息，除了维度信息外，还包括该数据点位于矩阵中的行数。

EX 4-11 直方散点图

```
% 加载软件自带的汽车数据
load carsmall
% 建立表，包含马力/油耗/缸数
% MPG（miles per gallon）：每加仑行驶的英里数
t = table(Horsepower,MPG,Cylinders);
% 绘图，以马力和油耗作为横纵坐标
s = scatterhistogram(t,'Horsepower','MPG');
% 以缸数作为组分类依据值
s.GroupVariable = 'Cylinders';
% 将直方图显示类型设为光滑
s.HistogramDisplayStyle = "smooth";
% 设置合适的点尺寸
s.MarkerSize = 8;
s.LineWidth = 2;
```

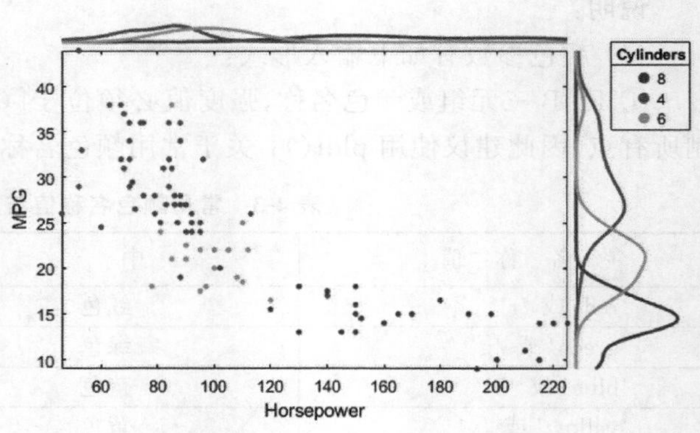

图 4-14　直方散点图例程

3. 矩阵散点图 plotmatrix()

一对 x 与 y 向量可以绘制一幅散点图，如果 x 和 y 是矩阵，x 中包含 m 列数据，y 中包含 n 列数据，如果想同时分别绘制 m 组与 n 组之间的散点关系，就要用到矩阵散点图了，它可以同时生成 $m\times n$ 个散点子图，从而快速批量辨认多组数据之间的相关性关系模式，近年来在机器学习领域比较常见，如图 4-15 所示。

EX 4-12 矩阵散点图

```
% 定义数据点个数
n = 18;
% 同时对x和y预分配
[x,y] = deal(zeros(n,3));
x(:,1) = linspace(1,10,n);
x(:,2) = logspace(1,10,n);
x(:,3) = randn(n,1);
y(:,1) = 2*linspace(1,10,n);
y(:,2) = 2+logspace(1,10,n);
y(:,3) = x(:,3);
% 矩阵散点图返回值
[S,AX,BigAx,H,HAx] = plotmatrix(x,y);
% 所有点的尺寸
[S.MarkerSize] = deal(9);
% 打开所有子图的y向网格
[AX.YGrid] = deal('on');
```

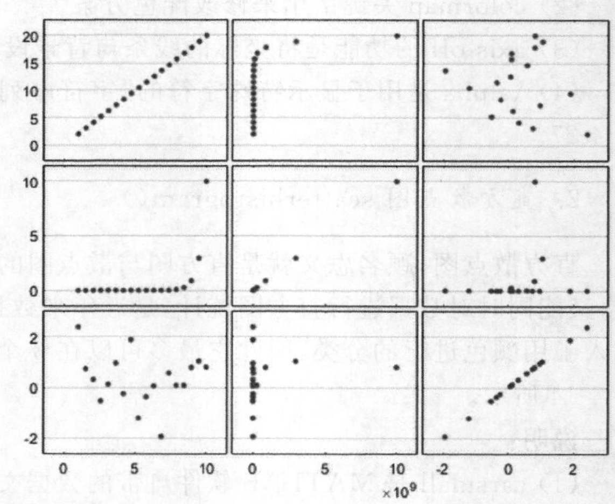

图 4-15　矩阵散点图例程

说明：

(1) deal()函数常用于对变量批量赋值，此处如果不先进行空间预分配则后面无法对一整列进行赋值。

(2) plotmatrix()返回 5 个变量，依次为：

① S-散点图的图形线条对象。

② AX-每个子坐标区的坐标区对象。

③ BigAx-容纳子坐标区的主坐标区的坐标区对象。

④ H-直方图的直方图对象。

⑤ HAx-不可见的直方图坐标区的坐标区对象。

(3) plotmatrix()还有一种用法 plotmatrix(x),即只输入一个矩阵 ***x***,其作用相当于 plotmatrix(x,x),但是在对角线区的子图将自动用直方图 histogram(x(:,i))替换。

4. 热图 heatmap()

热图本质是一个表格,只不过它对表格进行了如下两步关键处理:

(1) 将表格中的数据点按输入的两列数据进行归类。

(2) 按每一类中的数据点数决定该色块的颜色。

效果是将数据量化为颜色,实现对每一类数据点的多少一目了然,并且对每一大类的多少也基本可以做出快速对比,对于大量数据的处理分析中非常实用与高效,如图 4-16 所示。

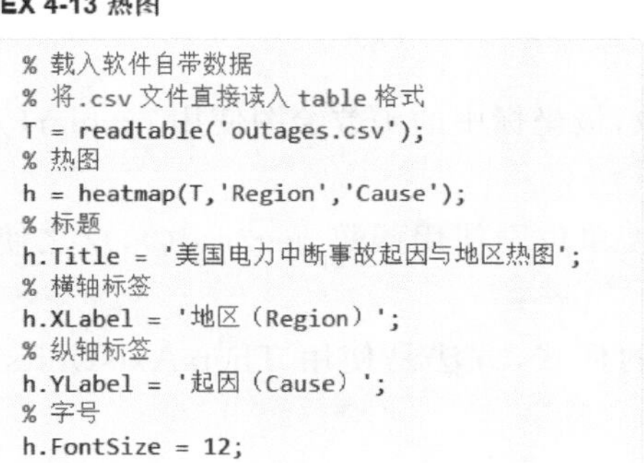

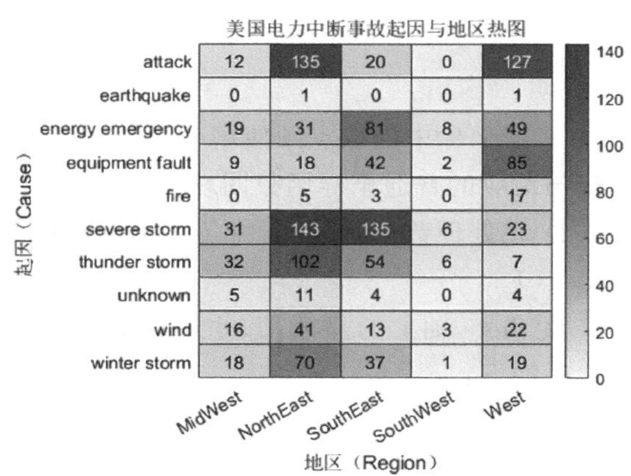

图 4-16 热图例程

说明:

(1) outages 文件是软件自带的. csv 文件,本例取其中两个变量分析热图。

(2) 热图对象(HeatmapChart)的属性 Colormap 可以设置配色方案,不过软件为热图默认的配色方案比较不错,从颜色深浅可以清楚辨别数据点个数的多少。

本书第 7 章还会展示一种散点热力图的绘制,相比于普通热图有更广的应用场景。

4.1.4 极坐标图

极坐标是一种远被低估的图像表征方式,极坐标就是将普通坐标下的横轴进行"周期性堆叠"再卷成圆周的过程,因此凡是有周期性的规律数据或函数,转到极坐标下也许瞬间能看出其中的逻辑关系。常用极坐标图函数如附表 B-32 所示。

1．极坐标线图 polarplot()

极坐标线图 polarplot()与 plot()基本同理，唯一就是原本的横坐标变为了弧度值，原本的线性关系变为了螺旋线，如图 4-17 所示。

EX 4-14 极坐标线图

```
theta = linspace(0,6*pi);
rho1 = theta/10;
p(1) = polarplot(theta,rho1);
rho2 = theta/13;
hold on
p(2) = polarplot(theta,rho2);
[p.LineWidth] = deal(2);
p(2).LineStyle = "--"
hold off
```

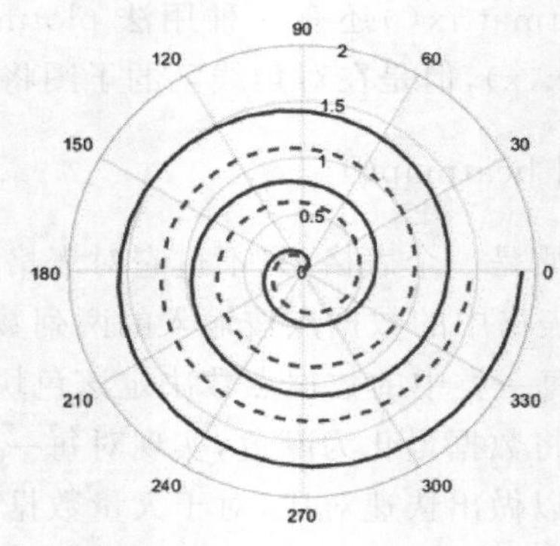

图 4-17　极坐标线图例程

说明：

(1) 极坐标中的散点图使用 polarscatter()函数，极坐标中的函数绘图使用 ezpolar()函数，都与对应的普通坐标函数同理。

(2) 在处理数据时，如需将角度单位转换为弧度单位则使用函数 deg2rad()，反之使用 rad2deg()。

(3) theta 轴上的显示值，也可以显示为弧度的形式，方法是使用 ThetaAxisUnits 属性，代码如下：

```
p. ThetaAxisUnits = 'radians';
```

2．极坐标直方图 polarhistogram()

极坐标下也有直方图，可以统计在圆周周期上的数据分布，如图 4-18 所示。

EX 4-15 极坐标直方图

```
theta = [0.1 1.1 5.4 3.4 2.3 4.5 2.9 ...
    3.4 5.6 2.3 2.1 3.5 0.6 6.1];
ax(1) = subplot(1,2,1,polaraxes);
p(1) = polarhistogram(ax(1),theta,8);
p(1).LineStyle = 'none';
p(1).FaceAlpha = 0.7;
ax(2) = subplot(1,2,2,polaraxes);
p(2) = polarhistogram(ax(2),theta,8);
p(2).DisplayStyle = 'stairs';
```

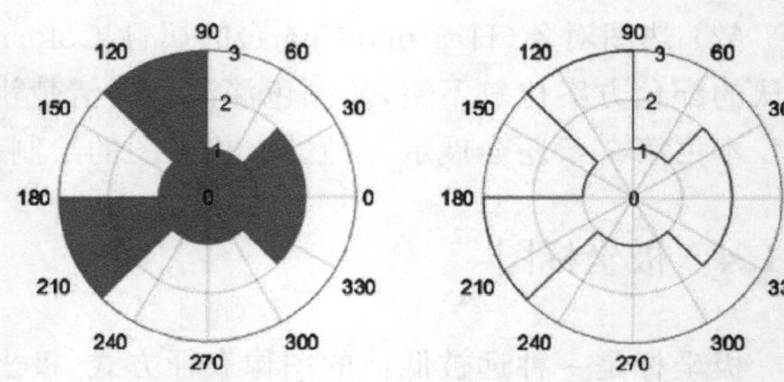

图 4-18　极坐标直方图例程

说明：

(1) 极坐标图在构建子图时，需要在 subplot()函数的第 4 项输入 polaraxes，这样才是极坐标的子图。

(2) polarhistogram()函数的第 3 项代表将圆周分为几等分。

(3) 极坐标直方图有一个“轮廓”显示模式，设置方法是将 DisplayStyle 属性设置为 'stairs'。

4.1.5 二维向量与标量场

二维向量与标量场数据是一类很常见的作图数据，X 和 Y 维度往往代表平面上数据点的坐标，而 Z 维度可以是高度坐标，也可以是在平面上其他类型的标量值，比如温度、应力值等。

1. 二维标量场——等高线图 contour()

等高线图非常适于对 X 和 Y 区域内的数据 Z 进行可视化分析，比如表面形貌、平面上的温度、区域内的应力等，可以快速了解三维形貌或平面区域上某量的高低值分布。等高线图 contour()和三维等高线图 contour3()在本质上没有区别，都是在表达二维平面空间上的标量场，只不过后者在第三维度上同时用坐标和颜色来表示，更为直观一些，如图 4-19 所示。常用等高线函数如附表 B-33 所示。

EX 4-16 矩阵等高线图

```
ax(1) = subplot(1,2,1);
ax(2) = subplot(1,2,2);
[X,Y,Z] = peaks;
% 返回 M：等高线矩阵
% 返回 c：等高线对象
[M1,c1] = contour(ax(1),X,Y,Z,24);
[M2,c2] = contour3(ax(2),X,Y,Z,24);
grid(ax(1),'on');
axis(ax,'square')
```

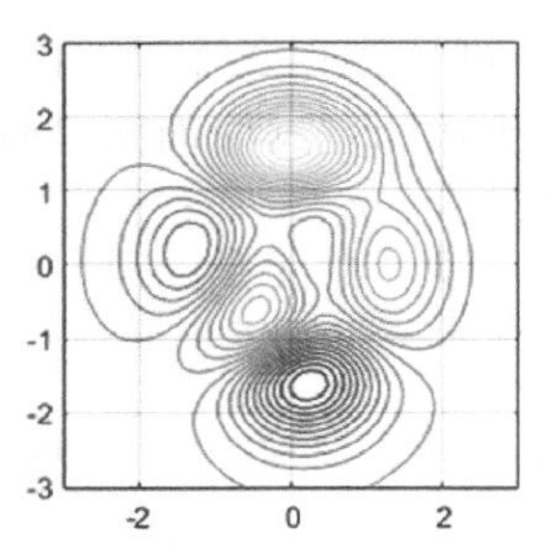

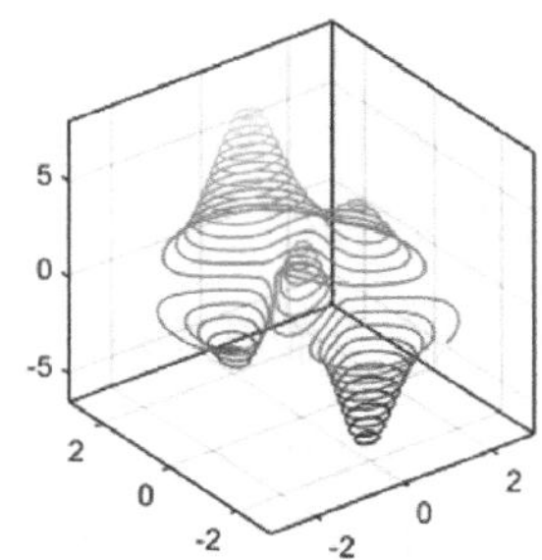

图 4-19 矩阵等高线图例程

说明：

(1) peaks 是软件提供的包含两个变量的示例函数，返回三个矩阵 $\boldsymbol{X}$、$\boldsymbol{Y}$、$\boldsymbol{Z}$，分别代表一座山峰地形图网格上各个点的三坐标值。

(2) 等高线函数 contour()的第 4 个输入参数代表整体高度的分层数，数字越大，分层越密。

(3) 等高线函数对 Z 坐标值并没有特殊要求，等高线完全根据提供的数据进行插值计算得到。

2. 二维标量场——曲面图 surf()和网格图 mesh()

对于二维平面上的第三维数据，除了等高线图外，还可以使用曲面图和网格图来表达，等高线突出的是极值区，曲面网格图突出的整体的标量分布。曲面图 surf()和网格图 mesh()其实是一样的函数，唯一的区别是具体的展现形式一者为面一者为网(参见图 4-20)。常用曲面图和网格图函数如附表 B-35 所示。

EX 4-17 曲面图和网格图

```
[X,Y] = meshgrid(-5:0.5:5);
R = sqrt(X.^2 + Y.^2) + eps;
Z = sin(R)./R;
ax(1) = subplot(1,2,1);
ax(2) = subplot(1,2,2);
p(1) = surf(ax(1),X,Y,Z);
p(2) = mesh(ax(2),X,Y,Z);
axis(ax,'square');
shading(ax(1),'interp');
p(2).LineWidth = 0.2;
```

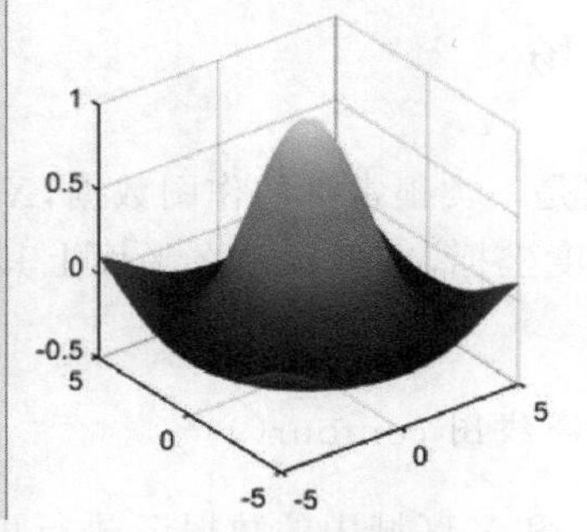

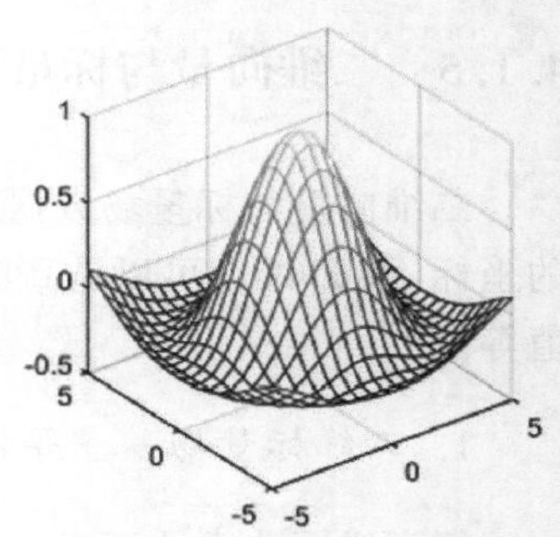

图 4-20　曲面图和网格图例程

说明：

(1) 两函数的输入参数 X 与 Y 特别适合使用 meshgrid()函数自动生成。

(2) 使用 surf()函数时，可配合 shading()函数，赋值 interp，通过在每个线条或面中对颜色图进行插值来改变该线条或面中的颜色，让曲面图更加美观。

(3) surfc()和 meshc()可以同时绘制曲面图/网格图及等高线图的函数，fsurf ()和 fmesh()用于绘制表达式或函数的三维曲面图/网格图，fimplicit3()函数还可以绘制三维隐函数的图像。

3. 二维向量场——向量场图 quiver()

等高线图在本质上表征的是二维平面上的标量，而向量场图可以表征二维平面上的向量，对于每个坐标点都可以用箭头的形式绘制出该点的向量方向与大小，如图 4-21 所示。常用向量场图函数如附表 B-34 所示。

说明：

(1) gradient()函数用于计算数值梯度，返回的是矩阵 $\boldsymbol{F}$ 的二维数值梯度的 x 和 y 分量。

(2) 用“～”符号可以略去返回值，相当于不提取该返回值。

(3) 在 quiver()函数中，如果输入参数 $\boldsymbol{X}$ 和 $\boldsymbol{Y}$ 不是矩阵而是向量，只要 x、y 的长度分别等于 u 和 v 的两维度尺寸，MATLAB 会自动将它们展开，展开方式等效于调用 meshgrid()函数，代码如下：

```
[x,y] = meshgrid(x,y);
quiver(x,y,u,v)
```

EX 4-18 向量图

绘制函数梯度方向分布：

$z = xe^{-x^2-y^2}$

```
[X,Y] = meshgrid(-2:0.2:2);
Z = X.*exp(-X.^2 - Y.^2);
% 为 Z 的每个维度上的间距指定间距参数
[DX,DY] = gradient(Z,0.2,0.2);
[~,c] = contour(X,Y,Z,11);
c.LineWidth = 1;
hold on
q = quiver(X,Y,DX,DY);
q.LineWidth = 1.2;
q.MaxHeadSize = 0.5;
hold off
```

图 4-21　向量图例程

4.1.6　三维向量与标量场

相对于上述的二维向量与标量场，在一些场合下，数据是由三维空间坐标以及一维标量或三维向量组成的，这时就用到三维空间下的表达，当然，最终呈现在显示器或纸张上的，都是所谓三维空间的投影，关键是如何更清晰地表达出想要突出的重点。

1. 三维标量场——体切片图 slice()

三维体切片图 slice()用于可视化三维空间中的标量场，方法仍然是通过颜色来表征标量值的大小，而通过对体的切片，将原本是多层的二维标量场有机组合，形成了空间内的表达，如图 4-22 所示。

EX 4-19 三维体切片图

```
[X,Y,Z] = meshgrid(-1:0.1:1);
V = X.*exp(-X.^2-Y.^2-Z.^2);
% 设置要切平面的位置
xslice = [-0.7,0.3,0.9];
yslice = [0.8];
zslice = 0;
s = slice(X,Y,Z,V,xslice,yslice,zslice);
% 去掉所有面上的线条
[s.LineStyle] = deal('none');
% 颜色插补
shading interp
box on
```

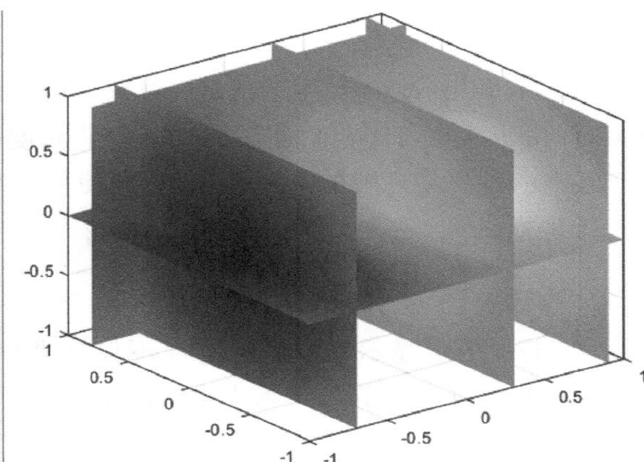

图 4-22　三维体切片图例程

说明：

(1) 体切片图的切片位置参数 xslice/yslice/zslice 是向量的形式，如果不需要在某方向上切片，将向量设置为空向量即可。

(2) slice()函数返回的对象是一个 Surface 数组，本例中即返回 5 个 Surface 对象，因此需要使用 deal()函数来统一修改属性。

(3) 颜色插补用在切片图中对显示效果也有很大的提升。

2. 三维向量场——锥体图 coneplot()

无论是几维的空间都是通过二维平面来作图的，而在平面上无法用箭头来表示清楚三维向量，因此锥体图应运而生，锥体图就是三维的向量图，用锥体的指向表达向量方向，用锥体的大小来表达向量的模，并且可以用颜色来在某一个方向上将锥体区分开，实现非常清晰的三维空间中的向量场绘制，如图 4-23 所示。

EX 4-20 锥体图

```
load wind u v w x y z
[m,n,p] = size(u);
[Cx, Cy, Cz] = meshgrid(1:4:m,1:4:n,1:4:p);
h = coneplot(u,v,w,Cx,Cy,Cz,y,4);
h.EdgeColor = "none";
% 坐标轴紧密围绕数据且相等单位
axis tight equal
% 指定视点
view(37,32)
% 显示坐标区轮廓
box on
% 颜色图配色方案为jet
colormap jet
% 创建光源
light
```

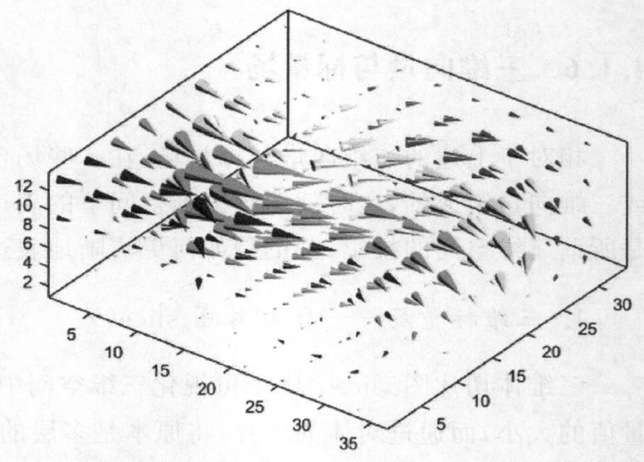

图 4-23　锥体图例程

说明：

(1) view(az,el)函数用于指定三维图形的观察者角度，方位角 az 是 xy 平面中的极坐标角，仰角 el 是位于 xy 平面上方的角度(正角度)或下方的角度(负角度)，如图 4-24 所示。

还有一种更易理解的方式来定位，即使用观察者的三维坐标：

```
view([x,y,z])
```

(2) box 用于显示坐标区轮廓而不仅是坐标轴，如果需要将三维空间的另三条边也封闭上，可使用代码如下：

```
ax = gca;
ax.BoxStyle = 'full';
```

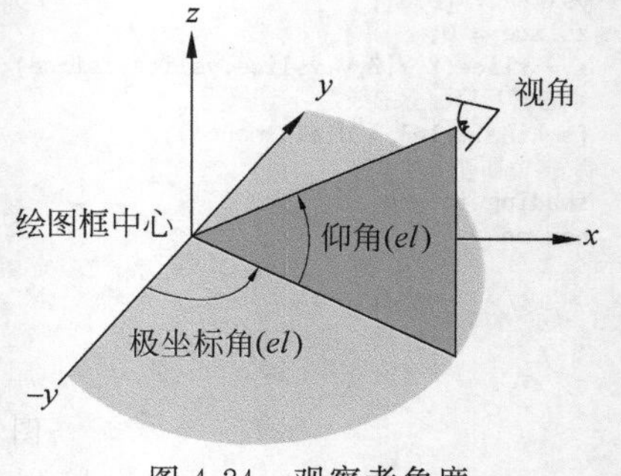

图 4-24　观察者角度

其中 gca 是一个无输入函数，表示取得当前坐标区(get current axis)。

(3) light 是创建光源对象，让绘制的图形表面看起来更加有质感，光源对象有很多属性，设置得好可以让图形十分逼真。

4.2 图形外观

图形的外观，不仅要准确直观地表达数据的信息，还要尽可能美观，颜值是衡量一款作图工具的重要指标。MATLAB 为图形外观提供了许多的功能，比如添加文本和符号信息、修改坐标区外观、设置颜色栏和配色方案、甚至三维渲染功能。不过，MATLAB 强大的画图功能主要集中在“数据可视化”方面，“图形”的目的和意义还是为数学和编程服务，如果目的仅是数据量不大、数据逻辑简单、对外观要求很高的科研或工程绘图，而并不需要数学计算或进一步的程序设计，其实也比较推荐使用专业的数据作图工具软件，如 GraphPad 的 Prism 8 和 Originlab 的 Origin 9，甚至一些通用办公软件也可以实现很漂亮的作图，如 Office 的 Excel 2019 等。另外，MATLAB 向用户提供一个“绘图案例库”，截至成书共 85 组，供用户下载源代码学习使用，在官方网站的搜索框中输入“MATLAB Plot Gallery”即可找到，从中大致可以看出 MATLAB 的作图实力，供用户自行判断选择，如图 4-25 所示即为从中截取的作图示例。

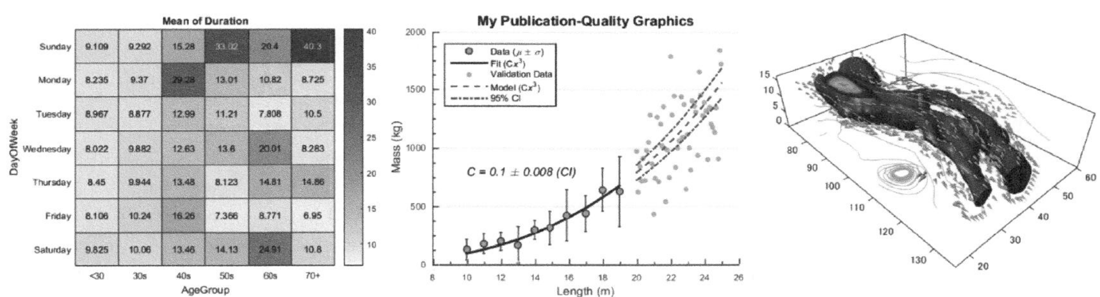

图 4-25 MATLAB Plot Gallery 中的作图示例

4.2.1 文本和符号信息

图形中可以有一定的文本信息，比如标题、坐标轴标签、注释、图例、数据点旁边的文本，还可以在特定区域加入矩形、椭圆形、箭头、垂直线或水平线等符号，以突出显示局部数据，让图表更清晰明确，如图 4-26 所示。常用文本和符号信息函数如附表 B-38 所示。

说明：

(1) 标题函数 title()返回一个 Text 对象，与图形对象一样，也是包含可以设置的属性。

(2) 图例函数 legend()中展示了特殊格式与希腊字符的代码方式。其中上角标使用“^”符号，下角标使用“_”符号，而 MATLAB 提供的全部可显示特殊字符如图 4-27 所示。

EX 4-21 作图中文本与符号信息举例

```
x = 0:0.1:15;
y_alpha = sin(x);
y_beta = sin(x.^1.1);
p = plot(x,y_alpha);
hold on;
plot(x,y_beta,'--');
hold off;
% 标题
t = title('函数图') ;
t.FontSize = 12;
t.FontWeight = "bold";
xlabel('x');
% 图例
l = legend({"y_{\alpha}=sin(x)","y_{\beta}=sin(x^2)"});
l.FontSize = 12;
% 数据点文本说明
te = text(3,sin(3),'\leftarrow sin(3)');
% 常量水平线
yline(0);
% 注释
annotation('textbox',[.18 .2 .1 .1],'String','对比');
```

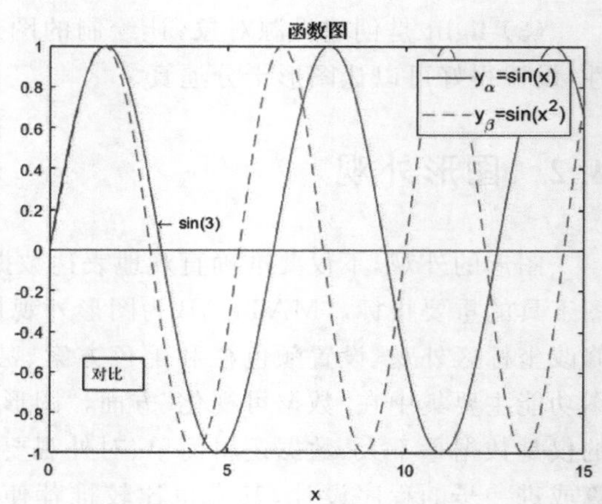

图 4-26　作图中文本和符号信息举例例程

字符序列	符号	字符序列	符号	字符序列	符号
\alpha	α	\upsilon	υ	\sim	~
\angle	∠	\phi	ϕ	\leq	≤
\ast	*	\chi	χ	\infty	∞
\beta	β	\psi	ψ	\clubsuit	♣
\gamma	γ	\omega	ω	\diamondsuit	♦
\delta	δ	\Gamma	Γ	\heartsuit	♥
\epsilon	ϵ	\Delta	Δ	\spadesuit	♠
\zeta	ζ	\Theta	Θ	\leftrightarrow	↔
\eta	η	\Lambda	Λ	\leftarrow	←
\theta	θ	\Xi	Ξ	\Leftarrow	⇐
\vartheta	ϑ	\Pi	Π	\uparrow	↑
\iota	ι	\Sigma	Σ	\rightarrow	→
\kappa	κ	\Upsilon	ϒ	\Rightarrow	⇒
\lambda	λ	\Phi	Φ	\downarrow	↓
\mu	µ	\Psi	Ψ	\circ	°
\nu	ν	\Omega	Ω	\pm	±
\xi	ξ	\forall	∀	\geq	≥

字符序列	符号	字符序列	符号	字符序列	符号
\pi	π	\exists	∃	\propto	∝
\rho	ρ	\ni	∍	\partial	∂
\sigma	σ	\cong	≅	\bullet	•
\varsigma	ς	\approx	≈	\div	÷
\tau	τ	\Re	ℜ	\neq	≠
\equiv	≡	\oplus	⊕	\aleph	ℵ
\Im	ℑ	\cup	∪	\wp	℘
\otimes	⊗	\subseteq	⊆	\oslash	∅
\cap	∩	\in	∈	\supseteq	⊇
\supset	⊃	\lceil	⌈	\subset	⊂
\int	∫	\cdot	·	\o	ο
\rfloor	⌋	\neg	¬	\nabla	∇
\lfloor	⌊	\times	x	\ldots	...
\perp	⊥	\surd	√	\prime	′
\wedge	∧	\varpi	ϖ	\0	∅
\rceil	⌉	\rangle	〉	\mid	|
\vee	∨	\langle	〈	\copyright	©

图 4-27　特殊符号的字符序列

（3）文本说明函数 text()后面字符串中的"\leftarrow"表示注释会引出一个左箭头指向数据点。

（4）注释函数 annotation()中形状可以有三种：rectangle 为矩形，ellipse 为椭圆形，textbox 为注释文本框，后跟向量为尺寸和位置，指定为[x y w h]形式的四元素向量。前两个元素指定形状的左下角相对于图窗左下角的坐标，后两个元素分别指定注释的宽度和高度，默认使用归一化的图窗单位，即图窗的左下角映射到(0,0)，右上角映射到(1,1)。

4.2.2 坐标区外观

坐标区外观的设置有两种方法：一种是"函数法"，软件提供了许多设置函数，如设置坐标轴范围的 xLim/yLim/zLim；与其同等效力的另一种方法是，目前 MATLAB 主推的"属性法"，后者几乎可以覆盖前者的功能，也必将完全覆盖，且更为灵活与规范，配合 deal()函数还可以实现多图同时设置，如图 4-28 所示，常用坐标区外观函数如附表 B-39 所示。

EX 4-22 坐标区外观举例

```
x = 0:0.1:15;
y = sin(x);
ax(1) = subplot(1,2,1); plot(x,y);
ax(2) = subplot(1,2,2); plot(x,2*y);
% 坐标轴取为正方形
axis(ax, "square");
% X 坐标轴范围（属性赋值法）
[ax.XLim] = deal([0 16]);
% Y 坐标轴范围（函数赋值法）
ylim(ax(1), [-2 2]);
% 打开 Y 向网格线
[ax.YGrid] = deal("on");
% 设置 X 刻度
xticks([0 5 10 15]);
% 对于每个刻度处设置标签
xticklabels({'x = 0','x = 5','x = 10','x = 15'});
```

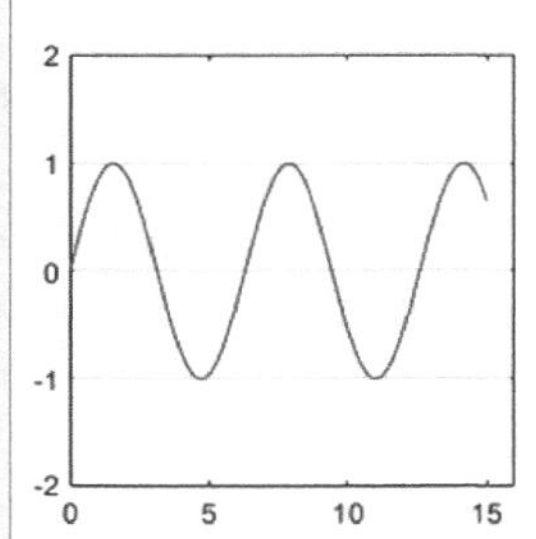

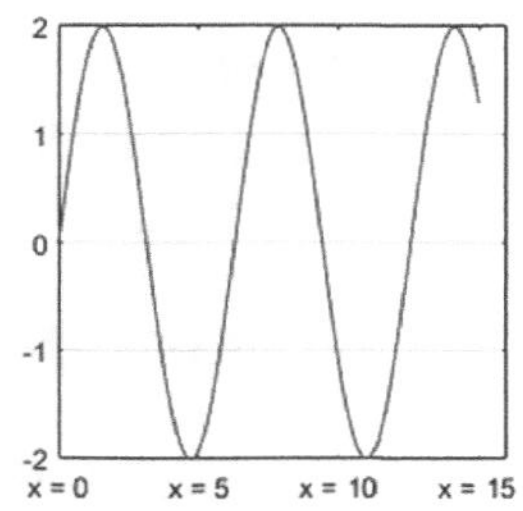

图 4-28 坐标区外观举例例程

说明：

(1) 网格线的设置有两种方法：函数法，使用 grid()函数；属性法则是分为 XGrid/YGrid/ZGrid 属性。

(2) 刻度与刻度标签的赋值应一一对应，多用于强行修改坐标值为字符串的情况。

4.2.3 颜色栏和配色方案

用颜色来表示一个维度上的标量值在科学工程界是常用的手法，比如有限元软件生成的"云图"都是用这种方式，并且配上一个"颜色栏"，以将颜色与数据值线性对应；MATLAB 也可以显示出颜色栏(colorbar)，并且还可以调整配色方案(colormap)，更进一步地，可以调出配色方案的具体 RGB 强度值并显示分析(rgbplot)，如图 4-29 所示。

说明：

(1) colorbar()函数返回 ColorBar 对象，同样有一些属性可以设置。

(2) colormap 关键字用来修改配色方案，配色方案函数输入数字表示将配色均匀切分为几个离散颜色。图 4-30 所示为 MATLAB 提供的配色方案的颜色图名称和色阶图。

EX 4-23 颜色栏和配色方案

```
ax(1) = subplot(1,2,1);
surf(peaks); shading interp;
cb = colorbar; % 绘制颜色栏
cb.Position = [0.05,0.25,0.02,0.5];
colormap parula(7); % 选择配色方案
ax(2) = subplot(1,2,2);
rgbplot(parula(7)); % 分析配色方案 RGB 强度
axis(ax, "square");
ax(2).XMinorGrid = "on"; % 打开副网格
```

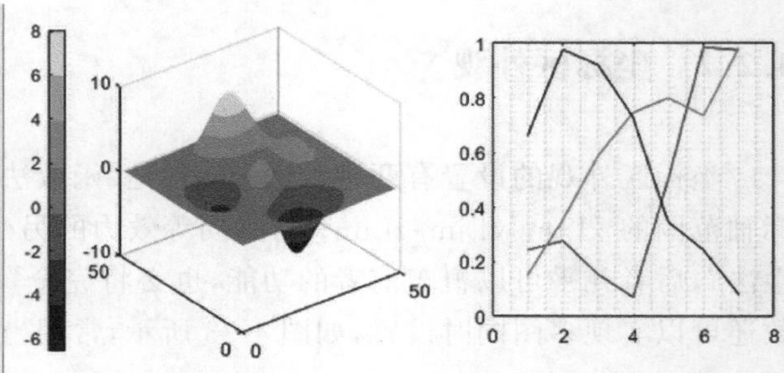

图 4-29　颜色栏和配色方案例程

颜色图名称	色阶	颜色图名称	色阶
parula		gray	
jet		bone	
hsv		copper	
hot		pink	
cool		lines	
spring		colorcube	
summer		prism	
autumn		flag	
winter		white	

图 4-30　配色方案的颜色图名称和色阶图

4.2.4　三维渲染

MATLAB 虽然不是专业的三维绘图软件，但可以通过相机视角、配色方案、颜色效果、光源设置、材质设置等，实现一定程度的三维渲染功能，如图 4-31 所示。

EX 4-24 三维渲染

```
[x,y,z] = ellipsoid(0,0,0,8,4,4,100);
ax(1) = subplot(1,2,1);      ax(2) = subplot(1,2,2);
s(1) = surf(ax(1),x,y,z);    s(2) = surf(ax(2),x,y,z);
view(ax(2),[30,30]); % 修改视角方向
axis(ax, 'vis3d'); % 旋转时纵横比不变
colormap(ax(1),'copper'); % "铜"配色
colormap(ax(2),'bone'); % "骨"配色
shading(ax(1), 'interp'); % 插值着色
shading(ax(2), 'flat'); % 单片一致着色
l(1) = light(ax(1)); l(2) = light(ax(2)); % 打开光照
l(1).Position = [0 -10 1.5]; % 调整光照位置
lighting(ax(2),"flat"); % 均匀分布光照
material(s(1),"metal"); % 金属质感
material(s(2),"shiny"); % 光亮质感
axis(ax, "equal"); axis(ax,"off");
```

图 4-31　三维渲染例程

说明：

(1) ellipsoid()函数用于绘制椭圆面，前三个输入值代表椭圆中心坐标，后三个输入值代表三个半轴的长度，最后一个输入值代表将椭圆面划分为小平面片的个数；类似的函数还有圆柱面函数 cylinder()和球面函数 sphere()。

(2) view()函数用于指定相机位置，有两种形式：view([az,el])使用方位角和垂直仰角；view([x,y,z])使用坐标轴三轴坐标来表征角度。

(3) shading()函数用于设置表面着色，默认着色是具有叠加的黑色网格线的单一着色，此外还有两种着色设置：flat 使每组网格线及面片拥有一致的着色，其颜色取决于该组对象中最小索引的颜色；interp 是插值着色，可以将曲面进化为整体渐变的颜色。当曲面的精细度越高，即面片尺寸越小时，两者区别也越小。

(4) lighting()函数用于设置光照属性，只有两种选择：flat 表示在对象的每个面上产生均匀分布的光照；gouraud 表示计算顶点法向量并在各个面中线性插值。

(5) material()函数用于设置材质，完整设置为 material([ka kd ks n sc])，其中输入参数分别为环境反射/漫反射/镜面反射的强度、镜面反射指数和镜面反射颜色反射率，其实就是通过这几个反射指标来决定材质的，软件用关键字提供了 3 种材质：shiny 使对象有较高的镜面反射；dull 使对象有更多漫射光且没有镜面反射；metal 使对象有很高的镜面反射、很低的环境和漫反射，反射光的颜色同时取决于光源和对象。

4.2.5 实用技术

其实学习任何一门编程语言或者学习一款软件，并没有必要将它的所有用法都记住，正确的方法是从整体上掌握语言或软件提供了哪些功能，并且熟悉掌握查询如何使用这些功能的方法即可。

1. 图窗窗口

本书采用的是 MATLAB 新版本主推的实时编辑器模式作图，图形显示融入编辑器整体中，如果需要针对图形进行一些操作，可以单击显示区右上角的“箭头”按钮，可以将该图形用“图窗窗口”打开，如图 4-32 所示，事实上这可能是使用或学习过老版本教材后更为熟悉的形式。这里展示的是一种特殊的二维线图——“双 y 轴图”，(详细代码见课件)使用函数为 yyaxis()，用于将两组不同标度甚至不同性质的物理量绘制在同一幅图中。

图窗窗口也是一个对象(Figure)，事实上坐标轴对象(Axes)就建立在 Figure 的基础上，各类图形对象的层级关系如图 4-33 所示。

在普通编辑器或命令行中，可以通过 figure 函数新建图窗窗口：

```
figure                 % 新建一个图窗
figure(2)              % 新建一个图窗,并将此图窗编为 2 号
```

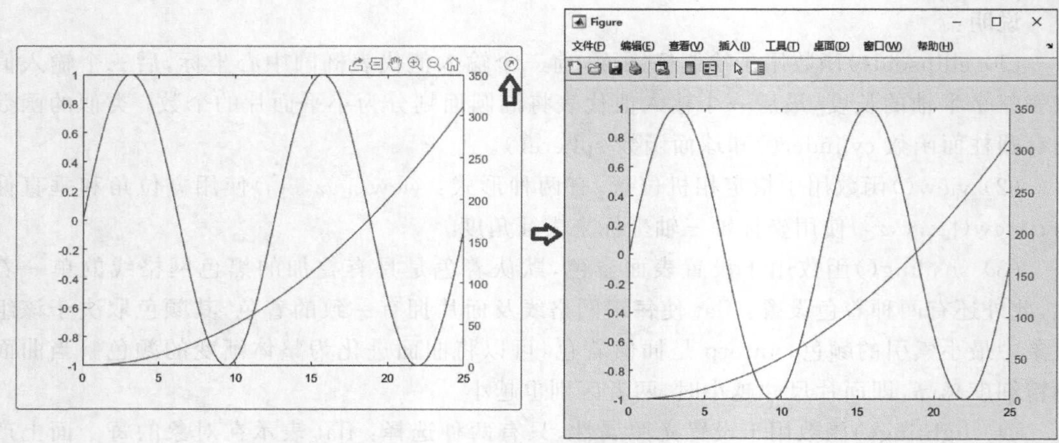

图 4-32　实时编辑器中与独立图窗中的图形显示

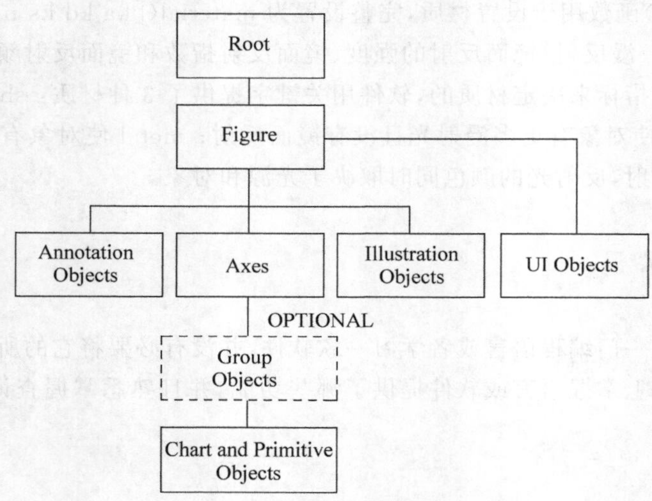

图 4-33　图形对象的层级关系

MATLAB 每时每刻都有一个当前的默认图窗，如果没有新建图窗，则所有绘图都在当前的图窗下，函数 gcf 可以获取当前的图窗，意为 get current figure，用于对当前图窗进行操作；类似的函数还有 gca，即获取当前的坐标区。

2. 属性提示窗与检查器

对图形美化的主要方法就是修改图形的属性，不过图形的属性名称不太好记，根据前述的属性结构体的方式，实际操作过的读者应该已经发现，如图 4-34(a)所示，在"实时编辑器"中，当输入一个图形结构体名称并输入点符号后，软件将自动提示属性值，如果再输入一个字母 L，则提示窗自动提示由 L 开头的属性，用户只需按 Tab 键即可进入提示框，用↑、↓键选择属性，并再次按 Tab 键确认。在此之后，如果用户又输入等号(赋值号)，则软件又会自动提示该属性的所有选择项，方便到了极点。在普通编辑器和命令行中，其实也有相同的功能，只不过并不是自动开启提示窗，而是在需要提示时按一次 Tab 键，就可以弹出提示窗了，如图 4-34(b)所示。

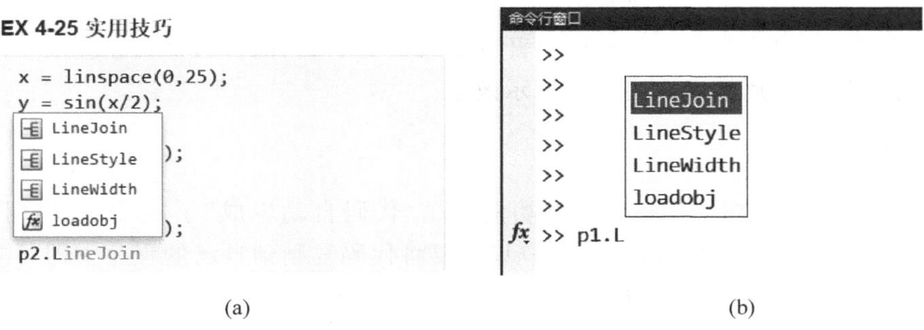

(a) (b)

图 4-34 “实时编辑器”与命令行中的属性提示窗口

然而即使是这样方便的属性选择，对于初学者来说还是不太直观，毕竟他们对于许多属性也不太熟悉，也不清楚哪些属性可以实现想要的功能，或者设置后的实际效果如何。这时就需要 MATLAB 提供的“属性检查器”。如图 4-35(a)所示窗口上方工具按钮的最后一项，即可打开“属性检查器”，在这里可以查看和修改图形的所有属性，“属性检查器”的第一行显示的是当前的层级，在左侧主窗口中单击对象即可调出对应的属性。在“属性检查器”中，左侧一列为属性名，右侧为属性值；属性名没有翻译为中文是因为这些属性名可以直接用于代码赋值中。用户可以在“属性检查器”中编辑调节属性值，以便实时观察并获得一个比较好的图形效果。

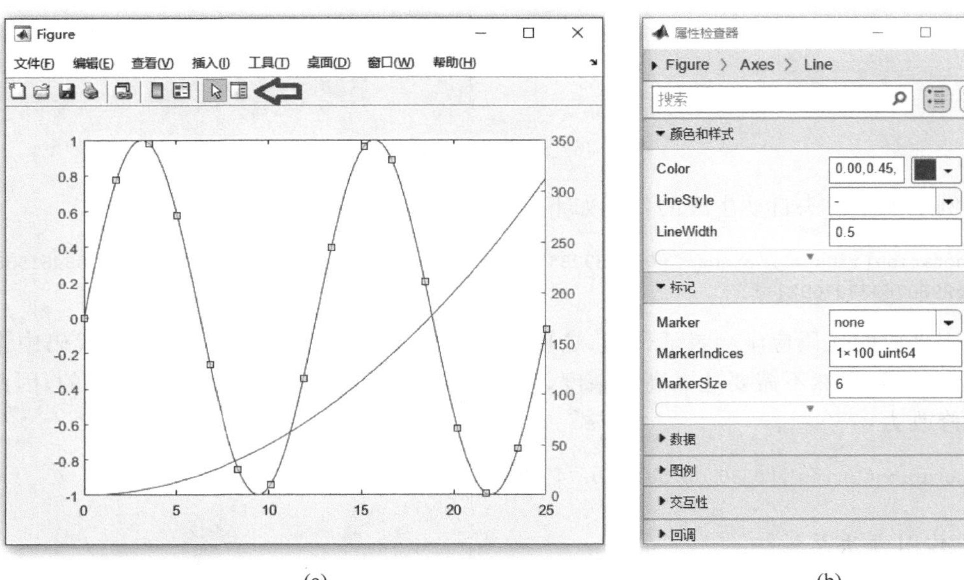

(a) (b)

图 4-35 灵活利用“属性检查器”

还有一种用“属性检查器”查看属性的方法，比如上例中将 plot()函数返回对象 p1，这样 p1 就在工作区作为一个 Line 对象结构体保存下来，这里如果在命令行中直接输入 p1，则会按结构体显示的形式显示所有属性，这种方式也有优势，就是所有属性值的形式均与代码中的设置形式一致；而另一种方式是输入 open p1 或在工作区打开 p1 变量，则会直接用“属性检查器”打开该变量，注意，此时打开变量只是为了查看属性，将属性应用在代码中，而不能直接在这里修改属性以实时改变显示效果。

3. 代码自动生成

MATLAB 对于图窗操作最神奇的功能就是“代码自动生成”了，它可以将用户在图窗中的修改记录下来并自动生成代码，用户只需要将代码复制到自己的程序中即可应用。

例如，当用户需要在图形中插入一个箭头时，可以不用箭头函数自己尝试位置，而是直接在图窗中插入绘制一个箭头，然后单击“生成代码”，软件会自动新建一个.m 文件，其中包含建立此图窗所有的代码，用户可以复制所需代码实现程序设计，如图 4-36 所示。

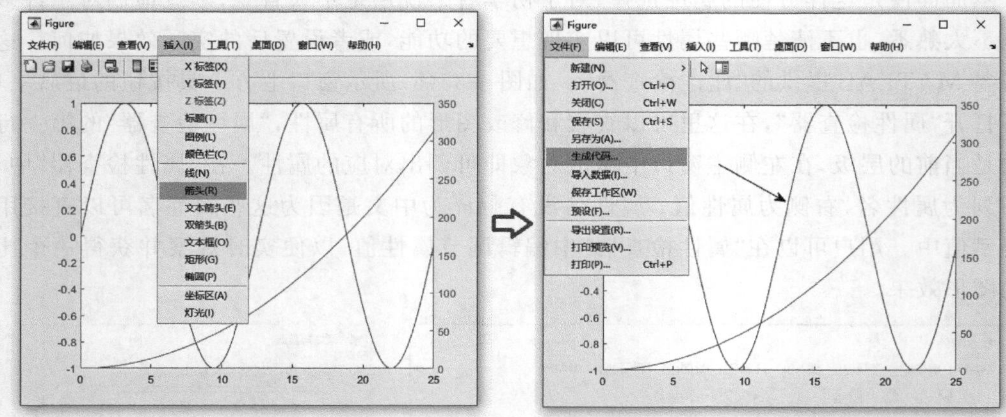

图 4-36　代码自动生成方法

该例中关于箭头自动生成的代码如下：

```
annotation(figure1,'arrow',[0.383928571428571 0.530357142857143],… [0.741788461538462
0.629807692307692]);
```

对于生成的代码应学会灵活使用，这也是一个学习代码的过程。比如上述代码中坐标值的位数过多，显然不需要这么高的精度，而且 figure1 是对应于当时的图窗情况的，因此代码可以修改为：

```
annotation('arrow',[0.38  0.53], [0.74  0.63]);
```

4. 作图方法总结

无论是单纯作图还是在程序设计过程中的可视化，都大致分为以下 4 个步骤：

(1) 准备数据，分析作图类型，查询相关函数调用方法。

(2) 无修饰地初步成图。

(3) 直接对比较了解的图形属性进行修改，属性名通过提示获得；对于不了解的属性，可以打开“属性检查器”实时修改，以确定属性值。

(4) 如果需要，可在图窗里添加注释和操作，利用代码自动生成并灵活修改，得到自己需要的代码。

4.3 图像处理

图形(Graph)和图像(Image)是两个不易区分的相似概念，一般而言图形是矢量图(Vector drawn)，是根据几何特性绘制而成，而图像是位图(Bitmap)，是以像素(Pixel)来保存信息的，可通过绘制或者照相、扫描等手段得到；广义的图形包含图像。

在 MATLAB 中，一切都是矩阵，图像也不例外，图像就是矩阵；因此图像处理技术，经常可以在许多“并非是真正处理图像”的场合中应用，因此在 MATLAB 中，图像处理技术的重要性远大于图像处理本身，而且可以涵盖到矩阵处理的方方面面。图像按每个像素所存储的数据分为如下三类：

(1) 二值图像：也称比特图，每个像素非 0 即 1，非黑即白，在 MATLAB 中用二维逻辑矩阵存储即可，体积小、计算快，常用于图像分割、边缘检测、形态处理等运算。

(2) 灰度图像：显示效果类似于黑白电视，每个像素点是从 0～255 的整数，0 代表黑，255 代表白，中间数字代表灰度等级，使用二维 unit8 格式存储，有时也可以使用 unit16 来存储，这样的灰度等级就是从 0～65535。

(3) 彩色图像：一般用包含红(R)、绿(G)、蓝(B)的三维 unit8 格式存储，因此也称 24 比特图。

图像的文件格式很多，比如 BIN、PPM、BMP、JPEG、GIF、TIFF、PNG 等，幸运的是对于 MATLAB 来说，已经将这些格式的处理统一打包好，用户不需要了解这些格式之间在细节上的区别，节省大量的时间和精力。

4.3.1 读写处理

读写处理是对于图片的基本操作，是将图片文件与矩阵数据之间进行的转换，如图 4-37 所示。

说明：

(1) imread()函数几乎可以读取所有格式的图像文件，并存入矩阵。

(2) 从实例中看出图片被自动读入 unit8 的矩阵，第三维度上规模为 3，即为 RGB 维度。

(3) imshow()函数可以将矩阵以图片的形式显示，显示效果是默认像素的大小，小尺寸的图片就会以较小的尺寸显示在屏幕上，如果需要将图片放缩到整个坐标区范围，则可以

EX 4-26 图像读写处理

```
% 将图片读入矩阵 I
I = imread('peppers.png');
classIm = class(I)
sizeIm = size(I)
% 显示矩阵 I
imshow(I);
% 将矩阵I压缩为原来尺寸的 60%
J = imresize(I, 0.6);
imshow(J)
% 保存矩阵 J
imwrite(J,'peppersResize.png');
```

图 4-37 图像读写处理例程

使用 imagesc()函数，软件会调整像素大小以适应坐标区尺寸。

(4) imresize()函数用于改变图像的尺寸，即可以输入缩放倍数，也可以输入新图像的尺寸，尺寸变化后各位点的 RGB 值是通过函数对图像进行插值计算得到的，共提供 8 种插值方法供选择。

(5) imwrite()函数几乎可以将图片保存为所有格式的图像文件。

4.3.2 算术运算

MATLAB 将图像处理与运算相关的函数打包为"图像处理工具箱"(Image Processing Toolbox,IPT)，本节下述内容涉及的函数大部分来自 IPT，工具箱中包含了几乎所有关于图像处理的功能函数。工具箱的 doc 文档，在左侧树中的 Image Processing Toolbox，目前其中部分内容已有中文翻译。

算术运算的意思，无非就是"加、减、乘、除"，那么对应于图片的算术运算(Image Arithmetic)即是对每个对应像素的值进行加、减、乘、除，如图 4-38 所示，这就要求参与运算的图像尺寸相同。

EX 4-27 图像算术运算

```
I = imread('peppersOrigin.png');
J = imread('gradientRamp.png');
% 第一行
subplot(3,3,1); imshow(I); title('I');
subplot(3,3,2); imshow(J); title('J');
subplot(3,3,3); imshow(imcomplement(J)); title('-J');
% 第二行
subplot(3,3,4); imshow(imadd(I,100)); title('I + 100');
subplot(3,3,5); imshow(imsubtract(I,100)); title('I - 100');
subplot(3,3,6); imshow(imadd(I,J)); title('I + J');
% 第三行
subplot(3,3,7); imshow(imsubtract(I,J)); title('I - J');
subplot(3,3,8); imshow(immultiply(I,1.5)); title('I * 1.5');
subplot(3,3,9); imshow(imdivide(I,1.5)); title('I / 1.5');
```

图 4-38 图像算术运算例程

说明：

(1) 本程序读入的两个图片文件是教材自带的，其中 gradientRamp.png 是笔者绘制的一个从中心向四周颜色渐变的图片。

(2) imcomplement()函数称为取反函数，相当于所有像素值被 255 减。

(3) imadd()为图像相加函数，如果向图像上加一个数值，则会将图片的整体亮度提高，如果相加之后某像素值超过 255，则函数直接将其“截断”把超出的数值均设定为 255。

(4) imsubtract()为图像相减函数，会将图片整体亮度降低，同理相减如果溢出(负值)也会截断直接赋值为 0。

(5) immultiply()和 imdivide()分别为图像乘与图像除，相比于加减的“偏移型处理”，乘除相当于亮度的“缩放型处理”，往往会得到更好的效果。

4.3.3 逻辑运算

图像逻辑运算的本质就是“按像素逻辑运算”，对于二值图像来说有很强的应用，包含的逻辑运算有非(～)、与(&)、或(|)、异或(xor)，其中的概念与集合论中完全一致，在二值图像中，1 代表真(显示为白)，0 代表假(显示为黑)，如图 4-39 所示。二值图像的逻辑运算实际上是对逻辑矩阵的批量处理。

EX 4-28 图像逻辑运算

```
I = im2bw(imread('logical1.bmp'));
J = im2bw(imread('logical2.bmp'));
% 第一行
subplot(3,3,1); imshow(I); title('I');
subplot(3,3,2); imshow(J); title('J');
subplot(3,3,3); imshow(~I); title('~I');
% 第二行
subplot(3,3,4); imshow(~J); title('~J');
subplot(3,3,5); imshow(I&J); title('I&J');
subplot(3,3,6); imshow(I|J); title('I|J');
% 第三行
subplot(3,3,7); imshow(xor(I,J)); title('xor(I,J');
subplot(3,3,8); imshow(xor(~I,J)); title('xor(~I,J)');
subplot(3,3,9); imshow(xor(I,~J)); title('xor(I,~J)');
```

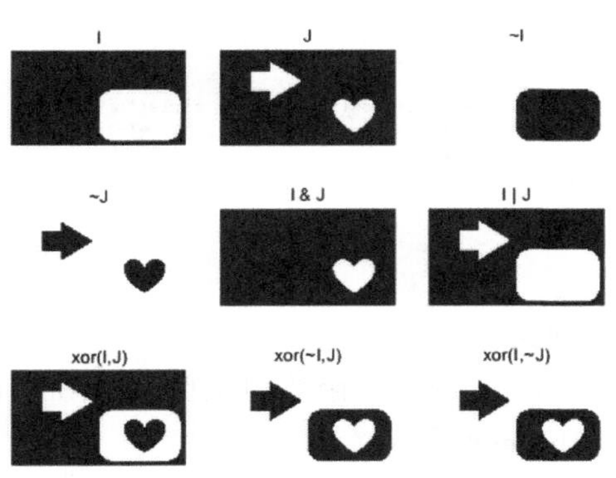

图 4-39 图像逻辑运算例程

说明：

(1) im2bw()函数用于将普通图像转变为二值图像，近年来 MATLAB 推出 im2bw()的升级优化版 imbinarize()，也可以直接替代，类似的函数还有将 RGB 彩色图像转变为灰度图的 rgb2gray()函数。

(2) xor()异或操作可以这样理解，“或”是并集之意，“异或”就是把两者中不同部分的并集。

(3) 对于更广义的图像，如灰度图和彩色图，也有图像的逻辑运算，本质上是“按位逻辑运算”，因此系列函数都以“bit”(比特)开头，如按位非(bitcmp)、按位与(bitand)、按位或(bitor)、按位异或(bitxor)，它们对于二值图像的操作与上述的结果也相同，只是原理上有所差异,比如对于像素中值的处理有所不同,比如 int8 存储的 −5 按位展开为 11111011,而 6 的按位展开为 00000110,那么 −5 与 6 的按位与的结果就是 00000010,也就是 2。这种灰度与彩色图的逻辑运算意义并不那么显而易见,因此实际应用的功效也不甚显著。

4.3.4 几何运算

图像是像素按平面上特定的位置关系形成的组合,对于图像常需要进行一些几何操作,比如剪裁(imcrop)、放大缩小(imsize)、左右翻转(fliplr)、上下翻转(flipud)、旋转(imrotate)等,如图 4-40 所示,对于数字图像来说,难免会遇到新图像矩阵的点位在进行几何运动后没有对应的值,这就需要设置一些插值方法。

EX 4-29 图像几何运算

```
I = imread('peppersOrigin.png');
% 第一行
subplot(3,3,1);imshow(I); title('原图');
J = imcrop(I, [260 140 300 200]);
subplot(3,3,2);imshow(J); title('剪裁');
subplot(3,3,3);
imshow(imresize(J, 0.1)); title('尺寸缩小');
% 第二行
subplot(3,3,4);
imshow(imresize(J, 10)); title('尺寸放大'); % 默认双三次插值
subplot(3,3,5);
imshow(imresize(J, 10, "nearest")); title('尺寸放大-不插值');
subplot(3,3,6);
imshow(fliplr(J)); title('左右翻转');
% 第三行
subplot(3,3,7);imshow(flipud(J)); title('上下翻转');
subplot(3,3,8);imshow(imrotate(J,10)); title('旋转-不插值');
subplot(3,3,9);
imshow(imrotate(J,10,"bicubic")); title('旋转-插值');
```

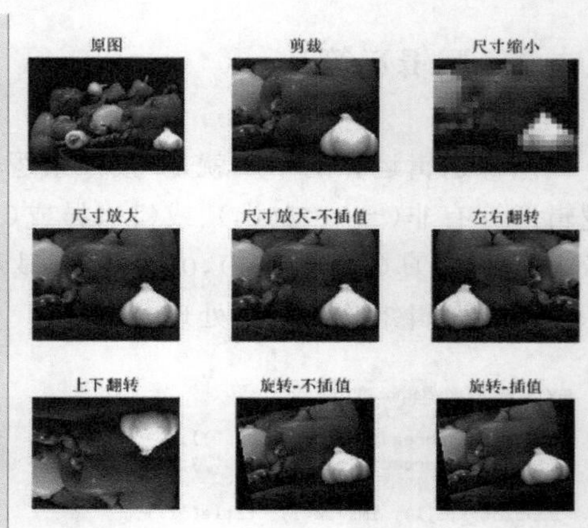

图 4-40 图像几何运算例程

说明:

(1) imcrop()函数用于剪裁(crop)图像,其后可以输入剪裁尺寸,格式为[xmin ymin width height]。

(2) imresize()函数用于重新调整图像尺寸,其后跟缩放因子,表明新图为原图的放大倍数,小于 1 则为缩小之意,默认情况下采用的放缩插值方法为"双三次插值"(bicubic),会有比较好的图像过渡效果,在图中可以看出图像比较自然,似乎并没有损失图像分辨率,而其余的插值方式还有"最临近插值"(nearest)和"双线性插值"(bilinear),其中最临近插值可以理解为几乎是没有插值,是直接对新图像素赋予最临近点的值,这样得到的图像比较粗糙,相当于损失了清晰度。

(3) fliplr()和 flipud()函数不是 im 开头,其实是用于矩阵的"翻转"(flip),当然也适用于图像,分别代表左右(left,right)翻转和上下(up,down)翻转。

(4) imrotate()函数用于图像的旋转,后跟数字为角度,默认方式为不插值(nearest),而使用双三次插值(bicubic)后有较好的显示效果。

关于图像的几何操作要灵活理解与应用,该组函数的本质仍然是对于矩阵的操作,插值方法的选择也是根据实际应用场景来选择。

4.3.5 灰度运算

"灰度运算",由于它是对于图像中每个像素点的运算,因此也称为"点运算"(相对于"邻域运算"),由于灰度图像的存储空间只为彩色图像的 1/3,因此常用于一些高速计算场景,实现图像增强处理和信息的自动提取。灰度运算主要使用函数 imadjust(),格式为:

```
J = imadjust(I,[low_in high_in],[low_out high_out],gamma)
```

其中[low_in high_in]代表取输入图像的灰度范围,默认为[0,1],[low_out high_out]则为输出图像的灰度范围,默认也为[0,1],gamma 代表伽马值,如图 4-41 所示。

EX 4-30 图像灰度运算

```
I = rgb2gray(imread('peppersOrigin.png'));
% 第一行
subplot(2,3,1);imshow(I); title('原图');
subplot(2,3,2);imshow(imadjust(I)); title('自动调整对比度');
subplot(2,3,3);
imshow(imadjust(I,[0.2 0.8],[0 1])); title('取灰度中心区提高对比度');
% 第一行
subplot(2,3,4);
imshow(imadjust(I,[0 1],[0 0.6])); title('降低对比度至暗色');
subplot(2,3,5);
imshow(imadjust(I,[],[],0.6)); title('伽马调亮运算');
subplot(2,3,6);
imshow(imadjust(I,[],[],1.4)); title('伽马调暗运算');
```

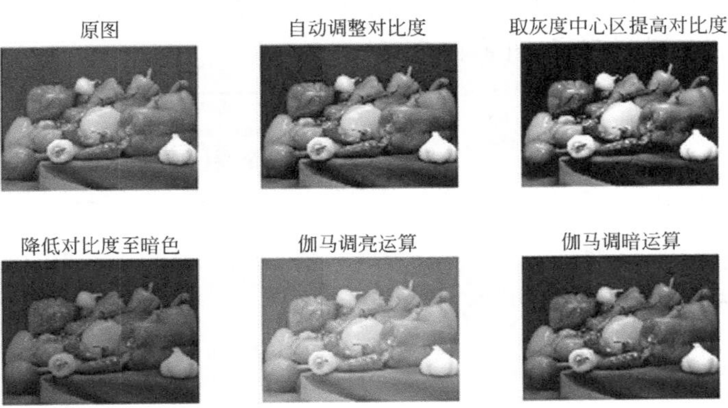

图 4-41 图像灰度运算例程

说明:

(1) imadjust()函数无设置参数时,默认进行自动对比度调整,将输入图像的灰度范围线性扩展到最大输出灰度范围[0,1]上,实现不损失信息的同时最大限度提升对比度,该操作可以有效增强图像质量以便于观察。

（2）伽马运算为非线性的变换，伽马代表变换公式的指数，因此也称为“幂律变换”，伽马值小于1时，输出图像更亮，反之则暗。

图像处理技术包罗万象，除了上面展示的读写处理、算术运算、逻辑运算、几何运算、灰度运算这些最基础的运算操作外，还有直方图处理、领域处理、频域滤波、图像恢复、形态图像处理、边缘检测、图像分割、彩色图像处理、图像压缩、图像编码、特征提取、视觉模式识别，以及基于图像处理技术的视频处理和视觉技术，以及近年来在工业界铺天盖地的人工智能识别等。

4.4 动画制作

动画的本质其实依然是图形，只不过是在平面的显示器上可以按时间来变化图形，相当于增加了一个时间维。在有些情况下，使用动画可以更形象直观地展示与强调作图者的意图，抓住观者的视觉焦点，达到更好的信息传递效果。

4.4.1 动画原理

动画与所有视频一样，都是由一帧一帧的图片组成。在MATLAB中，可以使用圆点表示法来更新图形对象的属性，比如坐标数据（XData，YData），然后使用drawnow命令更新图形，如此循环，即得到一个实时变化的动画。

MATLAB R2020a版本的实时编辑器显示动画的速度较慢，建议运行本节的动画代码时，全选代码再按F9快捷键执行，这样可以新建一个图窗窗口并显示动画；这里也再次强调F9快捷键，可以在MATLAB软件所有场合下直接运行代码，相当于省去了复制和去命令区粘贴再回来的烦琐过程，如图4-42所示。

EX 4-31 动画实例 1

```
% 选中以下代码 按 F9 键执行
figure
x = linspace(0,10,1000);
y = sin(x);
plot(x,y)
hold on
p = plot(x(1),y(1),'o','MarkerFaceColor','red');
hold off
axis manual
for k = 2:2:length(x)
    p.XData = x(k);
    p.YData = y(k);
    drawnow
end
```

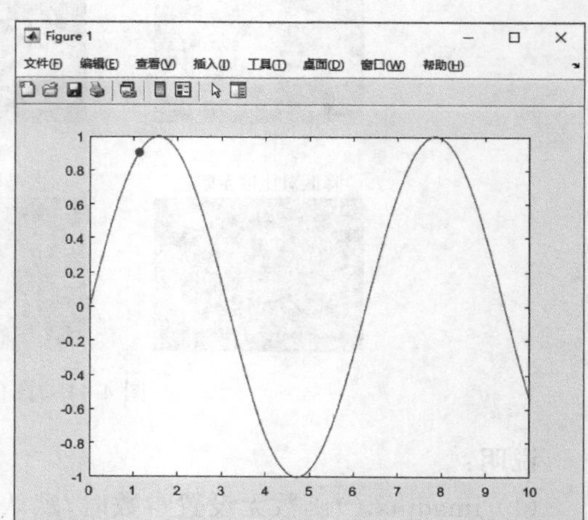

图 4-42 动画实例例程 1

说明：

(1) plot()函数的输入只有一个点时，绘制的图像就是一个点，此时坐标值(XData，YData)均为标量。

(2) drawnow 命令非常方便地起到了更新图形的作用，有些老版教材中还在使用 EraseMode 属性来生成动画，但这种方法从 R2014b 版本后就不存在了。

(3) 动画速度也可以进行控制，方法是使用 pause()函数在循环中暂停一段时间。

4.4.2 视频生成

仅学会在 MATLAB 软件中显示动画的意义比较有限，还必须掌握将动画保存成文件，这样才方便传播展示。下面的实例利用 4.2.4 节三维绘画的椭球展示了动画保存的技术，大致流程需要四步：一是图形准备，把要绘制的主图先绘制出来；二是创建一个视频文件并打开；三是进入动画循环，修改要变化的属性并更新，然后使用 getframe()函数将当前的画面取出，再使用 writeVideo()函数将画面写入视频；四是退出循环并关闭视频文件，示例代码和视频效果如图 4-43 所示，视频参见数字文件中的 videoRot.avi。

EX 4-32 动画实例 2 - 保存视频

```
% 选中以下代码 按 F9 键执行
[x,y,z] = ellipsoid(0,0,0,8,4,4,250);
figure; % 新建图窗
ax = gca; % 取当前坐标区
s = surf(x,y,z);
axis vis3d; % 旋转时纵横比不变
colormap copper; % “铜”配色
shading interp; % 插值着色
l = light(ax);  % 打开光照
l.Position = [0 -10 1.5]; % 调整光照位置
material metal; % 金属质感
axis equal; axis off;
% 创建视频文件并打开
v = VideoWriter('videoRot.avi'); open(v)
for k = 30:2:390
   ax.View = [k 30];
   drawnow
   m = getframe(gcf); writeVideo(v,m);
end
close(v) % 关闭视频文件
```

图 4-43 动画实例例程 2-保存视频

说明：

(1) 本例作图代码来源于 4.2.4 节三维渲染的示例，代码中的修改展示了当只需要一幅主图时，许多属性的赋值可以简化书写。

(2) 在创建视频文件后，一定要用 open()函数将文件打开，这样才能够对文件进行改写，在 MATLAB 中其他类型的文件写入也需要一样的操作。

(3) View 属性代表着相机视角，它的连续改变相当于图形在三维空间中的旋转运动。

（4）VideoWriter()函数还可以指定各种视频文件的编码格式，默认是使用 Motion JPEG 编码的 AVI 文件。

本章小结

本章从 MATLAB 的绘图技术、图形外观、图像处理和动画制作 4 个方面讲解了 MATLAB图形可视化相关的使用方法与技术，相信学完本章的读者已经全面掌握了图形可视化的方法，可以在科研实践以及工程项目中发挥它巨大的威力。

第5章 MATLAB数学计算

数学计算是MATLAB最擅长的领域,MATLAB对于几乎所有数学领域都提出了非常杰出的解决方案,掌握了MATLAB软件工具,对于高等数学的理解和应用必然上升一个新台阶。

5.1 初等数学

在初等数学中,很多离散数学和多项式的问题都需要类似MATLAB这样的计算软件参与解决。

5.1.1 离散数学

离散数学严格地讲并不属于初等数学的一部分,只是这里讲的离散数学,主要是指关于质数、约数、倍数、有理数这样的计算,是许多高等数学和计算机学的基础,如图5-1所示。

说明:

(1) gcd()和lcm()函数分别代表最大公约数(Greatest common dvisor)和最小公倍数(Least common multiple)的计算。

(2) perms()函数用于得到一个所有可能的排列,其实是一个应用场景较广的函数,比如穷举算法以及一些集合论计算中。

(3) rat()函数用于取得输入量的有理分式,后跟参数为计算容差,根据不同的容差得到不同精度的有理分式逼近。

5.1.2 多项式

多项式(Polynomial)是中小学阶段就熟悉的概念;在MATLAB中,多项式由向量来表达,向量中倒数第n个数值对应着多项式的$n-1$次项,也就是说最后一位代表常数项。多项式常用的函数就是求值(polyval)、求根(roots)、由根反求多项式(poly)、显示多项式(poly2sym),如图5-2展

EX 5-1 离散数学

```
% 分解质因数
primeFactors = factor(20)
% 最大公约数
greatestCommonDivisor = gcd(20, 15)
% 最小公倍数
leastCommonMultiple = lcm(20, 15)
% 确定哪些数组元素为质数
isPrime = isprime([2 3 0 6 10])
% 小于等于输入值的质数
PrimeNumbers = primes(20)
% 所有可能的排列
permutations = perms([1 2 3])
% 输入的阶乘
inputFactorial = factorial(5)
% 有理分式近似值
rationalFraction = rat(pi,1e-7)
```

```
primeFactors = 1×3
     2     2     5

greatestCommonDivisor = 5
leastCommonMultiple = 60
isPrime = 1×5 logical 数组
   1   1   0   0   0

PrimeNumbers = 1×8
     2     3     5     7    11    13    17    19

permutations = 6×3
     3     2     1
     3     1     2
     2     3     1
     2     1     3
     1     3     2
     1     2     3

inputFactorial = 120

rationalFraction = '3 + 1/(7 + 1/(16 + 1/(-294)))'
```

图 5-1　离散数学例程

EX 5-2 多项式

$p(x)=x^4-10x^3+35x^2-50x+24$

```
% 创建上述多项式
p = [1 -10 35 -50 24]
% 计算 x 为 2 时多项式的值
polyValue = polyval(p,2.5)
% 同时计算 x 为从 1 到 5 时的值
polyValue2 = polyval(p,1:5)
% 多项式作图
x=0.5:0.1:4.5;
plot(x,polyval(p,x)); yline(0);
% 求多项式的根
r = roots(p)
% 由根反求多项式
pCalc = poly(r)
% 显示多项式
poly2sym(p)
```

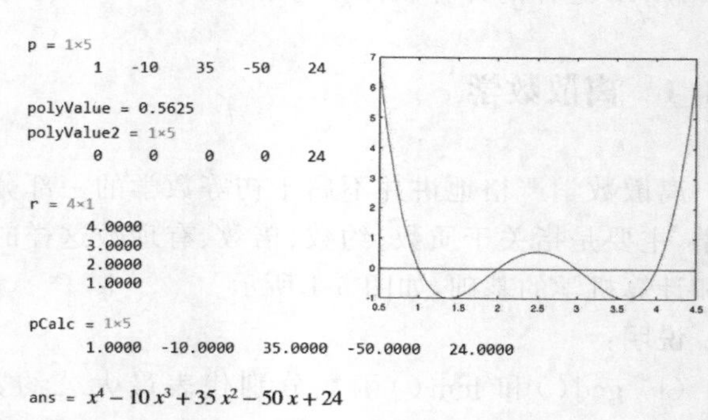

图 5-2　多项式例程

示了如何对多项式作图以及如何显示出多项式。

说明：

（1）注意，多项式向量中，如遇到系数为 0 的项则必须用 0 来占位。

（2）多项式作图的本质其实就是将多项式的每一处的值求出，再作图。

（3）多项式显示函数（poly2sym）的本质是将多项式向量转换为符号矩阵。

5.2　线性代数

线性代数，被称为“第二代数学模型”，是现代科学最重要的基础之一，其核心的矩阵思想更是成为高等数学思想中最重要的一环。

5.2.1 矩阵基础运算

在线性代数中,关于矩阵有一些基本的运算,比如取对角线、求迹(对角线和)、求秩、求行列式等,这些功能对应的函数在 MATLAB 中是对符号阵与数值阵通用的,如图 5-3 所示。

EX 5-3 矩阵基本运算

```
% 准备符号阵和数值阵
syms a b c d
x = [a b; c d]
y = [1 2; 3 4]
% 对角线向量
diagX = diag(x)
diagY = diag(y)
% 由对角线向量构成对角阵
diagMatrixX = diag(diag(x))
diagMatrixY = diag(diag(y))
% 矩阵的迹
traceX = trace(x)
traceY = trace(y)
% 矩阵的秩
rankX = rank(x)
rankY = rank(y)
% 矩阵的行列式
detX = det(x)
detY = det(y)
```

x = $\begin{pmatrix} a & b \\ c & d \end{pmatrix}$

```
y = 2×2
     1     2
     3     4
```

diagX = $\begin{pmatrix} a \\ d \end{pmatrix}$

```
diagY = 2×1
     1
     4
```

diagMatrixX = $\begin{pmatrix} a & 0 \\ 0 & d \end{pmatrix}$

```
diagMatrixY = 2×2
     1     0
     0     4
```

traceX = $a+d$

```
traceY = 5
rankX = 2
rankY = 2
```

detX = $ad-bc$

```
detY = -2
```

图 5-3 矩阵基本运算例程

说明:

(1) diag()函数对于不同的输入会有不同的输出,如果输入的是矩阵,则输出对角线向量;若输入的是一个向量,则会依照该向量输出一个对角矩阵。

(2) rank()函数对于符号阵的计算,是按照最大秩获得结果,也即将所有符号都认为是非零值来计算,实际意义微弱,因此一般并不常用。数值计算必然是存在精度的,精度大小与算法关系密切,比如 MATLAB 中求秩的算法是基于矩阵的奇异值分解的,在 rank()函数里还可以后跟一个给定误差参数,即为机器精度。

5.2.2 矩阵分解

在 MATLAB 中提供了几乎所有线性代数对于矩阵分解的操作函数,而且均适配符号阵,如图 5-4 所示。

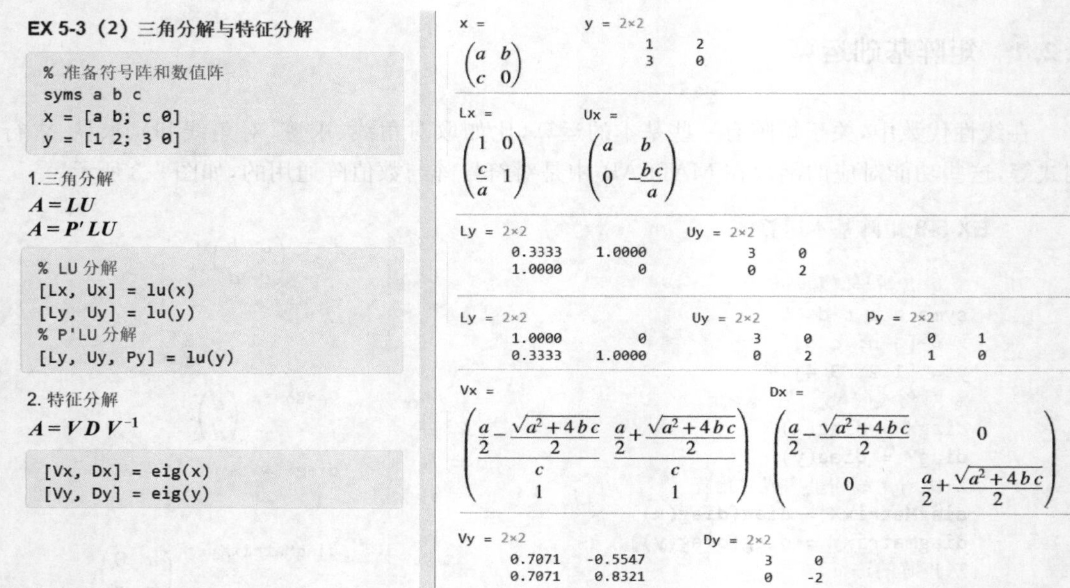

图 5-4　三角分解与特征分解例程

说明：

(1) 在 MATLAB 中，对于符号阵的 ***LU*** 分解，可以得出与线性代数教材中一致的结果；然而，由于考虑到算法稳定性的问题，在数值计算 ***LU*** 分解中，得到的所谓下三角阵(***L***)与定义中并不一致，而是需要进行 ***PLU*** 分解才能得到真正的单位下三角阵，这里需要多得到一个置换矩阵 ***P***，即 $\boldsymbol{A}=\boldsymbol{P}'\boldsymbol{LU}$。

(2) 特征分解在矩阵分解中至关重要，函数 eig()提供分解算法得到特征对角阵 ***D*** 和特征向量矩阵 ***V***，实现满足 $\boldsymbol{AV}=\boldsymbol{VD}$ 的特征阵分解计算。

5.2.3　线性方程及矩阵的逆

线性方程是一大类问题的抽象模型，比如坐标系变换问题、运动问题、直线相交的解析几何问题等，因此其应用十分广泛。MATLAB 作为起源于线性代数学科的科学计算软件，在线性方程的求解算法方面非常先进，极简的符号却打包了适应各种特殊情形的算法，并且优化到了极致的求解速度，如图 5-5 所示。

说明：

(1) 对于 $\boldsymbol{A}x=\boldsymbol{b}$ 形式的线性方程求解非常简洁，解即为 $\boldsymbol{A}\backslash\boldsymbol{b}$，注意斜线的方向，记忆方法是，斜线方向指示 ***A*** 为分母项，是从等号左侧移动到右侧的分母项。

(2) inv()函数用于求矩阵的逆(Inverse)，使用前述“斜线求解法”与“矩阵的逆求解法”在求解原理上大相径庭，后者无论从精度、速度、稳定性上都略逊一筹，从图中的结果也可

EX 5-4 解线性方程

$$\begin{bmatrix}3 & 4\\2 & 5\end{bmatrix}\begin{bmatrix}x_1\\x_2\end{bmatrix}=\begin{bmatrix}11\\12\end{bmatrix}$$

```
% 解方程 Ax=b
A = [3 4; 2 5];
b=[11 12]';
% 求解方法一
solve1 = A\b
% 求解方法二
inverseA = inv(A)
solve2 = inv(A)*b
```

$$\begin{bmatrix}a & b\\c & d\end{bmatrix}\begin{bmatrix}x_1\\x_2\end{bmatrix}=\begin{bmatrix}e\\f\end{bmatrix}$$

```
% 解方程 Ax=b
syms a b c d e f
A = [a b; c d];
b=[e f]';
solve1 = A\b
inverseA = inv(A)
solve2 = inv(A)*b
% 化简符号表达式
simpSlolve2 = simplify(solve2)
```

```
solve1 = 2×1
     1
     2

inverseA = 2×2
    0.7143   -0.5714
   -0.2857    0.4286

solve2 = 2×1
    1.0000
    2.0000
```

solve1 =

$$\begin{pmatrix}-\dfrac{b\,\overline{f}-d\,\overline{e}}{a\,d-b\,c}\\ \dfrac{a\,\overline{f}-c\,\overline{e}}{a\,d-b\,c}\end{pmatrix}$$

inverseA =

$$\begin{pmatrix}\dfrac{d}{a\,d-b\,c} & -\dfrac{b}{a\,d-b\,c}\\ -\dfrac{c}{a\,d-b\,c} & \dfrac{a}{a\,d-b\,c}\end{pmatrix}$$

solve2 =

$$\begin{pmatrix}\dfrac{d\,\overline{e}}{a\,d-b\,c}-\dfrac{b\,\overline{f}}{a\,d-b\,c}\\ \dfrac{a\,\overline{f}}{a\,d-b\,c}-\dfrac{c\,\overline{e}}{a\,d-b\,c}\end{pmatrix}$$

simpSlolve2 =

$$\begin{pmatrix}-\dfrac{b\,\overline{f}-d\,\overline{e}}{a\,d-b\,c}\\ \dfrac{a\,\overline{f}-c\,\overline{e}}{a\,d-b\,c}\end{pmatrix}$$

图 5-5　解线性方程例程

看出，前者求解精度足够高，可以显示为整数的形式（当然实际还是 double 类），而后者显示为 short 形式，说明求解精度有限，可以输入 format long 将显示格式改为长型，则更为明显。

（3）利用符号形式进行求解往往会收到不错的效果，并且可以避免计算精度的问题，simplify()函数是用于对符号表达式进行自动整理与化简的函数，可以看到化简后的解与 solve1 完全一致。

5.3　微积分

微积分（Calculus）是现代科学的核心数学基础之一，对于经典物理世界的建模几乎完全依靠在微积分的港湾里，这其中的底层逻辑在于，人类对于经典物理世界的理解就是“连续的”且“有因果关系的”，这两个特点正中微积分下怀，因而微积分是对物理世界建模的第一工具。

微积分的英文 calculus 其实就是“计算方法”之意，在没有计算机的手算时代，科学家与工程师把微积分看作是很有效计算工具，因此也诞生了许多计算微积分的手算算法，当然也不是万能的，而计算机软件工具促使这一切向前飞跃，MATLAB 的强大的符号计算引擎，已经可以瞬间解决许多人工无法得到的解析解，让微积分的计算从此不再是科学家与工程师需要考虑的难点。

5.3.1 极限

微积分的基础是连续与极限，在 MATLAB 中有 limit()函数可以用于求极限，且兼容符号计算与数值计算，如图 5-6 所示。

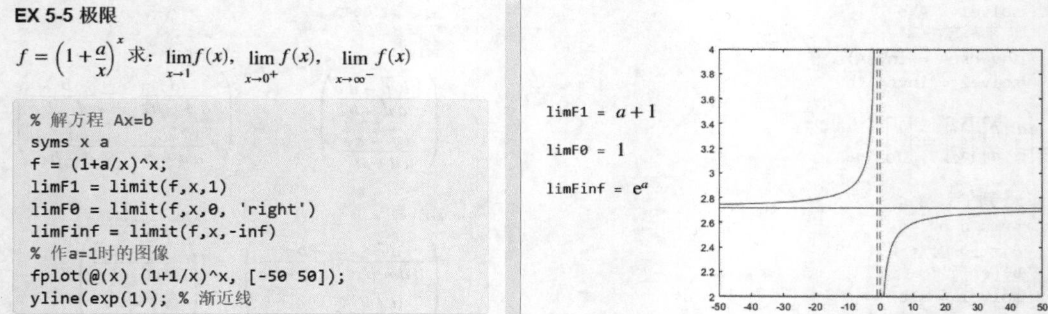

图 5-6 极限例程

说明：

(1) 极限函数 limit()的第三输入项为极限点的位置，可以是正无穷(inf)或负无穷(—inf)，第四输入项可以定义所求极限为右单边极限(right)还是左单边极限(left)。

(2) 在本例中取 a 为 1 后使用 fplot()函数作图时，会提示警告函数处理数组输入时行为异常，原因是在 0 点附近的虚线范围内，函数值的绝对值过大，导致无法正常作图。

(3) 对于多元函数的极限求解，仍然是使用 limit()函数，原理是先对一元求极限，再对另一元求极限，下面两种形式等价：

```
limit(limit(f,x,x0), y, y0) 或 limit(limit(f,y,y0), x, x0)
```

5.3.2 导数

"导数"是微积分的核心概念，"导"的含义从组词中隐约可见，比如"导致""引导""导向"等，《史记·孙子吴起列传》中讲"善战者，因其势而利导之"，其实导的含义是"引领方向改变"，所以导数大则原函数方向改变多，导数小则原函数方向改变少，导数为零则方向不变。因而可以说，"导数是原函数的原因"。

MATLAB 中求解导数使用 diff()函数，极为简洁实用，如图 5-7 所示，这里与导数的英文 derivative 并不一致，原因是 diff()同时也是差分(Differences)函数，在 3.4 节的矩阵运算中提及过。

说明：

(1) diff()函数第三输入项表示要求的是几阶导数，此项为空即为一阶导数。

EX 5-6 导数

$f = 2x^4 + x$ 求：f' f''

```
syms x
f = 2*x^4+x
% 一阶导数
diffx1 = diff(f,x)
% 二阶导数
diffx2 = diff(f,x,2)
% 绘图
hold on; box on;
p(1) = fplot(f);
p(2) = fplot(diffx1,'--');
p(3) = fplot(diffx2,':');
[p.LineWidth] = deal(2.5);
l = legend('f', "f'", 'f"');
l.FontSize = 15;
```

$f = 2x^4 + x$

diffx1 = $8x^3 + 1$

diffx2 = $24x^2$

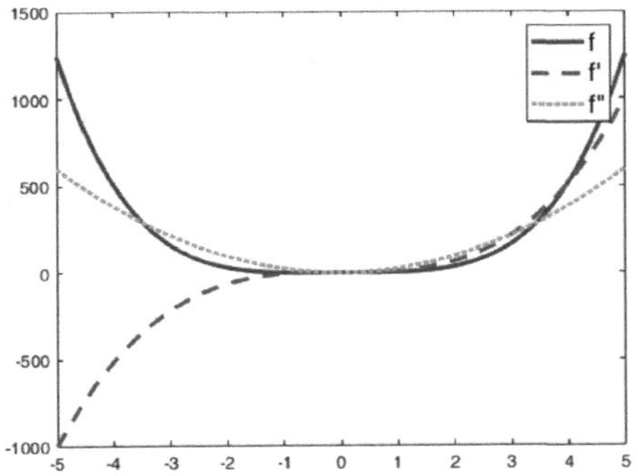

图 5-7　导数例程

（2）本例中的图例展示了单引号与双引号在文本中的显示方法，单引号文本使用双引号引用，而双引号的文本使用单引号引用，这样不会引发代码歧义。

（3）对于多元函数的偏导数，与前述极限的思路一致，代码形式如下：

```
diff(diff(f,x,m), y, n) 或 diff(diff(f,y,n), x, m)
```

5.3.3　积分

积分（Integral）与导数是相反的运算，导数是函数的原因，而积分是函数的结果。积分包括不定积分与定积分，不定积分是求导函数的原函数，求得结果是由一个函数代表的一族函数，而定积分是求函数在一个区间内的面积，求得的结果是一个值，代表着函数在该区间内引发的变化量，如图 5-8 所示。

EX 5-7 积分

$f = ax^2$ 求：$\int f\,\mathrm{d}(x)$ 与 $\int\left(\int f\,\mathrm{d}(x)\right)\mathrm{d}(x)$

```
syms x a
f = a*x^2
intf1 = int(f,x)
intf2 = int(int(f,x),x)
```

$f = ax^2$ 求：$\int_0^1 f\,\mathrm{d}(x)$

```
intf = int(f,x,0,1)
```

$f = a x^2$

intf1 =

$\frac{a x^3}{3}$

intf2 =

$\frac{a x^4}{12}$

intf =

$\frac{a}{3}$

图 5-8　积分例程

说明：

(1) 积分函数 int()对于不定积分与定积分通用，且并没有多次积分的输入参数，只能使用函数嵌套多层来实现。

(2) 不定积分的结果函数省略了一个常数 C。

(3) 对于不可积的函数，即使是 MATLAB 也无能为力。

(4) 当定积分区间的一边是无穷值时，称为无穷积分，只需要将区间输入值设置为−inf 或 inf 即可。

5.3.4 泰勒展开

泰勒展开(Taylor expansion)是微积分体系提供的又一伟大工具，它可以将任意包裹着外壳的函数都展开为多项式函数，可以说泰勒展开是用于模拟任意函数的一个多项式仿真工具，与此同时，由于展开的结果中各项对应着导数次数，因此相当于将原函数的变化原因依照主次进行了分解，对于了解原函数的本质有拨云见日之功效。对函数 $f(x)$在 x_0 点的泰勒展开公式为：

$$f(x)=f(x_0)+f'(x_0)(x-x_0)+\frac{f''(x-x_0)^2}{2!}+\cdots+\frac{f^{(n)}(x_0)}{n!}(x-x_0)^n$$

等号右侧即为"泰勒多项式"，其最后一项为"多项式仿真的误差项"，是$(x-x_0)^n$ 的高阶无穷小项，例程如图 5-9 所示。

EX 5-8 泰勒展开

展开：$f=\sin(x)$

```
syms x
f = sin(x)
f1 = taylor(f,x,0,'order',3)
f2 = taylor(f,x,0,'order',5)
f3 = taylor(f,x,0,'order',7)
% 作图
fplot(f,'LineWidth',2); hold on;
fplot(f1); fplot(f2); fplot(f3);
```

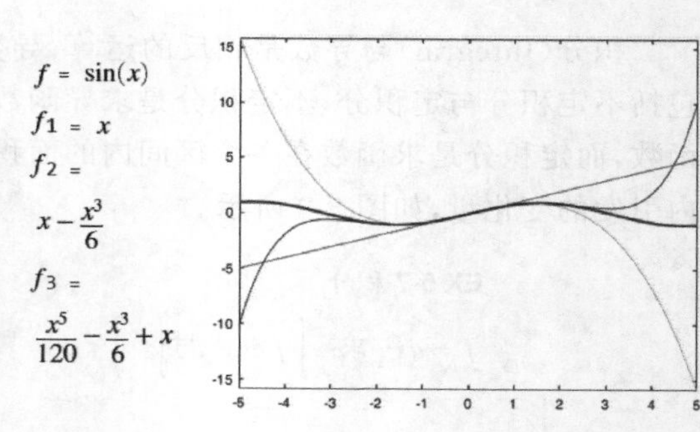

图 5-9　泰勒展开例程

说明：

(1) 泰勒展开函数 taylor()的截断阶数(order)项如果不予输入，则默认截断阶数为 6，该阶数为绝对阶数，从示例中可见。

(2) 如绘制的图形所示，阶数越多仿真结果越准确，离展开点越近仿真结果越准确，这也是为什么 $\sin(x)$在 x 接近 0 时可以用 x 来近似表示的原因了。

5.3.5 傅里叶展开

“周期”，是一个显然而又隐秘的概念，周期性的变化称为“波”，波是物理世界的基本组成，而所有的波都以“简谐波”（正余弦）为宗，也就是说所有的周期函数，都可以分解为简谐波的组合。傅里叶展开（Fourier expansion）就是对周期性函数的简谐波分解，也可以称其为“简谐波仿真系统”。前面讲的泰勒展开相当于对函数在时域上的多项式仿真，而傅里叶展开则相当于对函数在频域上的简谐波仿真，两者均是人类解析物理世界的重要模型。

对于一个周期为 T 的函数 $f(x)$，在其一个周期范围$[-L,L]$内，可以展开为如下级数形式：

$$f(x)=\frac{a_0}{2}+\sum_{n=1}^{\infty}\left(a_n\cos\frac{n\pi}{L}x+b_n\sin\frac{n\pi}{L}x\right)$$

其中，

$$\begin{cases}a_n=\dfrac{1}{L}\displaystyle\int_{-L}^{L}f(x)\cos\frac{n\pi x}{L}\mathrm{d}x, & n=0,1,2,\cdots\\ b_n=\dfrac{1}{L}\displaystyle\int_{-L}^{L}f(x)\sin\frac{n\pi x}{L}\mathrm{d}x, & n=1,2,3,\cdots\end{cases}$$

对于非周期函数也一样可以进行傅里叶展开，展开的效果其实就是把$[-L,L]$范围认为是周期函数的一个周期了，其余部分都默认自动进行了周期性拓展。在MATLAB中并没有专门的傅里叶展开函数，不过完全可以根据上述公式以及前述积分函数写出自己的傅里叶展开算法，如图5-10所示。

EX 5-9 傅里叶展开

```
syms x
f = abs(x)/x; % 构造一个方波
p = 10; % 设置展开项数
L = pi; % 原函数半周期
fs=int(f,x,-L,L)/L/2;
for n=1:p
    a=int(f*cos(n*pi*x/L),x,-L,L)/L;
    b=int(f*sin(n*pi*x/L),x,-L,L)/L;
    fs=fs+a*cos(n*pi*x/L)+b*sin(n*pi*x/L);
end
fs % 显示傅里叶展开结果
fplot(f);hold on;
fplot(fs);
```

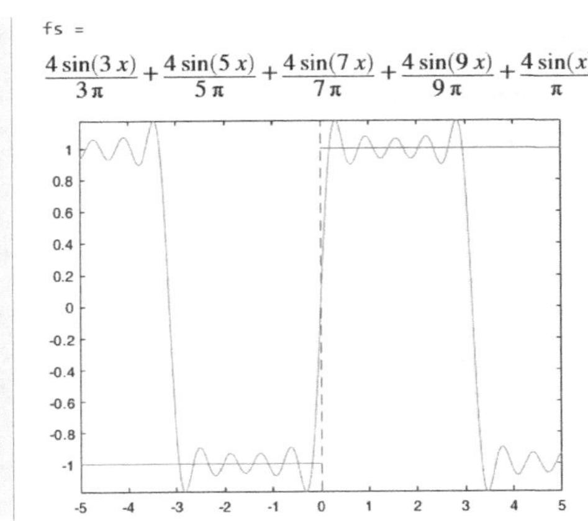

图5-10 傅里叶展开例程

说明：

(1) 例程中 p 代表展开的项数，在算法中对应于循环的次数；L 为函数的半周期，即函数周期为 $2L$。

(2) 如图形中所示,在一个周期范围内,傅里叶展开可以很好地逼近原函数,而且级数的项数越多仿真精度就越高。

5.4 插值与拟合

在科学及工程研究的过程中,有时会得到一些“成组数据”,这些数据可能是一维或者多维的,并且代表着某几个变量之间的逻辑关系,称这些成组数据为“样本点数据”。样本点数据可能不够密集,或者其中恰好没有想要得到的位点的数据,就可以通过算法,向已知数据中“插入新的位点以得到新值”,称为“插值”。插值算法不改变输入数据,而是尽可能地使插入的新值“和谐”,让得到的新值从逻辑上“最有可能”符合数据的关系。

从已知数据中得到新数据,往往并不足够,用户还希望得到数据与数据之间关系——函数关系,这样就需要一套算法“模拟出一个函数使之与样本数据相合”,因此称为“拟合算法”,拟合算法需要首先假设一个可能的“原型函数”,再根据样本点数据求出一套“可行参数”,保证与所有样本点都尽可能地“接近”,而且一般来说,函数曲线都只是尽量接近而不能完全通过样本点,但这样拟合的结果函数就已经足够用于代表数据之间的真实规律了。

5.4.1 一维插值

在已知点范围的内部进行插值称为“内插”,在范围外则称为“外插”; 从时间概念上讲,如果要插值的位点处于已知点之后,则称为“预报”。一维插值面向的是一维已知数据的插值方法,如图 5-11 所示,输入的数据为向量形式。

EX 5-10 一维插值

```
x = 0:pi/4:2*pi;
v = sin(x); % 定义已知数据点
xq = 0:pi/16:2*pi; % 定义将查询点（更精细）
% 默认线性插值
ax(1) = subplot(1,2,1);
vq1 = interp1(x,v,xq);
plot(x,v,'o',xq,vq1,':.');
title('(Default) Linear Interpolation');
% 三次样条插值
ax(2) = subplot(1,2,2);
vq2 = interp1(x,v,xq,'spline');
plot(x,v,'o',xq,vq2,':.');
title('Spline Interpolation');
axis(ax, "square")
```

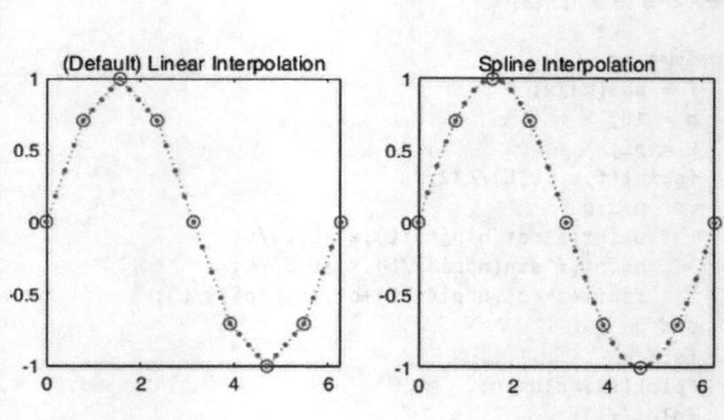

图 5-11 一维插值例程

说明:

(1) 一维插值函数 interp1(),对于输入已知点的向量并不要求单调,只要长度一致即可。

(2) 不同的插值方法对于计算结果与计算速度有很大的不同,如图 5-11 所示。三次样条插值(spline)一般来说插值效果最好,计算速度最慢。主要的插值方法及说明如表 5-1 所示。

表 5-1　主要的插值方法及说明

方　法	说　明	连续性	最少已知点
'linear'	邻点的线性插值(默认方法)	C^0	2
'nearest'	距样本网格点最近的值	不连续	2
'next'	下一个抽样网格点的值	不连续	2
'previous'	上一个抽样网格点的值	不连续	2
'pchip'	邻点网格点处数值的分段三次插值	C^1	4
'makima'	基于阶数最大为 3 的多项式的分段函数	C^1	2
'spline'	邻点网格点处数值的三次插值 (比'pchip'需要更多内存和计算时间)	C^2	4

5.4.2　二维网格数据插值

对于二维网格数据插值采用 interp2()函数,同样也有几种插值方法,如图 5-12 所示,与一维稍有不同,函数格式为:

```
interp2(x0, y0, z0, x1, y1, 'method')
```

EX 5-11 二维网格数据插值

```
[X,Y] = meshgrid(-3:3);
V = peaks(X,Y);
subplot(2,2,1);
surf(X,Y,V)
title('Original Sampling');
[Xq,Yq] = meshgrid(-3:0.2:3);
%
Vq = interp2(X,Y,V,Xq,Yq);
subplot(2,2,2);
surf(Xq,Yq,Vq);
title('Linear');
%
Vq = interp2(X,Y,V,Xq,Yq,'cubic');
subplot(2,2,3);
surf(Xq,Yq,Vq);
title('Cubic');
%
Vq = interp2(X,Y,V,Xq,Yq,'spline');
subplot(2,2,4);
surf(Xq,Yq,Vq);
title('Spline');
```

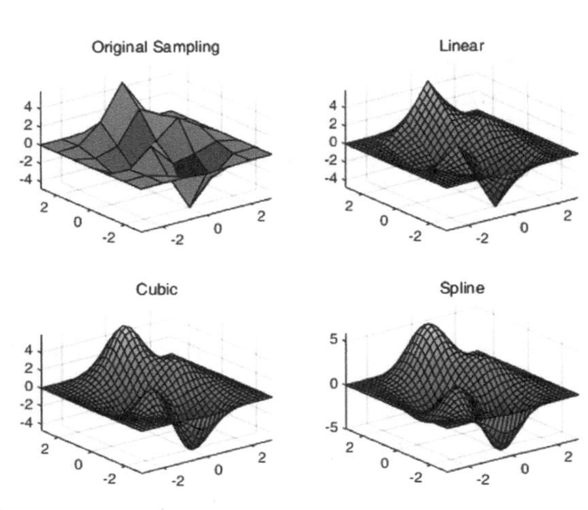

图 5-12　二维网格数据插值例程

注意 interp2()函数只应用于“网格数据”,即要求在平面某范围内,所有网格点上均有数据。该函数常用方法及说明如表 5-2 所示。

表 5-2　interp2()函数常用设置及说明

方　　法	说　　明	连续性	每维度最少已知点
'linear'	邻点的线性插值(默认方法)	C^0	2
'nearest'	距样本网格点最近的值	不连续	2
'cubic'	邻点网格点处数值的三次卷积插值	C^1	4
'makima'	基于阶数最大为 3 的多项式的分段函数	C^1	2
'spline'	邻点网格点处数值的三次插值 (比'cubic'需要更多内存和计算时间)	C^2	4

5.4.3　二维一般数据插值

对于非网格数据,MATLAB 提供了一个面向更为一般数据的插值函数 griddata()函数,如图 5-13 所示,格式为:

```
griddata(x0, y0, z0, x, y, 'method')
```

EX 5-12 二维一般数据插值

```
x = -3 + 6*rand(30,1);
y = -3 + 6*rand(30,1);
v = sin(x).^4 .* cos(y); % 构造已知数据
[xq,yq] = meshgrid(-3:0.1:3); % 构造插值网
subplot(2,2,1);
z1 = griddata(x,y,v,xq,yq,'nearest');
plot3(x,y,v,'o'); hold on
mesh(xq,yq,z1)
title('Nearest Neighbor')
subplot(2,2,2);
z2 = griddata(x,y,v,xq,yq,'linear');
plot3(x,y,v,'o'); mesh(xq,yq,z2)
title('Linear')
subplot(2,2,3);
z3 = griddata(x,y,v,xq,yq,'natural');
plot3(x,y,v,'o'); mesh(xq,yq,z3)
title('Natural Neighbor')
subplot(2,2,4);
z4 = griddata(x,y,v,xq,yq,'cubic');
plot3(x,y,v,'o'); mesh(xq,yq,z4)
title('Cubic')
```

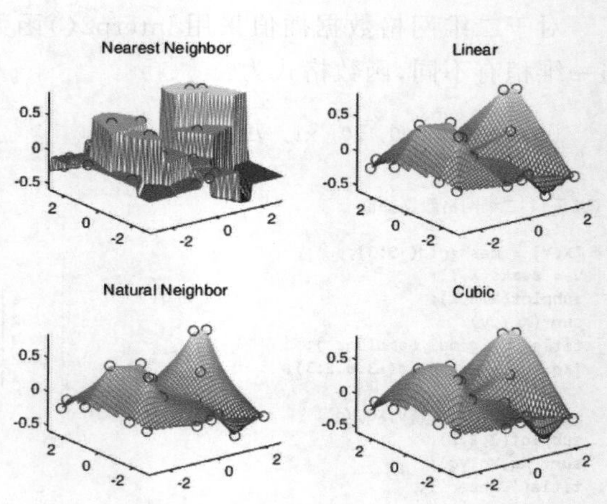

图 5-13　二维一般数据插值例程

说明:

(1) 4 种插值方法如图 5-13 所示,其中'natural'方法是基于三角剖分的自然邻点插值,支持二维和三维插值,该方法在线性与立方之间达到有效的平衡。另外还有一种'v4'方法,采用双调和样条插值方法,仅支持二维插值,且不是基于三角剖分,目前公认效果较好。

(2) 对于三维的网格样本点,可以使用函数 interp3()或者更一般的 n 维插值函数 interpn();而对于多维的非网格样本点,则使用与之对应的 griddata3()和 griddatan()函数。

5.4.4 多项式拟合

多项式拟合是一种最常用和实用的拟合手法，前述的泰勒展开本质上也属于一种多项式拟合，只不过要求已知函数表达式，而拟合行为只需要样本点数据作为输入即可，如图 5-14 所示。

EX 5-13 多项式拟合

```
% 准备样本数据并作图
x = linspace(0,1,5);
y = 1./(1+x);
plot(x,y,'o'); hold on
% 原始函数图像
fplot(@(x) 1./(1+x),[-0.5 2],'--')
% 拟合 4 次多项式并作图
p = polyfit(x,y,4)
% 按三位精度显示多项式
fitFunc = poly2sym(vpa(p,3))
fplot(poly2sym(p),[-0.5 2])
legend('Sample','Origin','Fit')
```

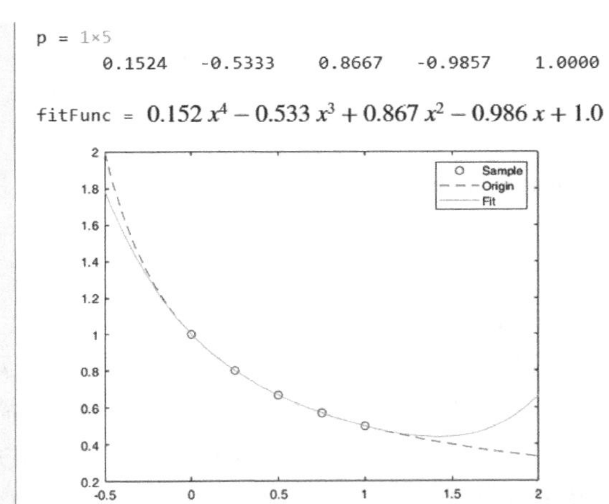

图 5-14 多项式拟合例程

说明：

(1) 多项式拟合函数 polyfit()的第三输入项代表多项式拟合的阶数，阶数越多，精度越高。

(2) vpa()函数用于将输入数据转换为变精度数据(variable-precision arithmetic)，第二输入项代表保留小数点后的数字位数，如若此处不采用 vpa()函数，则会输出无必要的长分式数字，影响对于多项式的快速感观。

(3) 从图形中可见，在样本数据点范围内拟合的效果相当好，但是在此范围之外逐渐远离了原始的函数图像，这是拟合动作所无能为力的，如果想得到足够贴近真相模型，就必须获得足够范围的样本点数据作为输入。

5.4.5 最小二乘拟合

许多场景下，希望拟合的函数形式并不一定总是多项式，对于更一般的原型函数，MATLAB 的优化工具箱(Optimization Toolbox)提供了函数 lsqcurvefit()，基于最小二乘原理(Least-squares，lsq)来实现曲线拟合(Curve-fitting)，该函数的输入原型可以是 M 函数名及匿名函数，可以高效地求解出要拟合的参数，如图 5-15 所示。

EX 5-14 最小二乘拟合

$$f(x)=\frac{a_1}{a_2+a_3x}$$

```
% 准备样本数据并作图
x = linspace(0,1,5);
y = 1./(2+3*x);
plot(x,y,'o'); hold on
% 原始函数图像
fplot(@(x) 1./(2+3*x),[-0.5 2],'--')
% 定义原型函数
func = @(a,x) a(1)./(a(2)+a(3)*x)
% 最小二乘拟合
a = lsqcurvefit(func, [1 1 1], x, y)
% 作图 - 系数a已知
fplot(@(x) a(1)./(a(2)+a(3)*x),[-0.5 2])
legend('Sample','Origin','Fit')
```

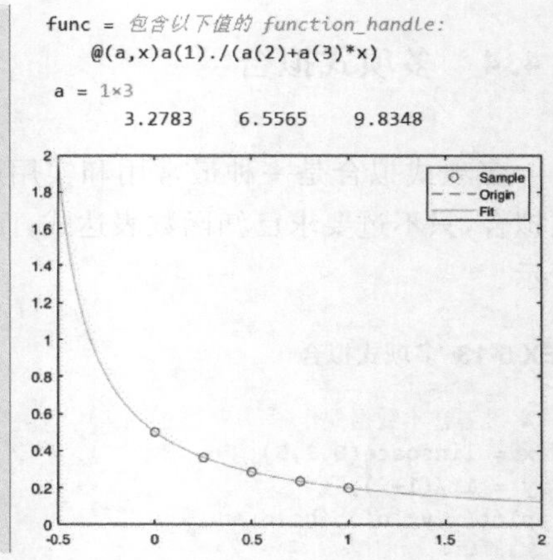

图 5-15　最小二乘拟合例程

说明：

(1) 定义原型函数时，注意要将待定参数定义到函数的自变量集中。而在使用 fplot()对拟合函数作图时，参数 a 已经不是未知量，需要将其从自变量集中取出。

(2) lsqcurvefit()函数的第二输入项为用户给定的参数初值，一般来说可以随意给定，如果希望提高运算速度，则可以尽量给出预测参数值。

(3) 从图中可见，在原型函数的结构选择准确的前提下，拟合算法可以很好地得到准确的拟合函数，且在样本数据范围外的部分也能很好地进行预测。

5.5　代数方程与优化

由已知数与未知数通过代数运算组成的方程称为“代数方程”，线性方程作为简单的一次代数方程(组)已在 5.2 节线性代数中展示过解法，本节重点求解非线性方程问题。

优化(Optimization)问题是运筹学(Operations Research)的主要组成部分，以数学分析和组合学为主要工具，要数学分析就离不开数学建模，而优化问题的数学模型往往就是代数方程(包括等式与不等式方程)，因此优化计算问题最终大多转化为解代数方程问题。

规划(Programming)与优化向来是运筹学中概念区别不清晰的两个词，根据中国运筹学会引用《数学大辞典》的说法来看，优化与规划所包含的内容基本一致，因此也不加以区分；习惯上宏观概念多称为优化，而具体的问题多称为规划，如线性规划、非线性规划等。

5.5.1　代数方程

解析求解函数为 solve()，数值求解函数为 vpasolve()，具体应用如图 5-16 所示。

EX 5-15 代数方程

解一元方程：$x^2+x-1=0$

```
syms x
eqn = x^2+x-1 % 方程定义
solveSym1 = solve(eqn,x) % 解析解
solveNum1 = vpasolve(eqn) % 数值解
```

解多元方程：$\begin{cases} x+y=0 \\ x^2+y^2=1 \end{cases}$

```
syms x y
eqn1 = x+y, eqn2 = x^2+y^2-1 % 方程定义
[xs,ys] = solve(eqn1,eqn2) % 解析解
[xn,yn] = vpasolve(eqn1,eqn2) % 数值解
```

eqn = x^2+x-1

solveSym1 = $\begin{pmatrix} -\frac{\sqrt{5}}{2}-\frac{1}{2} \\ \frac{\sqrt{5}}{2}-\frac{1}{2} \end{pmatrix}$ solveNum1 = $\begin{pmatrix} -1.62 \\ 0.618 \end{pmatrix}$

eqn1 = $x+y$ eqn2 = x^2+y^2-1

xs = $\begin{pmatrix} \frac{\sqrt{2}}{2} \\ -\frac{\sqrt{2}}{2} \end{pmatrix}$ ys = $\begin{pmatrix} -\frac{\sqrt{2}}{2} \\ \frac{\sqrt{2}}{2} \end{pmatrix}$

xn = $\begin{pmatrix} 0.707 \\ -0.707 \end{pmatrix}$ yn = $\begin{pmatrix} -0.707 \\ 0.707 \end{pmatrix}$

图 5-16 代数方程例程

说明：

(1) 方程只需要输入等式左侧即可，右侧等号与零的部分会自动补充。

(2) 在使用解析解函数 solve()时，如果所求方程无法求出解析解，系统会提示，并且自动转为使用 vpasolve()函数求得数值解。

5.5.2 无约束优化

无约束优化是最简单的一类优化问题，其目标就是求某一函数的“最小值”(最大值只需要乘一个负号即化为最小值问题)；在计算之前，对函数进行作图有一个直观的印象往往是有必要的，在 MATLAB 中，既有软件主体自带的函数 fminsearch()，也有优化工具箱(Optimization Toolbox)提供的等效函数 fminunc()，函数名意为 find minimum of unconstrained multivariable function，下面用著名的 Rosenbrock 香蕉函数来举例，如图 5-17 所示，该函数是一个常用来测试最优化算法性能的非凸函数。

EX 5-16 无约束优化问题

$f(x)=100(x_2-x_1^2)^2+(1-x_1)^2$ 求：$\min_x f(x)$

```
% 作 surf 图-直观印象
[x,y]=meshgrid(-2:.1:2,0:.1:3);
z = 100*(y - x.^2).^2 + (1 - x).^2;
surf(x,y,z);
shading interp;
% 设置函数
fun = @(x) 100*(x(2) - x(1)^2)^2 + (1 - x(1))^2;
% 设置优化初值
x0 = [-1.2,1];
% 设置显示迭代目标函数图
options = optimset('PlotFcns',@optimplotfval);
% 方法 1-MATLAB
x1 = fminsearch(fun,x0,options)
% 方法 2-优化工具箱
x2 = fminunc(fun,x0,options)
```

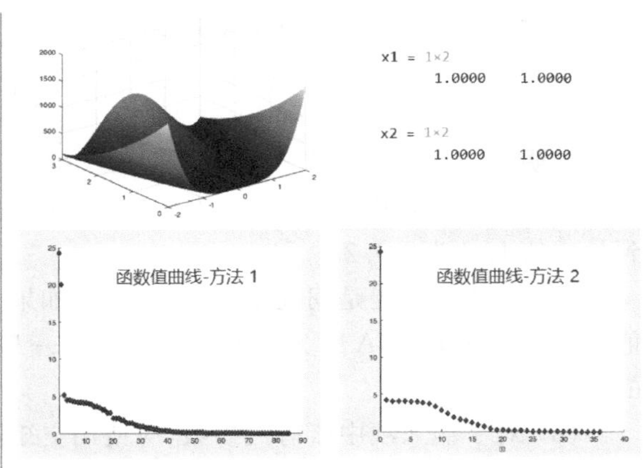

图 5-17 无约束优化例程

说明：

(1) 设置函数时，注意要将多元自变量写为 $x(1)$、$x(2)$这样的形式。

(2) 从图中可见，fminsearch()函数不如优化工具箱提供的 fminunc()函数收敛的速度快，对于绝大部分其他类型函数也是类似的效果，因此后者拥有更优异的计算性能，是优化问题的首选函数。

5.5.3 线性规划

线性规划问题(Linear programming)，是"有约束优化问题"中最简单的一类问题，在线性规划中，目标函数和约束函数都是线性的，约束函数可能是不等式、等式、自变量上下界，数学描述为：

$$\min\ \boldsymbol{f}^{\mathrm{T}}\boldsymbol{x} \quad \text{s. t.} \begin{cases} \boldsymbol{A}\boldsymbol{x} \leqslant \boldsymbol{b} \\ \boldsymbol{A}_{\mathrm{eq}}\boldsymbol{x} = \boldsymbol{b}_{\mathrm{eq}} \\ \boldsymbol{lb} \leqslant \boldsymbol{x} \leqslant \boldsymbol{ub} \end{cases}$$

式中记号 s. t. 翻译为"使得"，是 subject to 的简写，也是极为常用的数学符号。MATLAB 为线性规划问题提供了基于单纯形法的函数 linprog()，如图 5-18 所示，常用格式为：

```
[x, fval] = linprog(f,A,b,Aeq,beq,lb,ub)
```

EX 5-17 边界约束优化——线性规划

$f(x) = -2x_1 - x_2$ 其中：$2x_2 \leqslant 7$; $x_1 + 4x_2 \leqslant 9$; $x_1 \leqslant 4$; $x_2 \leqslant 8$

求：$\min\limits_{x} f(x)$

```
f = [-2 -1]'; % 函数定义
A = [0 2; 1 4]; b = [7; 9];
Aeq = []; beq = [];
lb = []; ub = [4; 8];
[x, fval] = linprog(f,A,b,Aeq,beq,lb,ub)
```

```
Optimal solution found.
x = 2×1
    4.0000
    1.2500

fval = -9.2500
```

图 5-18 线性规划例程

说明：

(1) 计算结果显示，当 $x(1)$为 4 且 $x(2)$为 1.25 时，函数将在满足约束条件的前提下达到最小值 fval 为−9.25。

(2) 计算的前提是问题本身是合理的，如果在已知的约束条件下，函数本身并没有最小值，那么即使是 MATLAB 也无能为力，一般会提示"问题是欠约束的"(Problem is unbounded)。

(3) 对于输入项中所有的参数，应使用空矩阵符号[]来占位。

5.5.4 非线性规划

非线性规划问题，是“有约束优化问题”中较为复杂的一类，约束中不仅包含线性不等式、等式、自变量上下界，还可能包括非线性的不等式及等式，数学表达形式为：

$$\min f(\boldsymbol{x}) \quad \text{s.t.} \begin{cases} \boldsymbol{Ax} \leqslant \boldsymbol{b} \\ \boldsymbol{A}_{\text{eq}}\boldsymbol{x} = \boldsymbol{b}_{\text{eq}} \\ \boldsymbol{lb} \leqslant \boldsymbol{x} \leqslant \boldsymbol{ub} \\ \boldsymbol{C}(\boldsymbol{x}) \leqslant 0 \\ \boldsymbol{C}_{\text{eq}}(\boldsymbol{x}) = 0 \end{cases}$$

这一类问题都可以用 MATLAB 优化工具箱中提供的边界约束优化函数 fmincon()来解决，函数名意为 find minimum of constrained nonlinear multivariable function，例程如图 5-19 所示，函数常用形式为：

```
[x, fval] = fmincon(fun,x0,A,b,Aeq,beq,lb,ub)
```

EX 5-18 边界约束优化——非线性规划

$f(x) = -x_1x_2x_3$ 其中：$0 \leq x_1 + 2x_2 + 4x_3 \leq 12$ 求：$\min\limits_{x} f(x)$

```
% 不等式约束
func = @(x) -x(1)*x(2)*x(3);
x0 = [1; 1; 1];
A = [-1 -2 -4; 1 2 4];
b = [0; 12];
[x1, val1] = fmincon(func, x0, A, b)
```

```
x1 = 3×1
    4.0000
    2.0000
    1.0000

val1 = -8.0000
```

$f(x) = -x_1x_2x_3$ 其中：$x_1 + 2x_2 + 4x_3 = 24$ 求：$\min\limits_{x} f(x)$

```
% 等式约束
func = @(x) -x(1)*x(2)*x(3);
x0 = [1; 1; 1];
A = [1 2 4];
b = 24;
[x2, val2] = fmincon(func, x0, [], [], A, b)
```

```
x2 = 3×1
    8.0000
    4.0000
    2.0000

val2 = -64.0000
```

图 5-19 非线性规划例程

说明：

(1) fmincon()函数的第二输入项为计算初值；第三输入项 $\boldsymbol{A}$ 和第四输入项 $\boldsymbol{b}$ 为一组，表示约束边界为 $\boldsymbol{Ax} \leqslant \boldsymbol{b}$，第五输入项 $\boldsymbol{A}_{\text{eq}}$ 与第六输入项 $\boldsymbol{b}_{\text{eq}}$ 为一组，表示约束边界为 $\boldsymbol{A}_{\text{eq}}\boldsymbol{x} = \boldsymbol{b}_{\text{eq}}$。当没有第三、第四输入项时，使用空矩阵符号[]占位。

(2) 注意该函数要求目标函数与约束函数必须都是连续的，否则计算结果可能是局部最优解而不是全局最优解。

5.5.5 最大值最小化

“最大值最小化问题”(Minimax Constraint Problem)其实是一个实际应用中比较常见的场景,却由于问题类型不易被理解而很容易被忽略。举例来理解该问题,比如在一个战场中对于急救中心的选址,要求它与各个阵地之间运输伤员的时间 $f_i(x)$不可以太长,对于所有选址方案中能保证到达所有阵地中所需最长时间 max $f_i(x)$最小的,就是最佳方案。也就是说,伤员在运输过程中所消耗的每一分钟都是损失,耽误时间越久就越危险,如何让最大危险降至最小,就是最大值最小化问题。该问题的数学描述与前述非线性规划非常类似:

$$\min_x \max_i f(\boldsymbol{x}) \quad \text{s. t.} \begin{cases} \boldsymbol{Ax} \leqslant \boldsymbol{b} \\ \boldsymbol{A}_{\text{eq}}\boldsymbol{x} = \boldsymbol{b}_{\text{eq}} \\ \boldsymbol{lb} \leqslant \boldsymbol{x} \leqslant \boldsymbol{ub} \\ \boldsymbol{C}(\boldsymbol{x}) \leqslant 0 \\ \boldsymbol{C}_{\text{eq}}(\boldsymbol{x}) = 0 \end{cases}$$

而且在 MATLAB 中求解计算的形式也非常类似,如图 5-20 所示,函数使用 fminimax():

```
[x,fval] = fminimax(fun,x0,A,b,Aeq,beq,lb,ub)
```

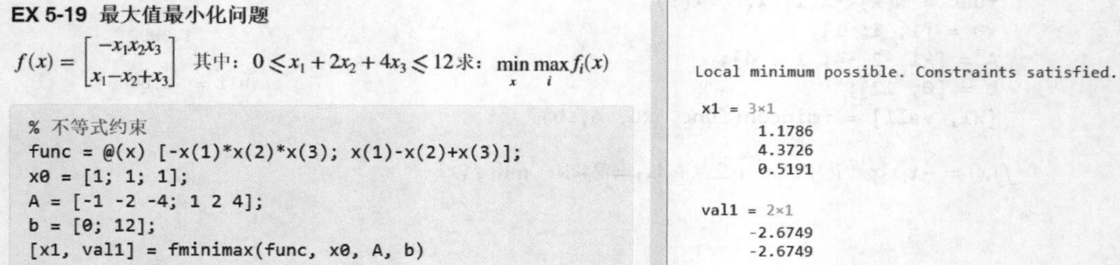

图 5-20 最大值最小化例程

说明:fminimax()函数与前述 fmincon()函数的输入项几乎完全一致,不同的是,fminimax()函数要求输入目标函数组,这样才能对一组函数中取最大值。

5.6 微分方程

微分方程(Differential Equation,DE)分为常微分方程(Ordinary Differential Equation,ODE)和偏微分方程(Partial Differential Equation,PDE)。常微分方程中的“常”并不是“常系数”之意,而是“正常”(Ordinary,通常的、普通的)的“常”,相对于“偏”(Partial,局部的、片面的),理解记忆两种微分方程的区别可以将关注点放在“偏”字上,即包含偏导数的微分方程为偏微分方程，不包含偏导数的微分方程即为常微分方程。目前人类对于经典物理世界的认知，基本都是建立在微分方程的基础上，这其中的底层逻辑在于，物理量的导数代表着该量的原因，积分代表该量的结果，而微分方程代表物理量的因果关系，这也是为什么许多学科的数学模型都是微分方程的原因了；而对于这些学科而言，解决变量之间的影响关系，就等同于求解微分方程。

5.6.1 常微分方程解析解

常微分方程（Ordinary Differential Equation，ODE）相比于偏微分方程更简单易于求解，对于"线性常微分方程"和一些"特殊的低阶非线性常微分方程"一般可以求得解析解，而绝大多数的非线性常微分方程是没有解析解的，这时就退而求其次，可以求得方程的数值解，得到了求解区域的数值解，也就可以作出该解函数的图像，无论是理解函数性质还是分析函数数值都可以胜任，甚至可以再利用数据进行函数拟合（5.4节）的方法，得到一个近似的解析解。

对常微分方程求解析解首先需要定义符号变量与符号函数，进而将微分方程定义为符号方程，如果方程有初始条件也需要定义，然后直接使用dsolve()函数完成求解，如图5-21所示。

EX 5-20 常微分方程解析解

1. 无初始条件微分方程

$$\frac{d^2}{dt^2}y = ay$$

```
syms a t y(t) z(t)
eqn = diff(y,t,2) == a*y % 符号方程
ySol(t) = dsolve(eqn)
```

eqn(t) =

$$\frac{\partial^2}{\partial t^2}y(t) = a\,y(t)$$

ySol(t) = $C_4 e^{-\sqrt{a}\,t} + C_5 e^{\sqrt{a}\,t}$

2. 有初始条件的微分方程

$$\frac{dy}{dt} = ay \quad y(0) = 5$$

```
eqn = diff(y,t) == a*y % 符号方程
cond = y(0) == 5; % 初始条件
ySol(t) = dsolve(eqn,cond)
```

eqn(t) =

$$\frac{\partial}{\partial t}y(t) = a\,y(t)$$

ySol(t) = $5e^{at}$

3. 微分方程组

$$\begin{cases} \frac{dy}{dt} = z \\ \frac{dz}{dt} = -y \end{cases}$$

```
eqns = [diff(y,t) == z, diff(z,t) == -y]
sol = dsolve(eqns);
solY = sol.y, solZ = sol.z
```

eqns(t) =

$$\left(\frac{\partial}{\partial t}y(t) = z(t) \quad \frac{\partial}{\partial t}z(t) = -y(t)\right)$$

solY = $C_8\cos(t) + C_7\sin(t)$

solZ = $C_7\cos(t) - C_8\sin(t)$

图5-21 常微分方程解析解例程

说明：

（1）符号函数的定义即为函数字母加括号带自变量，如 y(t)等，与数学中的书写完全一致；注意符号方程中的等号是双等号“==”，而不是赋值符号“=”；仍然遵从一切都是矩阵的原则，方程组本质也是方程的矩阵，需要用中括号括起。

（2）对于方程组的解，dsolve()函数将输出一个结构体，结构体的字段即为求解的函数。

（3）常数 C 的角标完全取决于该程序之前的使用情况，角标值仅有区分意义，同一个角标代表同一个常数。

（4）对于无法求出解析解的方程，软件会提示“无法找到解析解”（Unable to find explicit solution），这时就要考虑使用数值解法了。

5.6.2 常微分方程数值解

科学家很早就意识到解析解法不是大多数微分方程的解决方案，于是纷纷研究探索数值解法，比如欧拉法、龙格-库塔法、亚当斯法等，MATLAB 内置的求解 ODE 的函数就是基于这些方法，比如其中最常用而强大的 ode45()函数就是基于四五阶龙格-库塔法。

MATLAB 共内置 8 个 ODE 函数，对于初学者以及不专门研究它的用户，建议不必深究其中的区别，实际使用时选取方法为：首选 ode45()函数，如图 5-22 所示；如果无法解算或速度极慢，则可尝试改用 ode15s()函数；如果 ode45()函数可以求解，但是速度略慢而精度并不要求那么高，则可尝试改用 ode23()。更为精微的函数区分可进入 doc 文档中搜索“选择 ODE 求解器”查看。

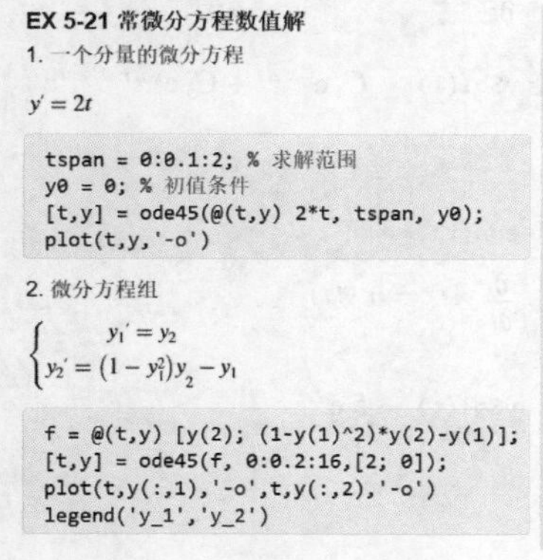

EX 5-21 常微分方程数值解

1. 一个分量的微分方程

$y' = 2t$

```
tspan = 0:0.1:2; % 求解范围
y0 = 0; % 初值条件
[t,y] = ode45(@(t,y) 2*t, tspan, y0);
plot(t,y,'-o')
```

2. 微分方程组

$$\begin{cases} y_1' = y_2 \\ y_2' = (1 - y_1^2)y_2 - y_1 \end{cases}$$

```
f = @(t,y) [y(2); (1-y(1)^2)*y(2)-y(1)];
[t,y] = ode45(f, 0:0.2:16,[2; 0]);
plot(t,y(:,1),'-o',t,y(:,2),'-o')
legend('y_1','y_2')
```

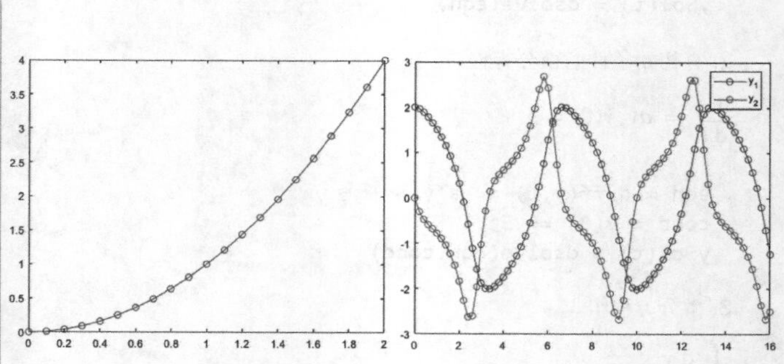

图 5-22 常微分方程数值解例程

说明：

（1）设定的求解范围 tspan 是一个向量，向量的步长即为求解步长，步长越小则精度越高向量越大。

（2）注意设定微分方程时，必须将求解函数（y）和自变量（t）一起列入参数列表中。

5.6.3 微分方程 Simulink 求解

Simulink 既是 MATLAB 软件的一个工具箱，同时也是几乎可以与 MATLAB 相并列的一款独立软件，Simulink 的学习不是本书的主要内容，但由于 Simulink 也可以用于解一些微分方程，并且还十分方便，因此在这里简要介绍。

Simulink 将所有数据看成是可以传递的信号，从一个模块单元输出并输入另一个模块单元中，Simulink 打包了各行各业可能会用到的如此多的模块，以至于几乎没有可以新增的模块了，用户所要做的，就是将模块单元拖入到模型中，连线并进行设置，即可运行计算。Simulink 计算的对象称为"模型"，其意为对于现实物理系统的"数字孪生"，擅长处理所有可以称为系统的问题，微分方程（组）就是最简单且典型的一类系统，下面举例，解微分方程组：

$$\begin{cases}\dot{x}_1=-x_1+x_2\\ \dot{x}_2=-2x_2+1\\ \dot{x}_3=-x_1x_2\end{cases}$$

首先进入 Simulink 模块，方法是在命令行中输入 Simulink 即可，选择新建空模型（Blank model），单击窗口上方"模块浏览器"按钮（Library browser），选择需要的模块向模型中拖动，如图 5-23 所示，左侧即为搭建的模型，三个积分器的初值均设为 0，使用 Mux 混路器模块将三个输入组合为一个向量输出，再使用 Fcn 函数模块计算方程等式的右侧，将计算输出回路给到对应积分器上，并且可以在 $x(t)$ 输出端插入一个示波器 Scope，这样可以直观看到计算结果。

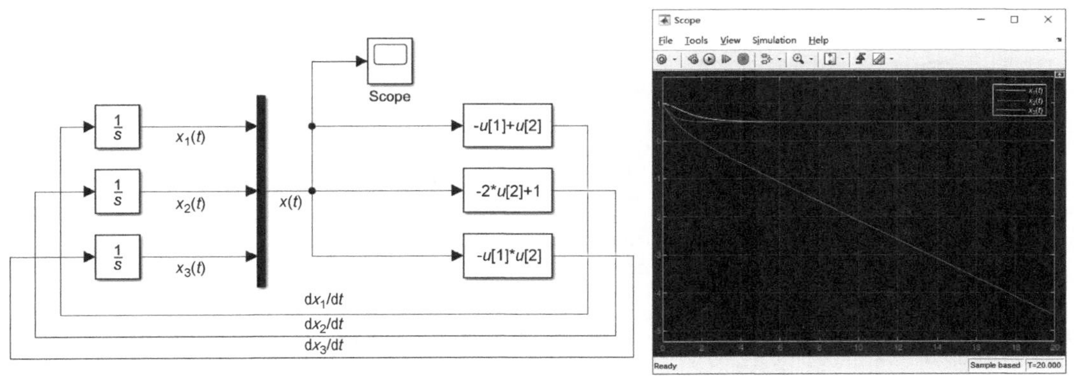

图 5-23 微分方程 Simulink 求解

从示波器图中可以看出，x_1 与 x_2 均稳定在 0.5 位置，而 x_3 稳定为一条直线，这样即相当于求得了微分方程的数值解。Simulink 的建模求解方式极为强大，虽然对于简单的小型问题，使用 MATLAB 解方程函数会更为快捷，然而对于求解较大规模的问题、模块化系统问题时，则更显示出 Simulink 的四两拨千斤，尤其对于“时间延迟性微分方程”来说，更是只有用 Simulink 才能实现求解。

5.6.4 抛物-椭圆形偏微分方程

常微分方程(ODE)的解析解已经比较难求，到了“偏微分方程”(Partial Differential Equation，PDE)，连数值解都困难了，在 MATLAB 的核心组件中，只对一类偏微分方程提供了数值解求解函数，这一类称为“一阶抛物-椭圆形 PDE”，数学形式如下：

$$c\left(x,t,u,\frac{\partial u}{\partial x}\right)\frac{\partial u}{\partial t}=x^{-m}\frac{\partial}{\partial x}\left(x^{m}f\left(x,t,u,\frac{\partial u}{\partial x}\right)\right)+s\left(x,t,u,\frac{\partial u}{\partial x}\right)$$

实际求解例程如图 5-24 所示。

EX 5-22 偏微分方程数值解

方程：$\pi^2\frac{\partial}{\partial t}u=\frac{\partial}{\partial x}\left(\frac{\partial}{\partial x}u\right)$

方程区间：$x\in[0,1],\ t\in[0,\infty]$

初始条件：$u(x,0)=\sin\pi x$

边界条件：$u(0,t)\equiv 0,\ \pi e^{-t}+\frac{\partial}{\partial x}u(1,t)=0$

```
m = 0; x=0:0.03:1; t=0:0.2:2;
u = pdepe(m,@pdeeqn,@pdeic,@pdebc,x,t);
surf(x,t,u); title('Numerical solution')
xlabel('x'); ylabel('t'); zlabel('u');
plot(x,u(end,:)); title('Solution at t = 2')
xlabel('x'); ylabel('u(x,2)')
```

FUNCTION-EX-5-22

方程（equation, eqn）

```
function [c,f,s] = pdeeqn(x,t,u,DuDx)
c = pi^2; f = DuDx; s = 0;
end
```

初始条件（initial condition, ic）

```
function u0 = pdeic(x)
u0 = sin(pi*x);
end
```

边界条件（boundary condition, bc）

```
function [pl,ql,pr,qr] = pdebc(xl,ul,xr,ur,t)
pl = ul; ql = 0; pr = pi * exp(-t); qr = 1;
end
```

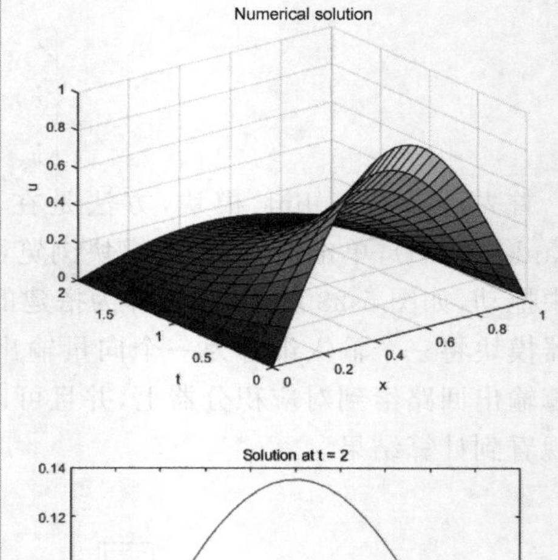

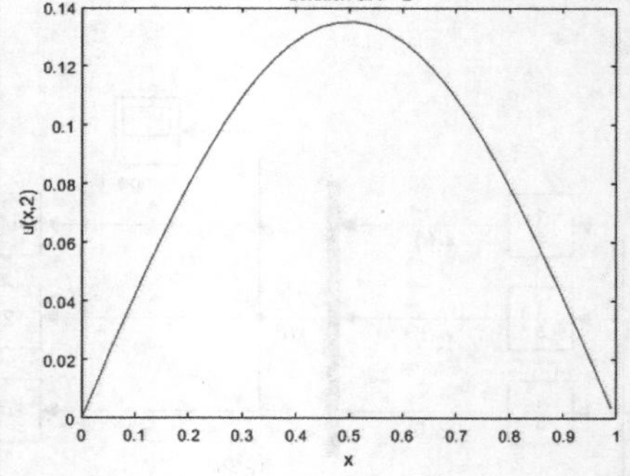

图 5-24　抛物-椭圆形偏微分方程例程

一阶抛物-椭圆形 PDE 只是诸多偏微分方程中的一类，因此 MATLAB 核心组件对于偏微分方程的求解还远远不够；实际上，MATLAB 将其强大的偏微分方程求解功能集成在了优秀的“偏微分方程工具箱”(Partial Differential Equation Toolbox，PDET)中，而且还拥有图形用户界面(GUI)，可以让用户非常方便地求解偏微分方程，因此建议初学者或不以此为研究的用户首选 PDE 工具箱。

5.6.5 偏微分方程工具箱

一个标量物理量在空间中的表示为：

$$u=u(x,y,z,t)$$

这也是目前人类对于世界的认知，即三维空间加一维时间（其中时间单方向流动），如果把该物理量的值按颜色绘制在空间中，则显示出一幅“云图”，这就是“三维空间中的物理场”，而场中每点的量值还会随着时间变化，这就是所谓“瞬态物理场”。物理场是关于时间与空间的函数，导数代表着物理量的原因，积分代表物理量的结果，该函数所要满足的客观规律即为偏微分方程，这就是为什么物理学几乎全部是由偏微分方程所支撑，也是偏微分方程为什么会成为科学工程领域至关重要的环节的原因了。

物理学中常见的偏微分方程最多包含二阶偏导数，而 MATLAB 提供的偏微分方程工具箱可以非常简易有效地求解“二阶偏微分方程”，还包括多元 PDE 以及 PDE 组。二阶 PDE 的数学形式如下：

$$m\frac{\partial^2 u}{\partial t^2}+d\frac{\partial u}{\partial t}-\nabla(c\nabla u)+au=f$$

式中∇为 Nabla 算子，∇表示梯度，$\nabla\cdot$ 表示散度，如果 c 为常数，则梯度的散度其实是代表“所有非混合二阶偏导数”之意，即：

$$\nabla\cdot(c\nabla u)=c\left(\frac{\partial^2}{\partial x_1^2}+\frac{\partial^2}{\partial x_2^2}+\cdots+\frac{\partial^2}{\partial x_n^2}\right)u=c\Delta u$$

式中 Δ 为 Laplace 算子。

二阶 PDE 与二阶代数方程有所类似，借用按圆锥曲线的分类来划分，包含如下三大类方程形式：

（1）椭圆形方程（Elliptic），此时 $m=0,d=0$，数学形式为：

$$-\nabla\cdot(c\nabla u)+au=f(\boldsymbol{x},t)$$

椭圆形方程没有对于时间的一阶及二阶偏导，因此定解问题中只有边界条件而没有初值条件，主要用来描述物理中的定常、平衡、稳定状态，最典型的就是泊松方程及二维拉普拉斯方程（梯度的散度恒为零），物理中常用的有定常状态的电磁场、引力场和反应扩散现象等。

（2）抛物线方程（Parabolic），此时 $m=0$，数学形式为：

$$d\frac{\partial u}{\partial t}-\nabla\cdot(c\nabla u)+au=f$$

包含场对于时间的一阶偏导，因此不仅需要边界条件，还需要一个初值条件，一般用于描述能量耗散系统，物理中常见的抛物线方程有一维热传导方程。

（3）双曲线方程（Hyperbolic），此时 $d=0$，数学形式为：

$$m\frac{\partial^2 u}{\partial t^2}-\nabla\cdot(c\nabla u)+au=f$$

包含场对于时间的二阶偏导，因此需要边界条件和两个初值条件，没有一阶时间偏导，可以理解为能量不耗散，一般描述能量守恒系统，常见的比如一维弦振动（波动）方程，波动方程的扰动是以有限速度传播，因而其影响区和依赖区是锥体状的。

PDE 工具箱对于上述这些类型的二阶 PDE 可以很方便地在二维或三维几何空间上完成求解，基本原理是采用三角形及四面体网格划分，采用有限单元法求解并对结果后处理得到物理场云图。

PDE 工具箱提供两种使用方法：一是打开 GUI（相当于一个软件界面）进行单击与输入操作；二是使用命令代码输入。后者的功能涵盖了前者，对于初学者可以使用操作界面实现初步功能，再使用“代码自动生成功能”得到与操作对应的代码并在其基础上修改。下面按着操作步骤举例。

1. 打开 PDE 工具箱

方法是输入命令 pdetool。该界面的菜单栏就代表着操作顺序：选项（Options）、几何（Draw）、边界（Boundary）、方程（PDE）、网格（Mesh）、求解（Solve）、作图（Plot），如图 5-25 所示。

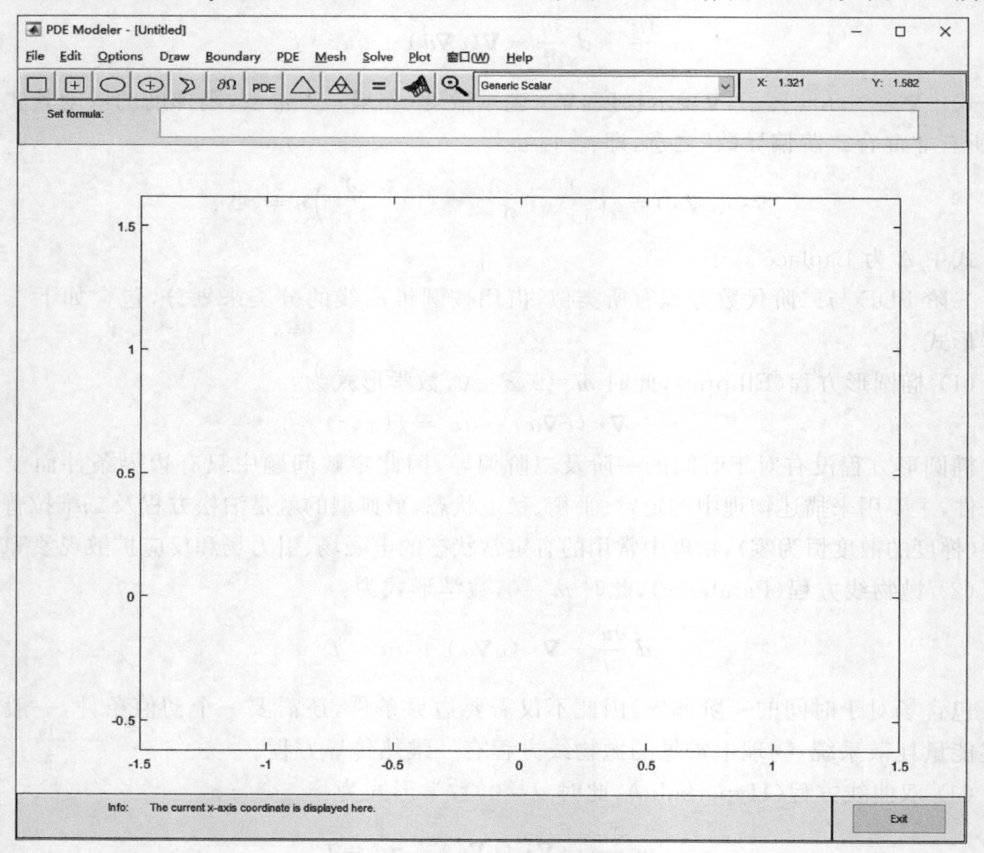

图 5-25 PDE 工具箱界面

2. 选择 PDE 类型

单击位于选项(Option)菜单栏下的应用(Application)选项,或者单击位于界面按钮行右侧的下拉组件,可以看到 10 个 PDE 类型备选项:通用标量方程(Generic scalar)、通用系统方程组(Generic system)、机械结构平面应力场(Structural mechanics,plane stress)、机械结构平面应变场(Structural mechanics,plane strain)、静态电场(Electrostatics)、静态磁场(Magnetostatics)、交流电磁场(AC power electromagnetics)、直流电场(Conductive media DC)、热传导温度场(Heat transfer)、扩散(Diffusion)。

正确选择这些物理场,可以在界面上简化参数的输入,获得正确的引导提示。

3. 确定几何域

在 GUI 中即指画出平面形状,有 5 项工具分别为:长方形、中心长方形、(椭)圆、中心(椭)圆和多边形,还有一项旋转工具,每创建一个图形,界面上 Set formula 后的文本框内都会出现该图形的"字母+序号",字母有 R(矩形)、Q(正方形)、E(椭圆形)、C(圆形)、P(多边形),加减号表示图形之间的布尔运算,可以自行修改顺序与符号以得到目标求解区域。

双击图形可以打开图形位置尺寸的准确设置窗口,如图 5-26 所示设置了中心为零点直径为 1 的正圆。

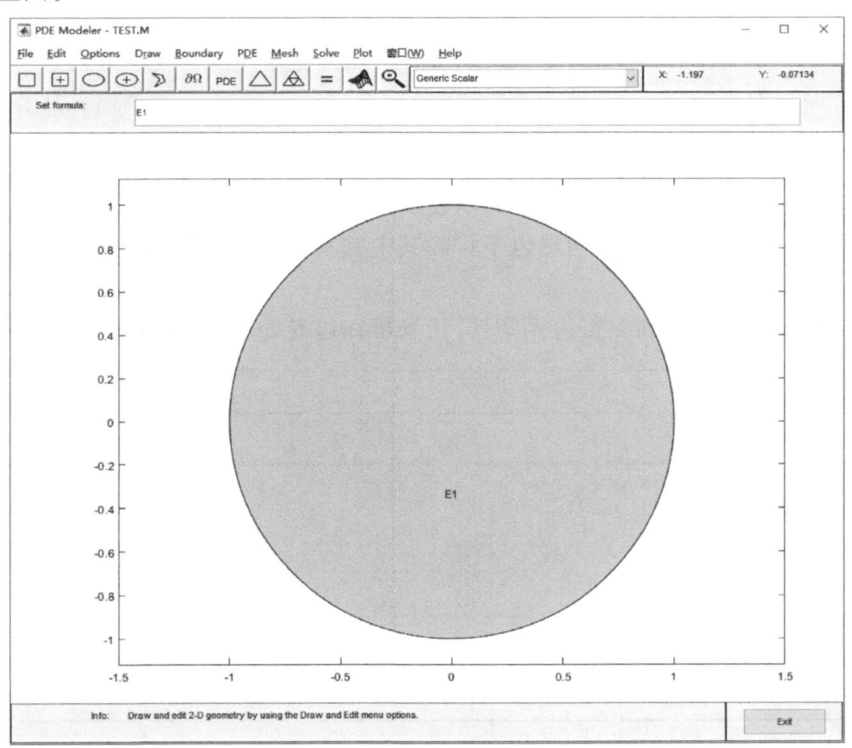

图 5-26 确定几何域

对应代码如下：

```
pdeellip(0,0,1,1,0,'E1');
```

画图函数只有 3 个：画（椭）圆函数（pdeellip）、画矩形函数（pderect）和画多边形函数（pdepoly）。还可以载入三维的 STL 模型，作为三维几何域，此功能并不包含在界面上，需要使用代码来载入，函数为 importGeometry()，代码形式如下：

```
importGeometry(model,'BracketWithHole.stl');
```

4. 设置边界条件

选择菜单栏中的"边界"(Boundary)→"边界模式"(Boundary mode)进入状态，这时边界上会显示颜色与箭头，再进入边界条件设置(Specify boundary conditions)，对于单个偏微分方程的边界条件有如下两类：

① 狄利克雷边界条件(Dirichlet)，也称"第一类边界条件"，该边界条件定义了边界处的值，数学形式为：

$$hu=r$$

式中 h 与 r 是关于 $\boldsymbol{x},t,u,\partial u/\partial \boldsymbol{x}$ 的函数，更为常见的是 h 与 r 都比较简单，可以将方程向右整理，令 h 为 1 即可。

② 诺依曼边界条件(Neumann)，也称"第二类边界条件"，定义了场在边界处的导数(变化率)，数学形式为：

$$\frac{\partial}{\partial \boldsymbol{n}}(c\boldsymbol{\nabla} u)+qu=g$$

式中 q 与 g 是关于 $\boldsymbol{x},t,u,\partial u/\partial \boldsymbol{x}$ 的函数，$\partial u/\partial \boldsymbol{n}$ 表示 $\boldsymbol{x}$ 向量法向的偏导数。

如果是求解偏微分方程组，当然也不排除其中有不同的方程使用不同类型的边界条件，这时称为"混合边界条件"。

本例设置最简单的狄利克雷边界条件，让场量在边界处均为 0，如图 5-27 所示。

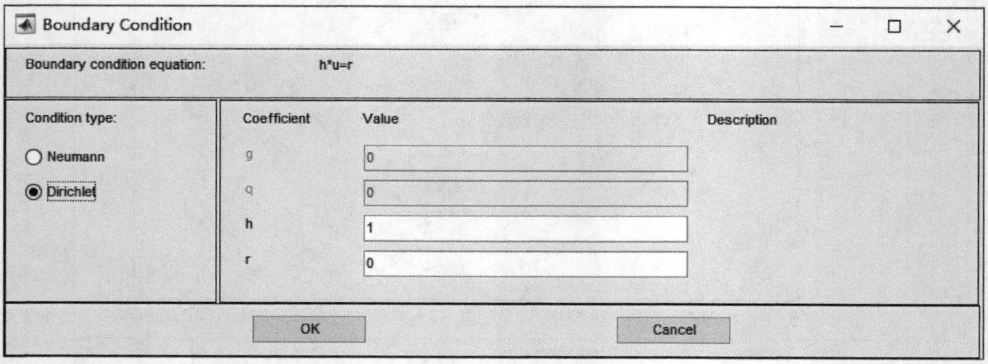

图 5-27 "边界条件"对话框

不同边界条件由颜色区分，狄利克雷边界条件为红色，诺依曼边界条件为蓝色。

对于本例的设置，对应代码如下：

```
applyBoundaryCondition(model,'dirichlet','Edge',1:model.Geometry.NumEdges,'u',0)
```

5. 设置偏微分方程

选择菜单栏中的“偏微分方程”(PDE)→“设置偏微分方程”(PDE specification)，进入PDE的设置界面，本例选择“椭圆形方程”(Elliptic)，设置 c=1，a=0，f=10，这也是软件的默认参数，如图5-28所示。

PDE Specification

Equation: -div(c*grad(u))+a*u=f

Type of PDE: Elliptic / Parabolic / Hyperbolic / Eigenmodes

Coefficient	Value
c	1.0
a	0.0
f	10
d	1.0

OK　Cancel

图5-28　偏微分方程设置

该界面上方已将方程的形式列出，可以参考对应位置的字母，方便设置。对应代码如下：

```
specifyCoefficients(model,'m',0,'d',0,'c',1,'a',0,'f',1);
```

6. 设置网格

选择菜单栏中的“网格”(Mesh)，进入网格模式(Mesh mode)可以看到软件自动为区域划分了三角形网格，可以对网格进行一些更详细的设置和处理，比如“细化网格”(Refine mesh)，细化前后的网格如图5-29所示。

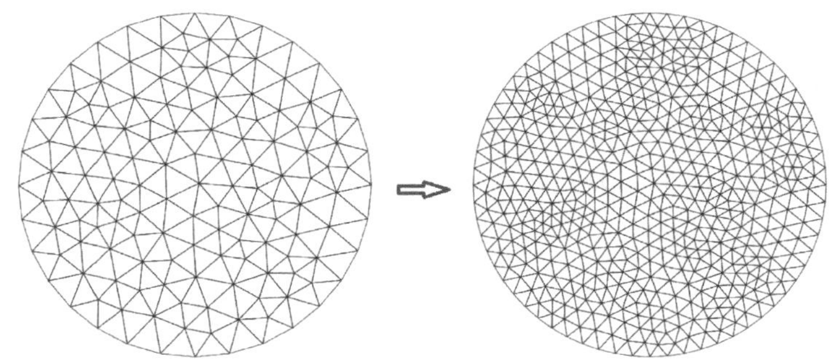

图5-29　网格细化设置

对应代码如下：(设置最大网格尺寸为 0.1)

```
generateMesh(model,'Hmax', 0.1);
```

如需显示网格划分的情况，可以使用代码对网格作图：

```
pdemesh(model);
```

7. *求解方程*

选择菜单栏中的“求解”(Solve)→“求解偏微分方程”(Solve PDE)，默认求解结果如图 5-30 所示。

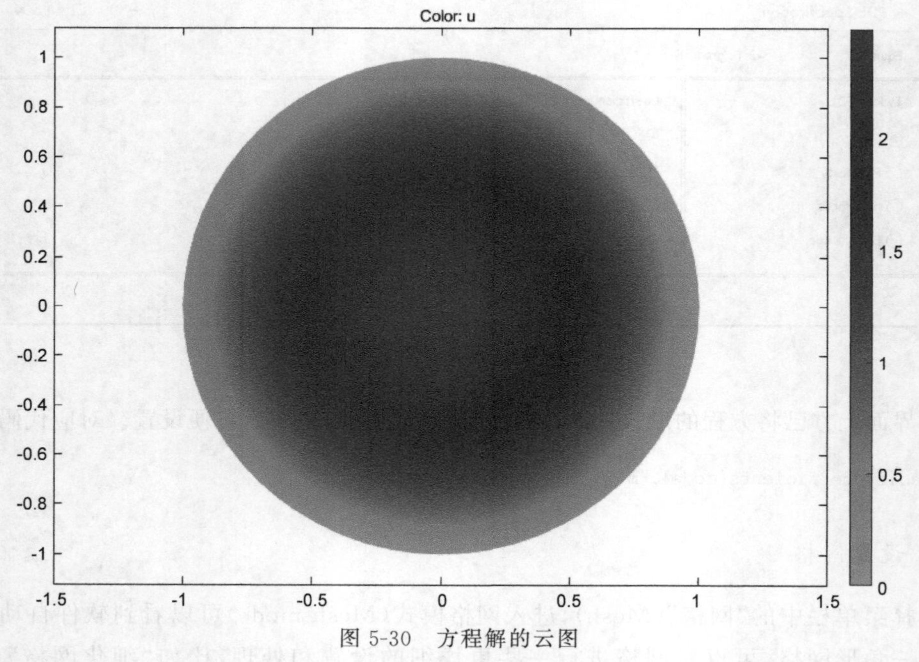

图 5-30　方程解的云图

可见边缘上确实如边界条件设置的那样均为零。对应的代码如下，注意求解的直接结果为一个结构体：

```
results = solvepde(model);
u = results.NodalSolution;
```

如需绘图，使用 pdeplot()函数：

```
pdeplot(model,'XYData',u)
```

8. *后处理作图*

自动生成的图像往往不满足要求，这时可以选择“作图选项”(Plot Selection)，在界面上有多种功能可选，而且可以对作图的对象进行选择甚至输入，如图 5-31 所示为选择使用箭头标注场量的梯度方向，并使用 jet 作为配色方案，同时勾选了“三维绘图”复选框。

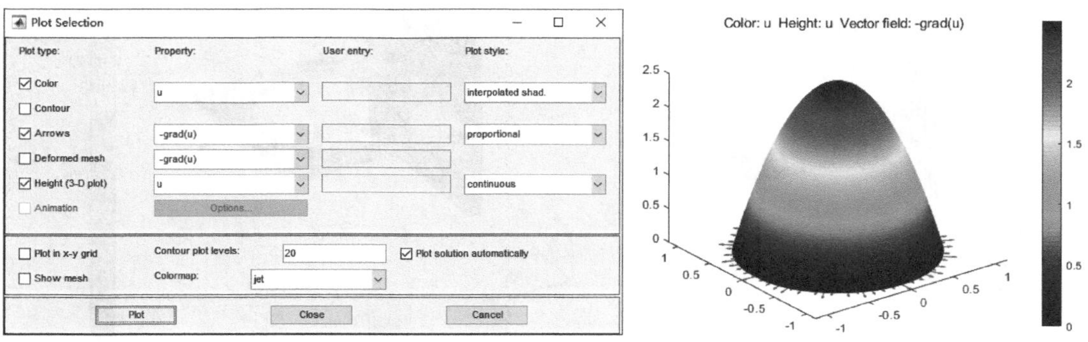

图 5-31　多维数组/矩阵 1

PDE 工具箱既然可以解偏微分方程，那就可以解决许多物理问题，比如热传递问题，如图 5-32 所示。

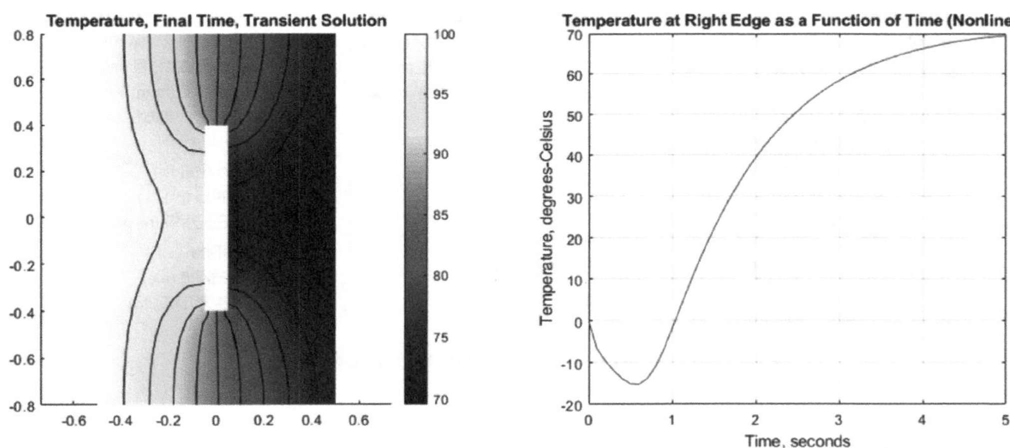

图 5-32　多维数组/矩阵 2

还可以导入三维 STL 模型，实现三维空间里的分析，如图 5-33 所示为一个支架结构的变形分析。

可以看出，PDE 工具箱其实就是一个有限元仿真软件，实际上，单物理场本质上就是偏微分方程，而多物理场耦合本质上就是偏微分方程组；多物理场有限元仿真领域的领军软件 COMSOL Multiphysics 其实就是 MATLAB 的 PDE 工具箱独立发展进化的优秀产品，因此 COMSOL 软件里还包含解各种偏微分方程的数学功能，所以一些 MATLAB 难以求解的偏微分方程问题，可以使用 COMSOL 软件尝试求解，图 5-34 所示即为 COMSOL 软件中的数学接口，从中看出可求解的偏微分方程种类比 MATLAB 中更为全面。

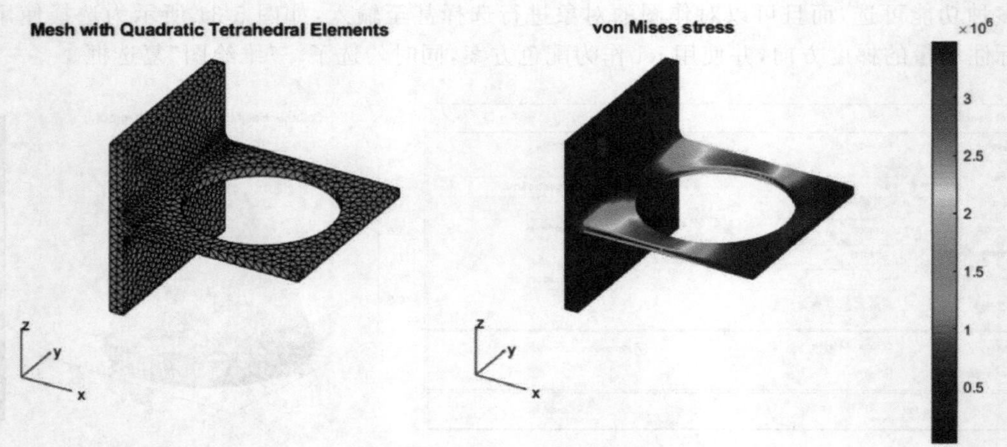

图 5-33　多维数组/矩阵 3

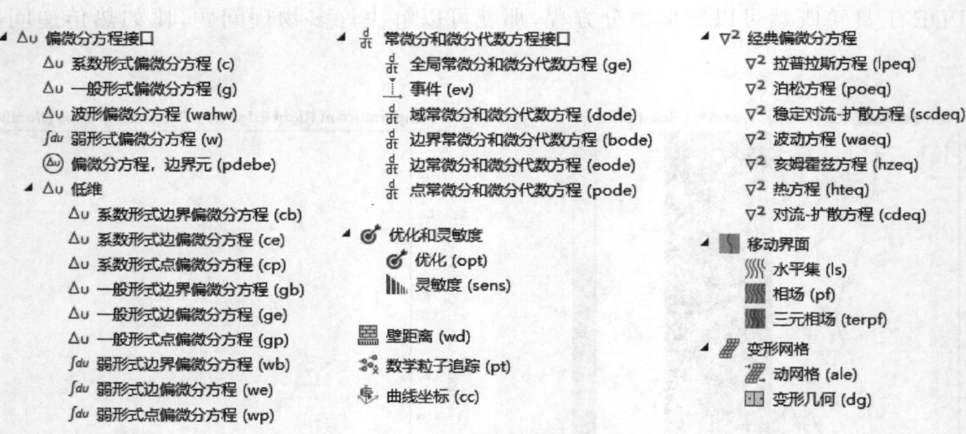

图 5-34　COMSOL 软件中提供的数学工具模块

5.7　概率统计

“统计学”(Statistics)主要有两大方面的内容：“统计描述”和“统计推断”。统计描述，用数字、函数、图像等描述一个概率分布，这个分布可能是总体的，也可能是样本的，用数字来描述分布的，称为“分布度量”。统计推断，是用来解释“样本分布”与“总体分布”之间关系的，它分为两大问题：参数估计(Parameter Estimation)和假设检验(Hypothesis Test)。

5.7.1　概率分布

连续随机变量的概率分布函数 $F(x)$，表示随机变量 ξ 满足 $\xi<x$ 的概率，即 $F(x)=$

$P(\xi<x)$，因此也被更形象地称为累积分布函数(Cumulative Distribution Function，CDF)；由于它可以通过简单减法得到随机变量落入任何范围内的概率，所以 CDF 是最为易用的概率描述函数。而概率密度函数(Probability Density Function，PDF)用于描述随机变量的输出值在某个取值点附近的可能性，一般记为 $p(x)$，两者之间存在简单的积分关系：

$$F(x)=\int_{-\infty}^{x} p(t)\mathrm{d}t$$

MATLAB 提供了强大的统计和机器学习工具箱(Statistics and Machine Learning Toolbox，SMLT)，其中关于概率统计的相关函数均有涉及，如图 5-35 所示绘制了最典型的离散和连续概率分布——泊松和正态概率分布。

EX 5-23 概率分布与概率密度

1. 泊松分布（离散）

```
x=0:20; lamda=10;
pdf_P=pdf('Poisson',x,lamda);
cdf_P=cdf('Poisson',x,lamda);
ax(1)=subplot(2,2,1);stem(x,pdf_P),line(x,pdf_P);
title('Poisson PDF');
ax(2)=subplot(2,2,2);plot(x,cdf_P);
title('Poisson CDF');
```

2. 正态分布（连续）

```
x=-5:0.02:5; mu=0; sigma=sqrt(1);
pdf_N=pdf('Normal',x,mu,sigma);
cdf_N=cdf('Normal',x,mu,sigma);
ax(3)=subplot(2,2,3);plot(x,pdf_N);
title('Normal PDF');
ax(4)=subplot(2,2,4);plot(x,cdf_N);
title('Normal CDF');
axis(ax,"square")
```

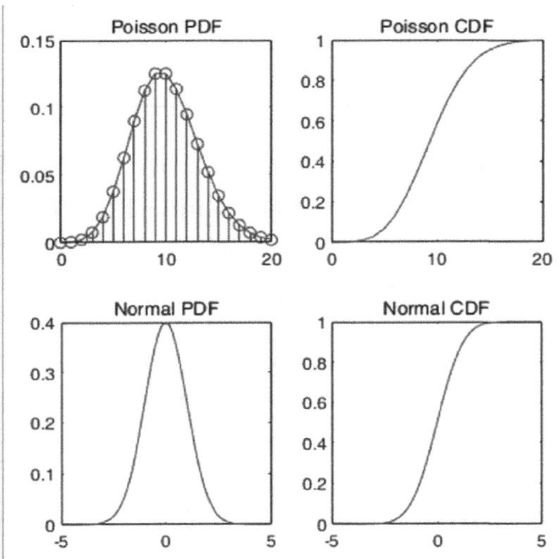

图 5-35　概率分布与概率密度例程

说明：

(1) 概率密度函数 pdf()与概率分布函数 cdf()的输入格式非常清晰：

```
pdf('name',x,A,B,C,D)
cdf('name',x,A,B,C,D)
```

其中 name 表示分布的名称，$A\sim D$ 即为对应分布的参数设置，输出向量与输入的向量 $\boldsymbol{x}$ 长度一致，因此可以直接作图。

(2) MATLAB 共提供 33 种概率分布选项，基本上兼容了所有的概率分布，最常用的 3 种离散型及 8 种连续型分布如表 5-3 所示，如需查看所有分布选项，可以 doc 搜索 pdf 或 cdf。

其中均匀分布也有离散型，即“等概率模型”(古典概型)，由于比较简单因此并没有对应函数。

表 5-3 最常用的 3 种离散型及 8 种连续型分布

类 别	分 布	字 段	参数 A	参数 B
离散型	二项分布	'Binomial'	n(试验次数)	p(单次成功率)
	泊松分布	'Poisson'	λ(均值)	—
	几何分布	'Geometric'	p(单次成功率)	—
连续型	均匀分布	'Uniform'	a(下界)	b(上界)
	指数分布	'Exponential'	μ(均值)	—
	正态分布	'Normal'	μ(均值)	σ(标准差)
	瑞利分布	'Rayleigh'	b(规模参数)	—
	卡方分布	'Chisquare'	ν(自由度)	—
	伽马分布	'Gamma'	a(形状参数)	λ(规模参数)
	学生分布	'T'	ν(自由度)	—
	贝塔分布	'Beta'	a(形状参数)	b(形状参数)

如果需要快速地可视化概率分布与概率密度曲线，MATLAB 提供了一个概率分布函数 App(Probability Distribution Function App)，相当于一个方便快捷的小软件，打开方式在命令行中输入 disttool 即可。如图 5-36 所示即为正态分布的 CDF 与 PDF 图像，界面上可以任意选择分布并输入参数，还可以使用鼠标交互式地捕捉坐标位置。

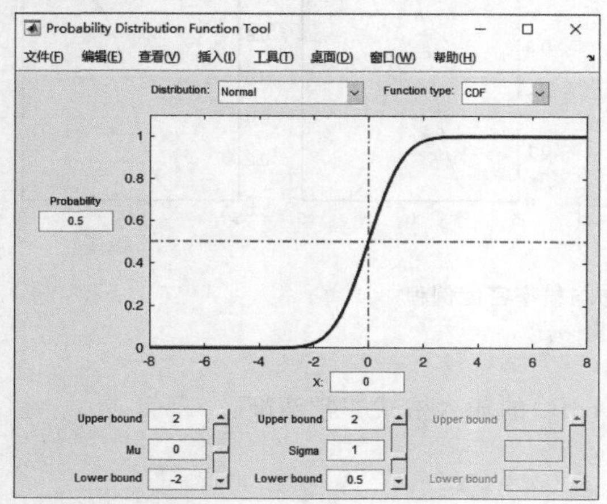

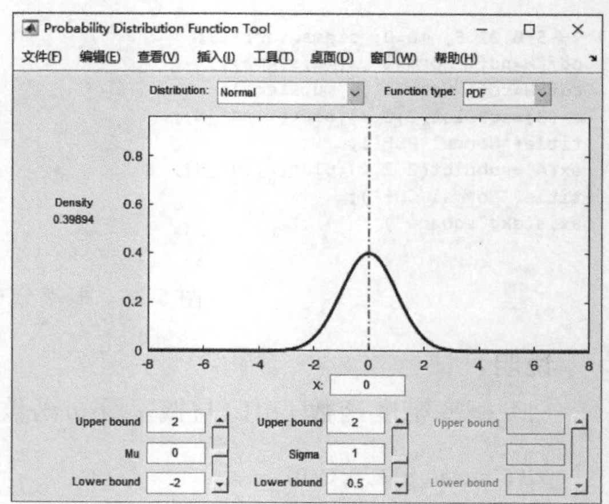

图 5-36 概率分布函数 App

5.7.2 伪随机数

在科学研究和统计分析活动中经常要用到随机数据，然而由计算机生成的随机数据，是通过算法并按照给定的分布规律计算出来的，称为“伪随机数”。

在 MATLAB 核心函数集中，提供了 3 个最常用的随机数生成函数，分别为：产生均匀分布随机数的 rand()、产生均匀分布随机整数的 randi()、产生标准正态分布随机数的

randn()。在统计和机器学习工具箱(SMLT)中还提供了更为通用和强大的随机数产生函数 random(),它可以按任意概率分布规律产生随机数,其代码形式如下:

```
R = random('name',A,B,C,D)
R = random('name',A,B,C,D,[size])
```

可见与前述 pdf()及 cdf()函数所能处理的概率分布类型及分布参数输入形式完全一致,后跟向量为输出矩阵的尺寸规模。利用随机数产生函数绘制一些直方图如图 5-37 所示。

EX 5-24 伪随机数

1. 均匀分布和正态分布

```
ax(1) = subplot(2,2,1);
histogram(rand(1e4,1),20);
ax(2) = subplot(2,2,2);
histogram(randn(1e4,1),20);
```

2. 指数分布和卡方分布

```
ax(1) = subplot(2,2,3);
histogram(random('Exponential', 2, [1e4 1]),20);
ax(2) = subplot(2,2,4);
histogram(random('Chisquare', 2, [1e4 1]),20);
axis(ax,'square')
```

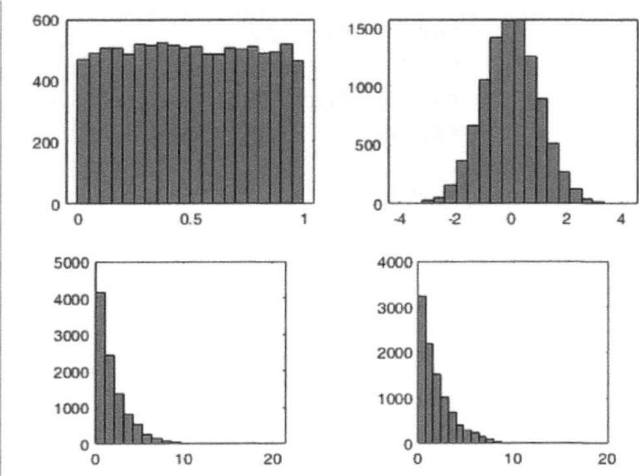

图 5-37　伪随机数例程

说明:1e4 为科学计数法,等价于 10000,这里设置目的是产生一个由随机数组成的特定尺寸的向量。

5.7.3　统计量分析

对于一组数据或一个分布,用一些数字量来作为某些整体性质的度量,这些量称为统计量,比如均值(mean)、方差(var)、标准差(std)、原点矩(无对应函数)、中心矩(moment)等,如图 5-38 所示为一个实例,其中构造了一个概率分布对象,并使用圆点表示法提取了参数,可以理解为解析解,是精确的统计量;而通过随机量计算的统计量一定会存在偏差,当随机量数目越多时,偏差会有变小的趋势。

说明:

(1) 均值函数 mean()、方差函数 var()、标准差函数 std()的输入参数不仅可以是向量,还可以是矩阵,这时相当于对矩阵中所有的列向量进行计算,因而输出的是一个行向量,如果需要对矩阵中所有元素进行计算,则可以采用简单的代码形式:

```
mean(x(:))
```

(2) 函数 makedist()用于创建概率分布对象,该分布对象的属性中包含特定的分布参

EX 5-25 统计量分析

1. 均值、方差、标准差

```
% 构造概率分布随机数
x = random('Normal',2,4,[1e4,1]);
meanX = mean(x) % 均值
s2X = var(x) % 方差
sX = std(x) % 标准差
% 构造概率分布对象
pd = makedist('Normal','mu',2,'sigma',4);
meanX2 = pd.mean % 均值
meanX2_mu = pd.mu % 均值
s2X2 = pd.var % 均值
sX2 = pd.std % 标准差
sX2_sigma = pd.sigma % 标准差
```

```
meanX = 2.0023
s2X = 15.8531
sX = 3.9816

meanX2 = 2
meanX2_mu = 2
s2X2 = 16
sX2 = 4
sX2_sigma = 4
```

2. 原点矩与中心矩

```
A1 = sum(x.^1)/length(x) % 一阶原点矩
A2 = sum(x.^2)/length(x) % 二阶原点矩
B1 = moment(x,1) % 一阶中心矩
B2 = moment(x,2) % 二阶中心矩
```

```
A1 = 2.0023
A2 = 19.8608
B1 = 0
B2 = 15.8515
```

图 5-38 统计量分析例程

数，如 mu 和 sigma 等，还包含一些方法（函数），也可以直接使用圆点表示法调用，比如 mean、var 及 std 等，与前述对于数据的分析函数完全一致。

(3) MATLAB 没有提供原点矩计算函数，但根据定义易知 k 阶原点矩的代码如下：

```
Ak = sum(x.^k)/length(x)
```

5.7.4 参数估计

参数估计的应用场景是这样的，有时需要根据一组数据（样本数据）的基本形态做出推测，它应该是满足某分布规律的，比如正态分布规律，因此有理由推定总体数据也是满足正态分布规律的，那么这个规律表示成函数形式具体是什么样的，或者说分布函数里的参数应该是多少？这个计算过程就是“参数估计”。

本书观点认为“参数估计”(Parameter Estimation)这个名称略有晦涩，其实涵义比较接近于概率分布函数的拟合(Probability Distribution Fit)，只不过有一点在概念上需要注意，参数估计是用样本数据来估计总体的函数，因此样本数据的个数也是决定算法结果的关键。

对参数的估计，并不是只得到一个值，而是一个估计值加一个估计值的变化范围，称为“置信区间”(Confidence Interval)，与这个区间相对应的可信度称为“置信水平”(Confidence

Level)，置信水平越接近1，则置信区间就会越小，一般最常用的置信水平是95%，因此MATLAB工具箱中提供的通用参数估计函数 fitdist()即默认为95%的置信水平，工具箱还提供一些对应于特定分布的参数估计函数，比如正态分布估计函数 normfit()、泊松分布估计函数 poissfit()、均匀分布估计函数 unifit()等，如图5-39所示，这些函数可以对置信水平进行设置，得到不同的置信区间。

EX 5-26 参数估计

```
% 构造概率分布随机数
x = random('Normal',2,4,[1e4,1]);
% 方法1
pd = fitdist(x,'Normal')
% 方法2
[muHat,sigmaHat,muCI,sigmaCI] = normfit(x,0.05)
```

```
pd =
  Normal distribution
       mu = 2.01604   [1.93761, 2.09448]
    sigma = 4.00123   [3.94654, 4.05747]

muHat = 2.0160        sigmaHat = 4.0012
muCI = 2×1            sigmaCI = 2×1
    1.9376                3.9465
    2.0945                4.0575
```

图5-39 参数估计例程

说明：

(1) 通用参数估计函数 fitdist()的常用代码形式如下：

```
pd = fitdist(x,distname)
```

(2) normfit()函数的第二输入项意为显著性水平，显著性水平与置信水平的和为1；CI表示置信区间。

对于参数估计计算，MATLAB还提供了专用App——参数估计器(Distribution Fitter)，打开方式是在命令行中输入 distributionFitter 即可，界面友好、功能强大，如图5-40所示为本节例程中数据 x 的估计结果PDF及CDF。

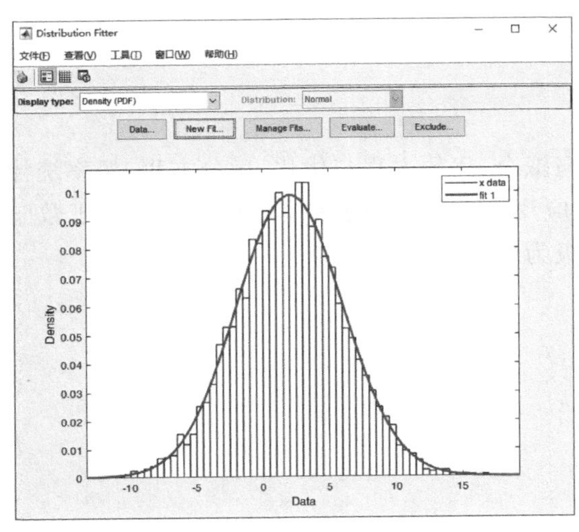

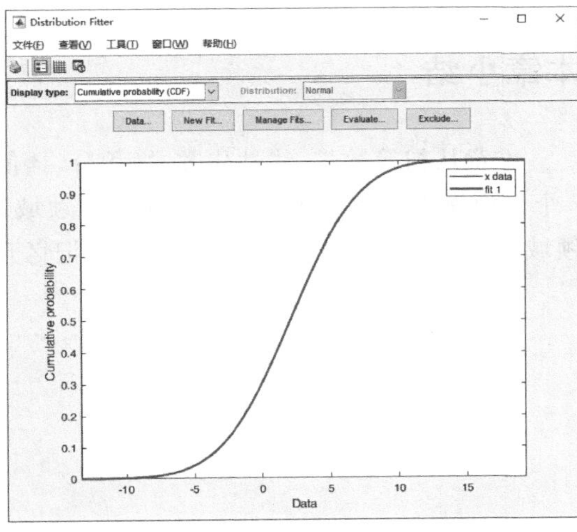

图5-40 参数估计器 App

5.7.5 假设检验

假设检验的应用场景是这样的，比如一个射击运动员说："我射击的平均成绩是 8 环"，但是对于分析者来说，他说的话不知真假，只能称之为"假设"，如何证明这个假设，可以根据"大数定律"让他射击很多次取均值来判定，但实际情况很可能是样本数量并不足够多，这时就需要特定的检验算法，这也就是假设检验的过程。

假设检验（Hypothesis Test）先假设总体分布的参数，再用样本来检验这个参数的可信度（置信水平），是一种持怀疑态度的基于反证法思想的验证，实例如图 5-41 所示。

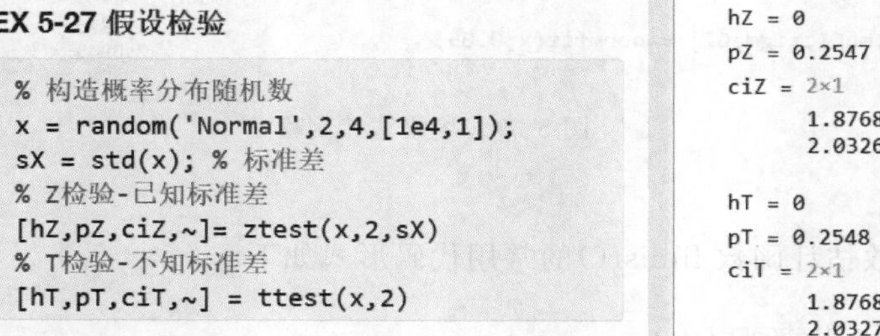

图 5-41　假设检验例程

说明：

对于疑似符合正态分布的数据，当已知标准差时，可以采用 Z 检验，函数为 ztest()，若不已知标准差时，可以使用 T 检验。h 为检验结论，为 0 时表明不拒绝假设，也就是接受假设；p 为该检验的显著性水平；ci 为置信区间。

本章小结

本章从初等数学、线性代数、微积分、插值与拟合、代数方程与优化、微分方程、概率统计 7 个方面深入介绍了 MATLAB 在数学领域的应用，本章内容的掌握有利于读者对于数学领域的理解更加深入，将数学的学习从记忆升级为理解与应用。

第6章 MATLAB程序设计

MATLAB 作为一款优秀的编程语言，其程序设计能力非常强大，拥有非常灵活的数据结构、控制流结构和程序文件结构，尤其是极具威力的矩阵化编程应该是所有学习 MATLAB 的读者重点研究的内容；本书建议读者养成良好的编程习惯，灵活运用程序交互设计与调试分发方法，发挥 MATLAB 在程序设计方面的优势。

6.1 数据结构

使用任何一门语言进行程序设计，最基本的就是掌握该语言的数据结构；数据结构是编程语言的基石与工具，掌握的数据结构过于有限与理解不深刻，往往是初学者进阶之路上的绊脚石，因此本节将再次对 MATLAB 的数据结构进行归纳总结。

所谓高手都是拥有结构化的知识体系的，他们擅长分类，可以将所有散落的知识点嵌入自己的知识结构中，消化吸收，成为自己知识机器中的一个可运转的零件；问题是现实中知识的来源决定了几乎没有显而易见的类别，所以分类总是难以完美，简单的结构难以涵盖细节，复杂的设计又失去了结构的本意，高手就是擅长权衡，抛弃边缘细节，勾画核心结构。MATLAB 的数据类型和结构与其他知识体系一样，在漫长的发展过程中添加、弃用、重建、扩展，拨开迷雾抓住脉络尤为重要，本节的归纳与总结将利于对软件关键知识的理解与应用。

6.1.1 数据类型

在第 3 章“MATLAB 核心——矩阵”中已经通过矩阵这个核心数据结构讲解了 MATLAB 中的 3 大数据类型：数值型、字符型与符号型，这也正是人类语言的 3 大组成部分。图 6-1 为本书对于 MATLAB 数据类型的总结，其中符号与句柄在形式上有相通之处，因此均归为符号型分类中；逻辑型本质是 0 与 1 的数字，因此归类为数值型。

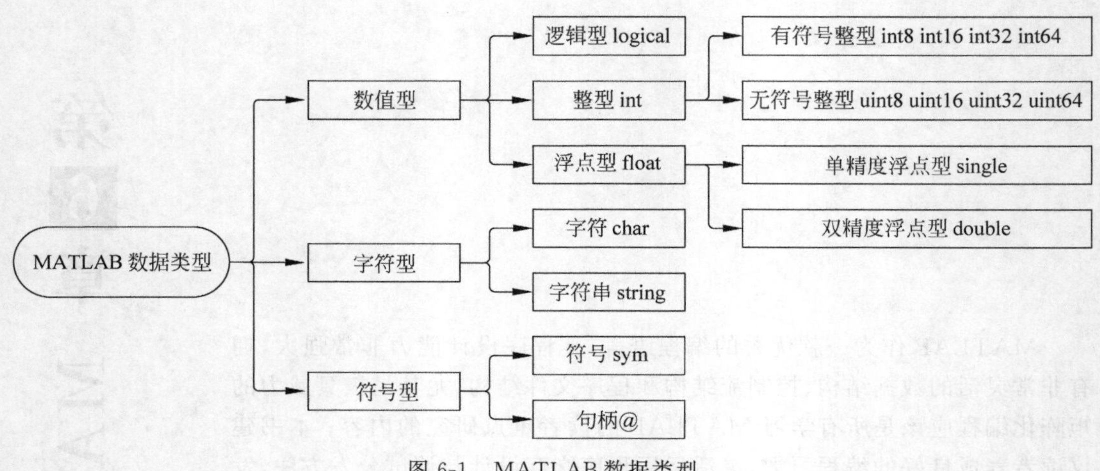

图 6-1　MATLAB 数据类型

说明：

(1) MATLAB 的数据类型不止于图 6-1 所示，还包括一种比较特殊的"日期时间型"——datetime、duration 和 calendarDuration，它们支持高效的日期和时间计算、比较以及格式化显示方式；并且，在未来的发展过程中，不排除还会新增数据类型。

(2) 数据类型的转换函数如图 6-2 所示，其中数值型与符号型之间没有转换的应用场景。

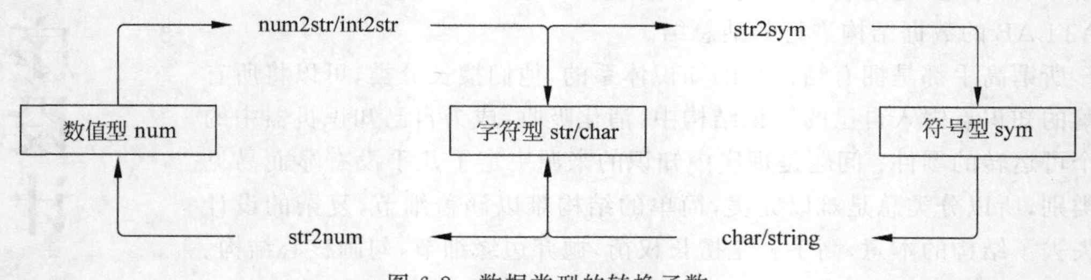

图 6-2　数据类型的转换函数

6.1.2　数据结构

第 3 章"MATLAB 核心——矩阵"从底层原理解释了为什么数据结构拥有强大的力量，核心就在于结构化语言中包含了数据间的关系信息。MATLAB 以矩阵为最核心的数据结构，同时为了弥补矩阵的不足，补充了 3 种重要的数据结构：元胞数组(Cell)、结构体(Struct)和表(Table)，这三者常被称为"数据存储结构"，因为它们一般不直接参与计算，而是擅长数据及数据关系的存储、提取和转移，典型应用场景如下：

(1) 元胞数组的典型应用：需要使用数字作为索引，但每个索引对应的数据又不是规模一致的矩阵，比如第一组长度为 5 的向量，而第二组长度为 10 的向量，这时不能用矩阵来存储，就可以使用元胞数组。

(2) 结构体的典型应用：存储一个对象的各种属性，有些属性还有子属性，这就是结构体最典型的应用场景，例如存储一个学生的信息，姓名(字符串)存储在 student. name 中，成绩存储在 student. grade 中，而成绩又分别多个学科，比如数学成绩存储在 student. grade. math 中，这样关于这个学生的所有"属性"都会以树结构的形式清晰地存储下来。

(3) 表的典型应用：表结构擅长作为"小型数据库"，即在编写一个程序或软件过程中，需要的较大量的一系列可调用的"库数据"，比如存储全班同学的信息，每个同学有一个不重复的学号，还有姓名、成绩这些不同数据类型的数据，此时特别适合将数据先写入电子表格，再把. xlsx 导入直接存入表中，可以提取指定的行或列数据，也可以再反存出电子表格文件直接修改即可。MATLAB 为表结构准备了许多处理与显示功能，比如表结构可以非常清晰方便地显示在实时编辑器或 UI 中。

4 种数据结构之间的转换函数如图 6-3 所示。

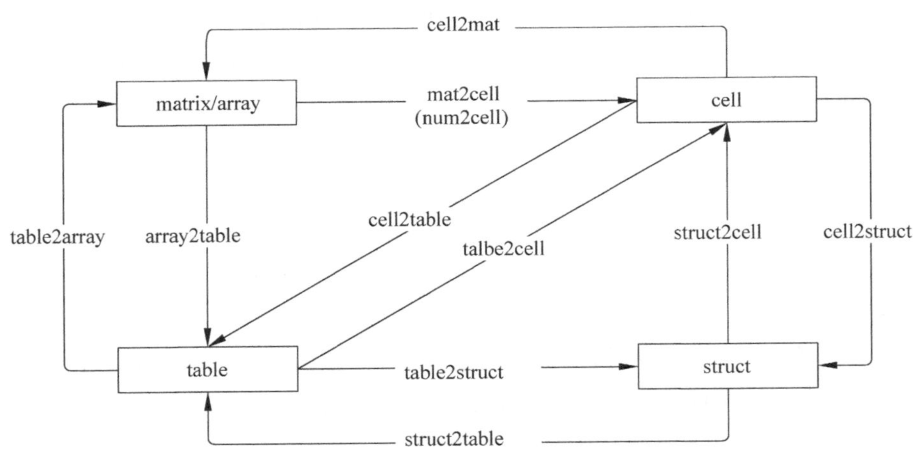

图 6-3 数据结构之间的转换函数

6.1.3 应用技巧

数据类型与数据结构是程序大厦的一砖一瓦，灵活应用可以事半功倍。对于不同基础和经验的用户，所谓应用技巧也有所不同，建议读者在平日的编程学习中注重积累，记录属于自己的应用技巧。

(1) 需要公式的计算结果是整数时，一般不建议将计算结果使用 int8 等函数直接转为整型，更为常用的是使用如 floor、ceil、fix、round 函数让公式直接输出整数，虽然类型为 double，但同样可以作为索引或其他整数功能使用。

(2) 对于计算速度或存储空间要求不高时，一般不过多考虑数据存储的位数；而考虑计算速度或存储空间时，则应尽量使用存储位数小的类型，比如存储的整数在－128～127内，就可以使用8位有符号整型(int8)。因而对于初学者来说，不考虑使用除double以外的数值类型是比较明智的。

(3) 在许多图像处理、轨迹规划算法中，常遇到对于二值图像(1和0图像)的处理，注意此时由前置算法得到的矩阵数据虽然显示形式是整数但往往是double型的，建议转成logical再进行计算，不易出错的同时减小计算量，因为double是64位的，而logical与int8一样都是8位的。

(4) 如何得到工作空间里变量的存储空间大小，方法是在命令窗口中输入whos即可，可得到所有变量的存储空间大小(Bytes)。

(5) 广义矩阵可以n维，这时可以脱离关于“行”与“列”概念的理解，而是直接理解为“第1维”与“第2维”等，相当于矩阵可以存储“多维数据对象”，注意将各个维度的意义设置清晰。

(6) 结构体其实是非常灵活的数据结构，它既可以使用字段来索引，也可以使用数字来索引，比如s(1).a、s(2).a此类，甚至还有“动态字段”的功能，这样甚至可以“对字段进行数字构建”，比如：

```
student = 'Jack';
k = 4;
testScore.(student).week(k) = 95;
```

用括号括起的部分，既可以是一个字符串直接作为字段，也可以是数字，MATLAB自动将数字转为字符与括号前的字段相接。

(7) 大型混合数据类型结构体的构建需要注意，应该避免pixel(1:400,1:400).red这类赋值，这样会占用大量的内存，用于存储头信息，而pixel.red(1:400,1:400)这种方式则几乎不会消耗多余的内存空间。

6.2 控制流结构

计算机编程发展至今，有且仅有3种编程范式(Paradigm)：结构化编程、面向对象编程、函数式编程；编程范式也即编写程序的“模式”，简单地说就是编程的“套路”。其中，结构化编程是初学者最先接触到的编程范式，也是最基本、最实用的编程范式。人们现已证明，使用顺序结构、分支结构、循环结构即可造出任何程序，它们正是结构化编程所包含的三大结构，也称为“控制流结构”(Control Flow)，因为这些结构控制了程序运行的流动方向。这些结构是基于计算机原理和人脑思维原理的底层逻辑，因此在所有的编程语言中都有对应的语句，并不是MATLAB独有的。在MATLAB中，还有一种特殊的控制流结构称为“试错结构”，是一种从分支结构中异化而来的控制流，它的神奇存在让MATLAB拥有极强的捕捉程序异常的能力。

6.2.1 分支结构

程序的诞生往往不只为应对一种固定的情况，软件之所以“软”(soft)，在一定程度上是由于可以应对多种情况，而人脑的理性逻辑思维方式，基本上就是一种“条件判断思维”，即“如果有条件 A，那么可以推理出结果 B”；复杂的、条件判断的分支结构，称为“条件树”，当树枝足够多，就显得程序足够智能，可以应对各式各样的情况了。

1. if-else 语句

在 2.4 节的程序设计讲解中了解 if-end、in-else-end 和 if-elseif-else-end 这 3 种格式，它们不仅可以单独使用，还可以任意嵌套，拥有极大的灵活性，本节展示判断数组与字符串相等的方法如图 6-4 所示。

EX 6-1 if-else语句

1.判断两个数组相等

```
A = [1 2 3]; B = [1 2 4];
if ~isequal(A,B) % 如果不相同
   disp('A and B are not the same vector.')
end
```

```
A and B are not the same vector.
```

2.判断两个字符串相等

```
reply = 'yes';
if strcmp(reply,'yes')
  disp('Your reply is "yes"!')
end
```

```
Your reply is "yes"!
```

图 6-4　if-else 语句例程

说明：

(1) if-else 及 if-elseif 的运用，往往比较适用于“非选择”，就是说将所有情况中的特殊情况进行单独处理，而其余的普通情况则全部进行同样的处理；一般习惯上把发生频繁的事件放在 if 部分，例外情况放在 else 部分。

(2) 在 MATLAB 中，许多情况下 if 分支结构并不一定是首选，利用矩阵化编程方法往往可以取得更为简洁高效的代码，这一点将在本章稍后部分体现。

(3) if 与 end 要配对使用，并且在格式上要对齐，这是一个非常重要的习惯，建议经常使用 Ctrl+I 快捷键自动将代码整理对齐。

(4) 在判断两个浮点型数字相等时，一定谨慎使用“==”，因为一旦存在一点点的误差就可以判断为“假”，习惯用法是，定义一个“许用误差”，例如 ERROR=1e-3，然后每次在判断浮点数相等时，使用差的绝对值小于许用误差的方法，即：

```
abs(x - y)< ERROR
```

如果表达式为真，自然就判定为两个数相等，这是一种最常用的在数值计算环境下对浮点数判定相等的方法，毕竟凡是数值计算就一定会有误差的，只要在允许范围内即可。

(5) 在判断两个矩阵是否完全相等时，要使用 isequal()函数，而在判断两个字符串是否完全相等时，要使用 strcmp()函数，这两个函数都完全可以适应长度不同的两矩阵/字符串的比较，返回 1 或 0 的逻辑值，而“==”符号则无法应付这种情况。

2. switch-case 语句

switch-case 是一种适用于同时存在多种情况的分支结构，简单地说，同时有两三种可能时一般都会使用 if 结构，但是当可能的情况较多时，或可能的情况有可能后期新增时，或可能的情况很容易用数字或字符来表示时，常会选用 switch-case 结构。一般情况下，遇到字符串的选项，基本采用 switch-case 方案，比较方便。switch-case 结构会测试每个 case，直至一个 case 表达式为 true，如果所有 case 都没有 true，则会去执行 otherwise 下的代码，otherwise 语句在原则上可以省略，但是良好的编程习惯是，用 otherwise 来避免不可预测的结果，实例应用如图 6-5 所示。

EX 6-2 switch-case语句

```
order = 'food';
switch order
    case 'food'
        disp('OK, food is coming!')
    case {'drink','fruit'}
        disp('We do not have any.')
    otherwise
        disp('Have no idea.')
end
```

```
OK, food is coming!
```

图 6-5 switch-case 语句例程

说明：

(1) case 后的表达式中不能包含关系运算符，比如>、<等，这种情况一般使用 if 结构，或者在代码前进行预处理，总之 case 要处理的情况是离散的而不是连续的。

(2) 如果有任一个 case 语句为 true，则程序会自动跳过其后所有代码，结束分支结构，这与 C 语言有所不同。

(3) break 语句用于结束循环结构，而不用于分支结构，因此对 switch 及 if 均无效，这与 C 语言也有所不同。

(4) case 后的表达式如果是元胞矩阵，则表示或的关系，即情况的值符合元胞矩阵中的任意一个值，都判定为 true。

提示，对于分支结构，建议将比较复杂的分支判据在分支结构之前就进行整理，存入一个临时的判据变量中，这是一个用于判断的逻辑变量，一般可以用 is 等开头，如：

```
isPrintPicture = isPictureExist && isPictureProcessFinished;
```

本例展示了一种良好的条件表达式书写习惯，使用 && 符号来表示“且”，注意要把存在判据放在 && 符号之前，这样如果不存在则直接结束表达式的计算，而符号后面的部分直接跳过，不会报错。

6.2.2 循环结构

循环结构是计算机之所以强大的重要原因，它可以实现：①自动完成批量处理计算；②将大问题分解为小问题解决；③将复杂问题递归为简单问题解决。总之，计算机程序的每一行指令，虽然只能解决一点简单的问题，但循环结构却可以让简单的程序拥有强大的功能。

1. for 语句

MATLAB 中的 for 循环比许多其他语言更为强大和灵活，for 变量的赋值可以是向量、矩阵、字符矩阵等形式，语言书写自然优雅。当 for 变量的赋值是矩阵时，循环单元是列向量，即在 MATLAB 中，矩阵被认为是由一个个列向量组成的行向量，列向量即为其中的基本元素，如图 6-6 所示。

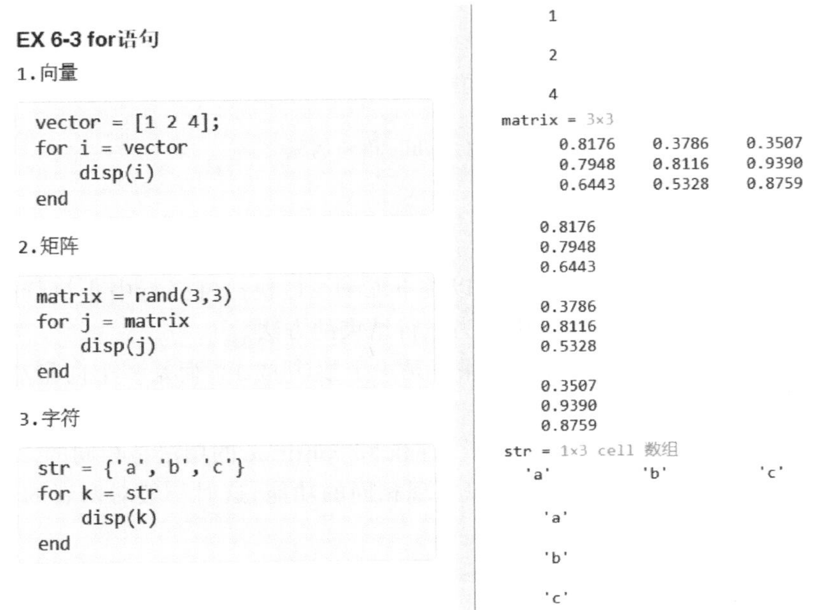

图 6-6 for 语句例程

说明：

(1) 在循环中，对循环的特殊处理包括：一是使用 break 语句退出循环，二是使用 continue 语句跳过本次循环中的其余指令，直接进入下一轮的迭代。两者一般均由 if 语句判断执行。

(2) 没有特殊情况，尽量避免在循环内部对 for 变量赋值，因为 for 变量一旦改变，整个循环会按照新修改的变量进行下一轮计算，有误入死循环的可能性；当然，这一点在某些特殊情况下，也确实有妙用，可以大大降低程序复杂度。

(3) 如上所述，行向量的循环单元是数值，矩阵的循环单元是列向量，所以如果需要对单个列向量的值进行迭代，需要先将列向量转置为行向量。

2. while 语句

while 循环是 for 循环的一种补充，它使用的不是循环变量，而是判断循环条件，当循环条件为真时，继续下一轮循环迭代，如果循环条件为假，则跳出循环完成计算。一般来说，for 循环是有限的计算次数，而 while 循环则只有等到不满足循环条件才能完成，所以不确定到底计算多少次，如图 6-7 所示。

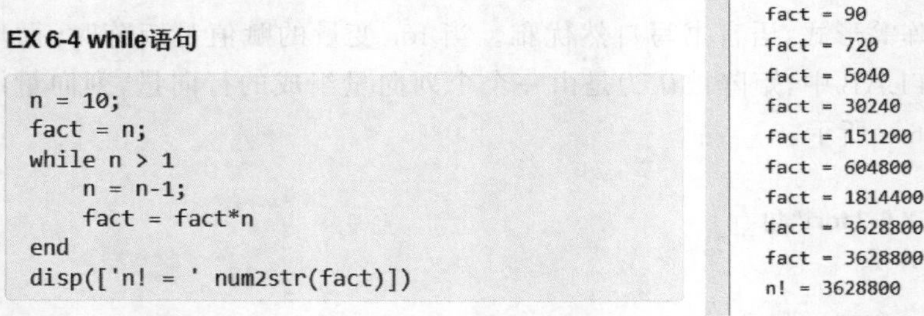

图 6-7　while 语句例程

说明：

(1) while 循环之所以建议初学者少用，是因为使用不善则有可能一直无法完成循环，陷入无尽的深渊，称为“死循环”，这时可以按下 Ctrl＋C 快捷键强行中止执行循环，此快捷键也可以用于任意程序的运行过程中作为强行结束的方法。

(2) 如果循环条件表达式的计算结果不是一个数(0 或 1)，而是一个向量/矩阵，那么只有当所有元素均为 1 时，才认为是 true。

(3) while 与 for 同属循环结构，对于 break 和 continue 的用法是相同的。

(4) 许多 while 循环与 for 循环可以实现相同的功能，这时一般对两者的计算量、可靠性、编程量进行评估，择优选取。

3. break 语句

break 语句是循环结构中配合 for 和 while 的重要语句，它的含义正如字面，就是“打断”循环，结束循环，如图 6-8 所示。

说明：

(1) while 1 本身是一个死循环，但加入条件判断并 break，则是一种常用的程序设计手

EX 6-5 break语句

```
limit = 0.8;
while 1
    temp = rand;
    if temp > limit
        disp(temp)
        break
    end
end
```

```
0.8443
```

图 6-8　break 语句例程

法，往往计算速度快于将所有情况都遍历的 for 循环，但同时也要注意，为防止考虑不周引发的死循环或超多循环次数，可以将判断条件加上一条限制语句，比如伪代码：

"if 循环次数>1 万次，则输出某些信息，并 break"

（2）break 是 MATLAB 保留关键字，会自动用颜色高亮显示。

（3）注意当循环是多层嵌套时，break 只是跳出最近的循环层，而不会跳出所有循环层。

4. continue 语句

continue 语句也是循环结构中配合 for 和 while 使用的重要语句，它的含义正如字面，就是"继续"循环，控制权传递到 for 或 while 循环的下一迭代，如图 6-9 所示。

EX 6-6 continue语句

```
for n = 1:40
    if mod(n,7)
        continue
    end
    disp(['Divisible by 7: ' num2str(n)])
end
```

```
Divisible by 7: 7
Divisible by 7: 14
Divisible by 7: 21
Divisible by 7: 28
Divisible by 7: 35
```

图 6-9　continue 语句例程

说明：

（1）continue 是循环中的分支筛选方法，常可以由 if-else 替代，一般建议初学者优选 if 语句，逻辑层次也更为清晰，当然有些场景下 continue 可能会节省大量的代码，灵活取用。

（2）continue 是 MATLAB 保留关键字，会自动用颜色高亮显示。

（3）注意当循环是多层嵌套时，continue 只是对当前循环层内的代码有效，而不会直接将控制权交给最外层的循环。

小技巧：循环体的注释，建议在 end 后书写，这是因为本书建议开启循环体的代码可折叠功能（具体操作见 1.2 节"MATLAB 开发环境"），而循环体代码折叠后，end 后的注释文字可以直接看到，这部分注释用于清晰说明循环体的具体功能。

6.2.3 试错结构

try-catch 结构被称为“试错结构”，为程序提供了捕捉异常的方法：try 后执行的语句如果没有发生错误，则正常执行，如果发生错误，也不会中断程序来报错，而是去执行 catch 后的语句。下面这个实例，就是尝试着对两个矩阵相乘，通常情况下，如果两个矩阵在维度上不满足相乘条件，则会直接报错，而这里可以实现让程序继续执行 catch 后的信息显示语句，如图 6-10 所示。

EX 6-7 try-catch语句

```
A=[1 2; 3 4]; B=[2 4; 2 3; 3 4];
try
    A*B
catch
    disp('Error multiplying A*B')
end
```

```
Error multiplying A*B
```

图 6-10 try-catch 语句例程

说明：

(1) try-catch 语句可以嵌套。

(2) 常用于错误的发生不易判断时，试探性地对代码打包进 try 语句，而在 catch 语句中输出一些相关信息，增强代码的鲁棒性和可靠性。

6.3 程序文件结构

MATLAB 的主体程序文件分为 3 种：脚本、函数、类，而这 3 种文件共用一种文件后缀，即 .m 后缀。其中，脚本和函数是所有 MATLAB 程序的基础，而“类”属于面向对象编程范式中所使用的特有的程序文件。脚本与函数是极为简单而实用的概念，对它们的理解和灵活应用是对 MATLAB 学习者最基本的要求。

6.3.1 脚本

脚本(Script)是一系列指令的集合，类似于批处理文件，运行一个脚本文件就相当于依次运行了其中每一条指令。脚本中可以再插入脚本，直接把脚本名作为一条指令即可，MATLAB 解析时，会将脚本名称替换为脚本中的所有语句，再执行，所以脚本的意义，就在于将多条指令放在一起，用一个名字来完成调用。脚本的用途如下：

(1) 作为主脚本：在没有 UI 时，用一个脚本作为主程序运行，在编辑器状态下，按

F5 键即可运行脚本程序,程序按顺序依次执行。

(2) 作为“打包脚本”: 在主脚本中代码越来越多时,或者有一段代码简单地重复时,将这一部分提出,保存在另一个脚本中,并将脚本名称作为一行命令放在原处。

(3) 作为“临时测试脚本”: 有一些测试代码可以放在脚本中,用于临时测试,还可以选取其中的部分代码,按 F9 快捷键执行该部分代码,完成测试。

注意,脚本的本意是可以将重复的代码打包以多次调用,但是由于脚本的性质决定,它不具备良好的“封装性”,输入和输出变量不灵活,而且子脚本会依赖并修改主脚本的内存空间,可能会产生意想不到的后果,因此除主程序和一些不依赖修改内存空间的代码外,不建议经常使用子脚本的方式,而是尽量使用“函数”。其他说明如下:

(1) 应当将子脚本文件保存在与主脚本相同的目录下,否则调用时可能出错并提示“未定义函数或变量”。

(2) 由于脚本的原理就是替换,因此在调用子脚本之前的信息完全可以被子脚本所用。

(3) 建议将脚本名称的首字母大写,这是因为脚本被调用时,必须作为一句独立的命令,相当于“一句话”,所以习惯首字母大写。

6.3.2 函数

函数(Function)的概念与数学中非常相似,也是有自变量(输入变量)和因变量(输出变量),输入变量与输出变量都可以是多个任意类型的变量。“函”本为“木匣”之义,在这里就代表“封装”,它就像一个黑盒,给定输入就通过计算获得输出,而内部的所有计算与主程序的环境并没有依赖或修改关系。灵活性与封装性使函数成为编程中最实用的技术之一,无论是否拥有图形界面的程序都是有一个主程序(一般是脚本)加多个函数组成的。

在程序的编写过程中,一般是采用脚本或实时脚本进行探索式编程,功能初步走通后再将提炼重复的模块进行函数打包、函数打包的原则,并不是按代码量,而是按“功能”,毕竟函数的英文名字就是 function(功能),即便有些功能只有几句代码,但是它多次重复使用或者有明显的功能模块特性,则同样适用于使用函数封装。正是由于封装性的考虑,在实操中,本书建议尽量多使用函数,少使用脚本,一般习惯使用一个主脚本带多个函数,主脚本略微复杂时,可以分隔成比如数据输入脚本、数据处理脚本、主算法脚本、结果输出脚本等,而其他的复杂计算均使用函数来实现。另外函数的运算速度比脚本略快一些,当需要反复调用时优势就更为明显。

函数有自己的工作空间,当函数运算结束后,这个工作空间就会被释放掉,其中的变量值都不会影响到主工作空间中的任意变量,即使是变量名完全一致也没关系,相当于隔离开了,这就给了函数良好的封装性。如果需要把某个变量,穿透函数的壳,让它既能在函数外的脚本中使用,也能在函数内部使用,并且函数计算完成后,该变量的数据仍保留,则可以使用“全局变量”,这里需要在使用前进行声明,比如:

```
global a
```

就是声明变量 a 为全局变量，这时变量 a 的颜色会变化（蓝色）凸显它作为全局变量的地位。注意，在函数的内部使用时，需要再次声明，否则在函数中使用无效。另外，建议在脚本中使用全局变量时，也要再次声明，虽然不是必需的，但是只有声明之后才能显示蓝色，便于编程者的推进。

对于全局变量，要注意常规的 clear 命令是不能清除它们的，应使用：

```
clear global
```

才能清除。全局变量会损害函数的封装性，一般不推荐使用，但是也要区分应对不同的具体情况，比如有时使用 AppDesigner 设计带 UI 的软件时，可以使用全局变量来存储设置参数或配置参数，可以大大简化参数的传递过程。

如果一个脚本或函数中，将要使用某一子函数，而这个子函数不会在其他的位置再次用到，这里建议直接将该子函数书写在原脚本或函数的代码后端，这种写法称为"局部函数"，局部函数拥有优先的搜索权，这意味着可以把局部函数另存为同名的.m 函数作为备份，而局部函数的修改直接有效。说明如下：

(1) 函数文本要注意格式，因此新建函数时，可以使用软件主界面中的"新增函数"按钮，这样产生的新建函数本身就拥有正确的格式。

(2) 函数第二行开始，建议使用注释将函数功能说明清楚。

(3) 函数的输入与输出变量名，与函数文件第一行（函数声明行）中的输入输出变量名称没有关系，也就是说可以一致也可以不同，都不影响函数的正常使用。

(4) 由于函数不依赖主程序的内存空间，因此在函数中无法直接使用主程序内存空间中的变量，且在函数内部生成的中间结果变量，只要不是输出变量，则在退出函数时即被清除，内部变量是函数的局部变量，不会影响到主程序内存空间。

(5) 函数的命名建议形式上与变量一致，即"驼峰命名法"，但建议以动词开头，如 getLocation，calculateEnergy，plotPicture 等。

(6) MATLAB 对于函数保留了两个神奇的关键字：nargin 和 nargout，它们分别代表着"函数输入参数数目"（Number Arguments Input）和"函数输出参数数目"（Number Arguments Output），在任意一个函数中，这两个关键字可以直接使用，用以判断输入输出的变量个数，从而可以针对不同的输入变量个数进行不同的计算，也可以输出不同数量的变量，这意味着轻易就实现了函数的复用，或者说实现了函数的"多态"（多种行为/形态）。与之相配合作用的"可变长度输入及输出参数列表"也有保留关键字，分别为 varargin（Variable-length Argument Input）和 varargout（Variable-length Argument Output）。

(7) 在函数中还有一个常用的关键字 return，它的作用是"将控制权返回给调用函数"，这意味着，无论在函数中何处运行到这一句 return 代码，则直接结束函数运算，直接返回给调用该函数的位置。其实这个关键字也可以在脚本中使用，但是极少会这样用，因为在脚本中的 return 会直接把控制权返回给命令行。

6.3.3 类

MATLAB 其实也有极强的"面向对象程序设计"(Object Oriented Programming,OOP)的功能,而不仅是最常用、最常说的"面向过程的程序设计"(Procedural Programming)。面向对象程序设计,是一种比较适用于较大型程序软件的程序设计方法,它可以把任务分解为一个个相互独立的对象(Object),通过各个对象之间的组合和通信来模拟实际问题。

而类(Class)是面向对象程序设计中最核心的概念,也是最重要的编程环节。既然称为面向对象思想,那么整个程序就都会围绕着对象来进行,而对象与对象之间是拥有共同特征的,把对这些共性进行抽象就得到了类。比如班级里的学生,他们都有姓名、性别、学号这些特征,那么他们就可以抽象成一类,称为"学生",而姓名、性别、学号就称为这些学生的"属性",而且他们还有共同的行为,比如上课、考试、求职,这些行为就被称为这些学生的"方法"。

类在 MATLAB 中也是.m 文件,只不过要求特定的格式,这种格式也不需要记忆,可以选择新建一个类,即可得到默认格式。一个简单的类格式如下:

```
classdef untitled                                          % 类名
    properties                                             % 属性
        Property1                                          % 属性名
    end
    methods                                                % 方法
        function obj = untitled(inputArg1,inputArg2)       % 构造对象的方法
            obj.Property1 = inputArg1 + inputArg2;
        end
        function outputArg = method1(obj,inputArg)         % 其他方法
            outputArg = obj.Property1 + inputArg;
        end
    end
end
```

其实,在前面的应用中,已经接触过许多 MATLAB 面向对象的编程方式了,比如在第4章 MATLAB 图形可视化中,大量地使用了"点语言",代码如下:

```
p = plot(x,y)
p.LineStyle = "--";
p.Color = [0.4 0.8 0.1];
```

这其实就是面向对象的语言,plot 方法返回的是对象 p,即一个图形线条对象组成的列向量,而 LineStyle 和 Color 都是对象 p 的属性,更新属性就得到了对象 p 新的性质,即新的线型与颜色。另外,了解 MATLAB 中 GUI 的编程思想的同学,现在也可以理解,为什么感觉 GUI 中的语言与通常见到的 M 语言不太一致,原因就是 GUI 使用的面向对象的编程语言,平时不太常用而已,第7章中会着重讲解。

无论对于脚本、函数还是类，凡是.m 文件，强烈建议在文件开头(或第二行起)注释清楚文件的功能、用法甚至编程思路。

6.4 矩阵化编程

MATLAB的核心数据结构就是矩阵，核心先进性也体现在矩阵编程中。如果使用矩阵编程方法，MATLAB 无论从计算速度还是编程速度上，都远远超过其他所有编程语言，因此矩阵编程就是 MATLAB 的生命。矩阵化编程的思想，简言之，就是以矩阵作为最小的运算对象，而不是单个的数字，矩阵本身的意义之一也是“批量化计算”，在 MATLAB 中设置了许多针对矩阵的运算方法，这些算法在底层已经被反复优化过了，运算速度极快，而且编程的代码量和可读性都非常感人，从第 3 章 MATLAB 核心——矩阵应该可见一斑了。

6.4.1 基础操作与运算

矩阵编程一定要多学多练，这样才能真正灵活运用，掌握 M 语言的精髓。

(1) 索引操作：灵活使用矩阵的索引操作，掌握冒号与 end 的使用方法，掌握“单索引”(Index)和“角标索引”(Subscript)之间的转换，掌握通过索引取矩阵的部分并进行赋值的方法。

(2) 逻辑操作：将逻辑判断式作为索引进行操作，也可以对矩阵整体进行逻辑判断，也可以通过逻辑判断来获取矩阵的索引值。

(3) 函数操作：M 语言中有大量的函数可以直接对矩阵进行各种各样的操作，其中有一些是典型的矩阵化编程的核心函数，可参见附表 B-2。

(4) 矩阵运算：有大量的运算方法也是为矩阵准备的，比如一些算术运算、逻辑运算、关系运算等。

矩阵化编程，除了掌握上述这些基础的操作之外，还有如下一些基础的编程意识：

(1) 编程前要对矩阵进行内存预分配。

(2) 矩阵意义要单一且明确。

(3) 编程过程中检查和确认矩阵的规模。

(4) 优先使用逻辑索引操作。

(5) 慎用循环语句，经常思考是否可能被矩阵化编程替代。

(6) 多向量计算时的遍历网格化，灵活使用 meshgrid 和 ndgrid。

6.4.2 矩阵化算法函数

矩阵化编程，除了索引操作、逻辑操作、函数操作、矩阵运算这些基本技术以外，还有一套看似复杂，其实很有规律的“矩阵化算法函数体系”，它们分别是：

(1) 将函数应用于矩阵中每个元素——arrayfun()。

(2) 将函数应用于元胞阵中的每个元胞——cellfun()。

(3) 将函数应用于结构体中的每个字段——structfun()。

(4) 将函数应用于稀疏矩阵中的每个非零元素——spfun()。

(5) 对两个数组应用按元素运算并且启用隐式扩展——bsxfun()。

这些矩阵化算法函数，看起来就是把结构中的每个元素单独拿出来计算，似乎就是代替了 for 循环的作用。那么，矩阵化算法函数究竟有什么优势?

一是计算速度极快，远超 for 循环。面对大型数据结构时尤其明显，虽然 MATLAB 的 for 循环在近几代版本中有较显著的提升，运算速度完全可以同大多数语言比肩，但是这还远没有体现出 MATLAB 矩阵化的优势，在较大型数据结构的运算中，使用矩阵化算法函数可以将计算速度提升 2 个数量级左右，这种加速是惊人的，也是计算速度碾压其他语言的原因。至于为什么计算速度这么快，其实准确地说并不是所谓的并行计算，算速跟计算机的核数没有关系，这只是底层的计算处理更适应矩阵式的高速计算，不过有一点与并行计算有点类似，就是各元素之间计算过程的先后顺序可不像 for 循环那样指定，而是不确定的，所以不能指望矩阵化算法函数会依照什么顺序去计算，这点是要注意的。

二是代码非常优雅简洁。循环体之所以让编程者又爱又恨，是因为循环是编程的必经之路，却又是搅乱代码结构源头，尤其对于多层嵌套的 for 循环，写出来丑陋而臃肿，有了矩阵化算法函数，对于大量的 for 循环以及多层嵌套循环，有了一个优雅的解决方法，代码简洁不易出错，并且可读性大大提高。

如何具体使用，先来看一个 bsxfun()的实例，并对比一下 for 循环编程方法与矩阵化编程方法：

for 循环编程方法：

```
K1 = zeros(size(A,1),size(B,1));
for i = 1 : size(A,1)
    for j = 1 : size(B,1)
        K1(i,j) = ...exp( - sum((A(i,:) -
B(j,:)).^2)/beta);
    end
end
```

矩阵化编程：

```
sA = (sum(A.^2, 2));
sB = (sum(B.^2, 2));
K2 = exp(bsxfun(@minus,bsxfun(@
minus,...2 * A * B', sA), sB')/beta);
```

两个编程方法的计算速度相差百倍，后者没有使用循环。隐式扩展确实可以提供更快的执行速度、更好的内存使用率以及改善代码可读性，不过在 MATLAB 中很大一部分的函数和运算符，都支持隐式扩展，也可以直接调用，效果是一样的，图 6-11 所示即为软件内置的本身就支持隐式扩展的二元函数。

再举一个 MATLAB 的 doc 文件中 arrayfun()的实例，目标是对数字索引结构体中的各个 X、Y 分别对应作图：

函数	符号	说明
plus	+	加
minus	-	减
times	.*	数组乘法
rdivide	./	数组右除
ldivide	.\	数组左除
power	.^	数组幂
eq	==	等于
ne	~=	不等于
gt	>	大于
ge	>=	大于或等于
lt	<	小于
le	<=	小于或等于
and	&	按元素逻辑和
or	|	按元素逻辑或
xor	不适用	逻辑异或
max	不适用	二进制最大值
min	不适用	二进制最小值
mod	不适用	除后的模数
rem	不适用	除后的余数
atan2	不适用	四象限反切线；以弧度表示结果
atan2d	不适用	四象限反切线；以度表示结果
hypot	不适用	平方和的平方根

图 6-11　支持隐式扩展的二元函数

```
S(1).X = 5:5:100; S(1).Y = rand(1,20);
S(2).X = 10:10:100; S(2).Y = rand(1,10);
S(3).X = 20:20:100; S(3).Y = rand(1,5)
figure
hold on
p = arrayfun(@(a) plot(a.X,a.Y),S);
p(1).Marker = 'o';
p(2).Marker = '+';
p(3).Marker = 's';
hold off
```

程序的运行结果如图 6-12 所示。

MATLAB 的结构体极为灵活，此处认为 ***S*** 一级是一个矩阵，矩阵的数字索引为 1、2、3，因此在 arrayfun()应用时，所用的自变量 *a* 其实就代表着 ***S***(1)、***S***(2)、***S***(3)这个 ***S*** 矩阵。

那么，对于非数字索引的结构体，自然就要使用 structfun()函数，代码如下：

```
S.f1 = 1:10;
S.f2 = [2 3; 4 5; 6 7];
S.f3 = rand(4,4)
A = structfun(@mean,S,'UniformOutput',false)
```

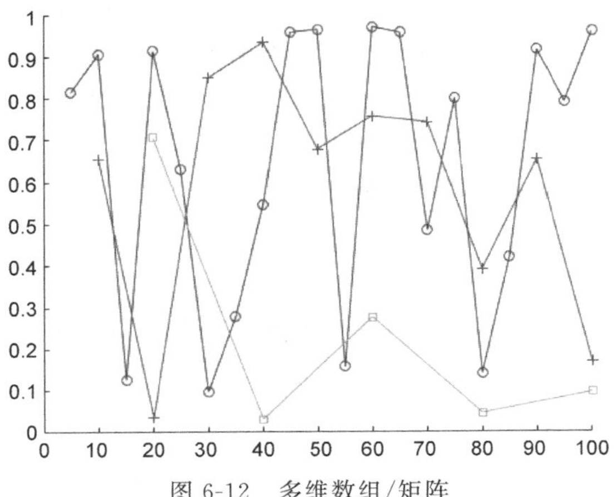

图 6-12　多维数组/矩阵

返回的 A 也是一个结构体，字段分别为 $f1$、$f2$、$f3$，其中存储着对应字段的计算结果。

对于元胞矩阵的应用函数 cellfun()原理也是相同，这里举一个很实用的场景，比如需要将元胞矩阵 ***a*** 中所有空元胞删掉，该如何操作？代码如下：

```
a(cellfun(@isempty,a)) = [];
```

此处应当有所启发，许多需要逐个元素判断的场景中，都可以使用矩阵化算法函数来统一处理。

6.5　编程习惯

编程习惯并不是必须的，使用者可以没有任何编程习惯或不遵循任何编程习惯，也能完成很优秀的程序设计，但是一个优秀的编程习惯能大大减少出错机会、增强程序可读性、加快编程速度、甚至加快程序的运行速度，这些光环效果可能不仅是几倍的，甚至是十几倍的，可以说一个好的编程习惯是区分高手和新手的重要判据。本节介绍的编程习惯，虽然看起来不影响编程的实质，但是它们的背后有不少深刻的道理和一些经验教训，建议初学者从一开始就按这一套习惯来练习，一定会受益匪浅的。

6.5.1　命名习惯

命名习惯，体现了一个程序员的基础素养和水准，好的命名习惯也会大大减少程序阅读和编程成本。命名习惯总体上有如下 3 大原则：

(1) 简洁：可以用少的字符就不用多的字符。

(2) 明确：意义清晰，不易引起误解。

(3) 唯一：不易与其他命名发生重叠。

M语言首先要遵循其他各类编程语言中的命名习惯通识，比如不使用拼音命名，而应使用英文命名，遇到不会表达的英文单词，既可查词典也可使用较简单或较熟悉的单词；尽量不要使用单个字母命名，如 a、b、c 这类的命名看似简化了命名，其实既难以后期的阅读，也容易造成重叠。

下面是按命名类别中的优秀习惯总结：

1. 普通变量命名

使用驼峰命名法，即首字母小写，单词与单词之间直接相连，从第二个单词开始就首字母大写，如：

```
cityLocation robotPosition
```

如果需要表示下角标的意义，仍然首选驼峰命名法，但如果需要特别强调，则可以使用下画线来表示：

```
location_a1 date_2
```

其实遇到需要下角标的情况时，也建议使用结构体或者元胞矩阵来实现，这样也便于后续的检索或循环，当然也要看程序的复杂度来灵活处置。

2. 特殊意义变量命名

有些特殊意义的变量，可以从命名前缀中看出它的性质，比如一些计算的特征值或中间值，完全可以把计算用的函数名作为前缀：

```
maxGrade 最大成绩值
minCost 最小的花费
sumCost 消费的和
numStreet 街号
```

再比如，一些需要强调是特定数据类型的变量，完全可以把数据类型名作为前缀，如：

```
arrayLine 用于存储直线的数组
matrixPoint 用于存储点位置的矩阵
vectorColor 颜色向量
```

还有非常实用和常用的循环变量，不要仅使用 i、j、k 这样的单字母变量，而是要对循环变量也赋予意义，但是同时使用 i、j、k 作为前缀，用于提示该变量为循环变量，如：

```
iFiles 代替 for 循环中 i 的有"意义"的变量
jPosition 意义同上
```

另外，在面向对象编程中，一般习惯将类的属性以大写字母开头，以表示与一般变量的区别，因为在调用对象属性时的格式与普通结构体都一样采用圆点表示法，所以为了区分，习惯将对象的属性命名为大写字母开头，如：

```
plot1.LineStyle = "--";
para.ColorChanged = [0.4 0.8 0.1];
```

3. 常量命名

一般在程序开头定义一些常量(不变量)只要程序中会使用2次以上的量，都要使用常量来定义，这样的好处是意义明确、方便修改、不易出错，使用全大写字母配下画线命名方法，如：

```
COLOR_RED COLOR_YELLOW
```

这样的常量命名，虽然看起来比较啰嗦，但是常量这样命名的意义就在于它的字面意义非常清晰易读，而且一眼可知它是不变量，在MATLAB编程中，也会自动识别为一个变量名称，双击即可选择到整个名称，然后再进行复制粘贴，特别方便。

许多初学者为了少写代码，不对常量进行定义，而是直接使用数字，这种习惯要尽量避免，因为当同一个数字用到两次以上后，需要修改和调度时，纯数字带来的工作量可能会非常高。

4. 变量和常量的长度规则

较长的命名当然意义清晰，却会让书写时间更长，也让每行代码更长，所以变量与常量的长短也不是绝对的。那么有什么规则？有，就是"长短上要对应意义范围"，也就是说，如果一个量的应用范围是整个程序，一般就使用足够长和足够清晰的命名，比如上述的cityLocation，而如果只是在一个函数中或者一个局部使用，那么可以适当简写为cityLoc，甚至说当它只是在一个非常小的局部使用，此处用完可以马上清除，则直接使用loc都是可以的。

5. 脚本与函数的命名

脚本与函数的命名就是M文件的文件名，仍然使用驼峰命名法，不要怕长，因为调用脚本的次数不会太多，重点关注脚本名称意义的清晰性，一定要一眼看出其功能与作用，这里强调尽量不要使用单词的简写，比如函数命名可以写成computeTotalWidth()而不要简写成compwid()，时间一长，自己也很难看懂了。也要注意不要与MATLAB自带的函数重名，确认方法是使用exist命令，如果返回值为5，则说明是已经存在该名称的内置函数，如果返回值为2，则说明用户已经建立了同名的.m文件。

对于脚本与函数，建议使用功能性动词前缀，让M文件的功能可以直观展现在命名中，比如：

```
computeLocation() 计算功能
getChar() 取值功能
setPosition() 设置功能
```

```
findKeyPoint() 寻找功能
initializeMessageMatrix 初始化功能(脚本)
isColorExist() 判断条件真假功能
```

这些函数的命名就很一目了然。

另外,在MATLAB的当前文件夹窗口中,软件会自动识别M文件是脚本、函数还是类,但是在普通的Windows浏览器中,它们都是一样的,也不建议花工夫通过命名来区分脚本、函数还是类,当查看时只需要在MATLAB软件中即可轻松区分。如果希望从命名上区分脚本与函数,可以将脚本的首字母大写,原因是脚本都是当作“一句话”来使用,比如:

```
Main.m
ScriptDispPlot.m
```

函数及脚本使用驼峰命名法还有一个好处,因为绝大多数MATLAB内置函数都是全小写命名的,这样编程过程中可以一眼分辨函数是内置还是自建函数。

小结:在MATLAB中,除了常量使用大写字母下画线法命名,其余的无论是变量名还是函数名,均为驼峰命名法,对于脚本命名和对象属性的命名,可以选择将首字母大写,作为一个简单有效的区分方法。

6.5.2 代码习惯

代码编写的基本格式满足不就可以了,为什么一定要再限制一下?其实,所谓“自律即自由”,表面上看起来是限制了格式,但是格式的限制会让编程时拥有一个固定的“低成本框架”,让使用者不会在编程时考虑其他任何无关紧要的格式问题。

1. 空格的代码习惯

其实在MATLAB中,空格只是一个无意义的符号,它不会影响代码的运行,但是也有关于空格使用的良好习惯,帮助读者高效编程。建议空格出现且仅出现在以下位置处:=、&、| 的两侧、逗号之后、注释号前后,如下实例即可说明:

```
cityLocation = [45.5, 12.2], disp('cityLocation')      % 定义城市坐标并显示
```

在括号里的逗号,如果分隔的是单个数字或字母时,可以不加空格,空格的唯一意义是明显地区分开两个相邻的数据,而单个数字或字母较易区分。

2. 换行的习惯

代码中每一行不宜太长,这是一个基本的习惯,一般来说原则就是“单屏可显示”。如果这一句代码就是很长,这时用换行(...)符号来在合适的位置换行即可。通常情况下,一行代码中只有一个可执行语句。对于非常简短的循环结构,也可以放在一行语句中,比如:

```
ifisPrint, ScriptPrintPicture; end % 如果打印全为1,则运行打印图像的脚本文件
```

如同实例中所示，一般这种情况，需要准备一个使能变量，和一个打包好的脚本或函数，代码的书写非常简短和清晰。

3. 注释的代码习惯

不会写注释是末流程序员的特点之一，一个好的编程习惯是："先写注释"，然后在注释后面"填写代码"。有时注释的字符量甚至可能会超越代码量，这都是再正常不过的操作。注释内容一般会包含代码的功能、编程时的思路和思考、一些尝试性代码甚至一些从网上搜索的代码，把代码注释的好处是，正常情况下是不运行的，而调试到此处，可以使用 F9 键来直接运行某段代码。

在 MATLAB 编程器中，注释自动识别并显示为绿色，如果想注释掉一段代码，可以选中后直接按 Ctrl+R 快捷键，软件自动在这段代码前面加上%符号，而取消注释的快捷键为 Ctrl+T。其实 MATLAB 还提供了许多其他编程 IDE 的"块注释"功能，但是有了上述这一对快捷键，则基本不需要块注释功能了。

"缩进"在 MATLAB 编辑器中并不是问题，可以直接按 Ctrl+A 快捷键全选代码，再按 Ctrl+I 快捷键就自动将所有代码都智能缩进好了，目前的智能缩进完全满足代码设计需求，并且对代码编写大有裨益。如果缩进后的格式并不是想要的，那说明理解有问题，应向自动格式靠拢。

4. M 文件的代码习惯

编写 M 文件代码，无论是脚本还是函数，都有一个非常重要的核心思想——"模块化"。首先，脚本或者函数的功能之一就是打包，要学会将一项反复使用的功能代码打包起来，并首选使用函数以获得更好的"封装效果"。其次，注意每个模块最好仅有一项功能处理一项任务，在编程过程中，比较好的顺序是先写调用函数，再将函数的内部代码填充完整，不要因为实现功能所用的代码量比较少，就不进行封装，也不要只因为代码量过多，就打包成多个函数，一切以功能为准。

编程时要注意到整体代码的结构性，其实"数据的结构性"也是非常有必要强调的优秀编程习惯，这里并不是在讲数据结构，而是在讲输入、输出，传递的数据要成结构化。比如一个程序需要的输入和传递数据比较多，就应该对其进行结构体分类和设计独立的数据输入脚本，分类的意思是，从思路上整理出输入数据的按功能、按类型或按作用位置的类别，这样可以将它们保存在特定结构体中，当需要对一类数据整体进行处理时，比如清除、函数传递、整体输出等，可以直接整体操作一个结构体而不再需要对多个单独的变量进行重复操作，当需要对一组数据进行循环处理时，就直接调用结构体并用数字索引也比较方便简洁。

小结：高级的 MATLAB 编程员都会有怎样的编程习惯？①程序结构化，一目了然；②代码一致性，前后统一，自律即自由；③模块化，无论数据还是算法，都按功能进行打包。好的代码习惯不仅能让效率提升，还能让编程者享受其中。

6.5.3 项目习惯

无论在工作还是在学习中，使用 MATLAB 软件时，往往是要针对一项具体的任务或是问题，这就称为项目(Project)，一个项目需要一个工作目录(Working Directory)，在这个工作目录下有且仅有与此项目有关的文件。当开启一个新的项目时，则需新建一个工作目录。"项目思维"是作为一个工程师的基本素养，即使是在处理最简单的任务时也要牢记，否则当一个目录下有多个项目的文件，或者一个项目的文件分散在不同的目录下时，这种习惯带来的成本是令人印象深刻的，本书强烈建议所有工程系同仁重视项目习惯。

1. 子工作目录

一个项目的工作目录下，可以有该项目的相关文件，比如主脚本、函数、类等 M 文件，也包括输入和输出数据文件等，甚至一些参考文件。而项目往往还包括"子项目"，比如项目任务是分析图片，那么对于每张图片都会有一系列的输入参数、输出数据等，这一系列衍生文件最好都要保存在一个目录下，这就是"子工作目录"，也是典型的项目思维的应用。

对于一个项目来说，比如它是一款软件，那么原来的子项目在这里就可以称为项目了，主脚本或 UI，在程序运行之初，就要开启设置项目工作目录的功能，这样所有的文件和数据都可以自动在新目录下处理。例如：

```
%% 设置工作目录
workDir = uigetdir(workDir,'设置工作目录');
save Workspace.bpcdir workDir            % 把工作目录保存为一个文件
% load Workspace.bpcdir - mat            % 恢复上次设置工作目录
```

还有一个好习惯，就是"参数留存"，意为，如果每次处理的子项目都改变了许多参数，那么此时可以把所有参数的赋值保存为一个子脚本，如前所述，这样当参数调试完成后，可以直接把参数脚本另存在子工作目录下，再次回顾时可以直接使用，清晰了然，效率极高。

2. 数据流及文件关联

当项目较大时，可能会需要各种类型的大量文件，比如脚本、函数、类，甚至是 Simulink 模型、库、其他语言文件等，还有各种输入和输出数据文件，这时要利用 MATLAB 自带的项目分析功能，新建一个项目(MALTAB 中的新建项目，文件后缀.prj)，通过首次运行检测，软件会自动将数据流和文件关联分析清楚并绘制出图像，如图 6-13 所示。

通过分析信息，全面掌握数据的流向，思考有警告提示的节点，找出有问题的逻辑关系，剔除在试探性编程过程中产生的垃圾文件，必要时还可以据此优化软件架构，提高程序的鲁棒性和升级潜力。对于大型的项目，项目视图是非常重要而核心的，对于更新后的视图建议留存以便后期的升级使用。

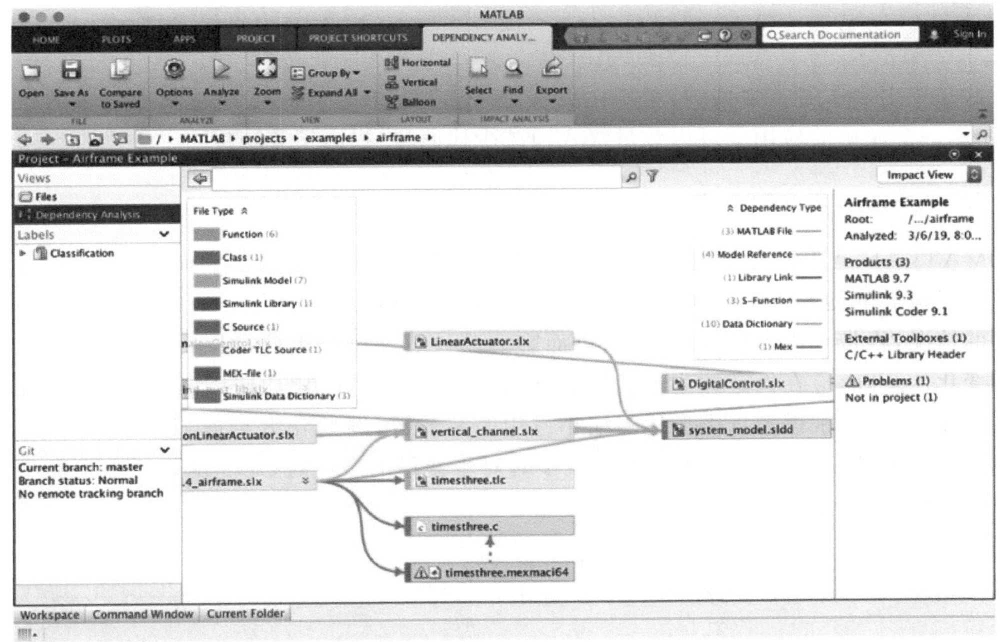

图 6-13　文件依赖性分析

3. 版本管理

作为一个软件，无论大小，在开发和使用过程中，都会出现版本更新的情况，有时确实需要回看以前的代码甚至回退到以前的版本上。

对于非高级 MATLAB 使用者来说，版本管理保持这样的习惯基本足够："架构换代直接新建项目，代内微调按时间复制打包"。意为，如果软件架构进行了大幅修改，这就算是换代了，那么直接新建一个项目，打上设定的代数；如果软件只是部分算法的修改，没有涉及架构，那么可以按日期对项目打包，保存在一个目录下，以日期命名，当时间较长后认为没有保存的必要时，就可以直接删掉。对于 MATLAB 的使用者来说，大多数情况下，这样的版本管理基本上就足够了。

作为专业的编程软件，MATLAB 其实已经为更高级的编程者提供了 Git 源代码管理功能，还可以在 GitHub 上共享工程，这是作为程序员最为专业的版本管理方案，当工程进入较大规模，维护人员数量也较多时，比较适合这样去管理版本。

6.5.4　性能习惯

使用 MATLAB 编程的应用场景中，"编程快"往往是第一需求，然而"运行快"也是非常重要的需求，尤其对于较大型的程序，那么如何编程可以提高程序的运行效率？或者为了提升程序的性能应该养成哪些良好的习惯？

1. 矩阵化编程

这是本书多次着重强调的,矩阵化编程是 MATLAB 计算速度超越其他语言的核心秘笈,往往一个简单的应用就可以数量级式地减少代码量、提高运算速度。

2. 矩阵空间预分配

MATLAB 是非常灵活易用的语言,对于变量的使用并不要求事前声明,这在小型编程中带来了极大的便利,但是,对于较大规模的矩阵,尤其面对循环体中对于矩阵的规模反复变更的情况,将带来内存的分配问题,进而影响到计算速度。因此,对于大型阵或者规模随循环变化的矩阵,应在循环体之前就预分配出所需要的矩阵,比如使用 zeros()或 false()等函数。注意,可以根据数据类型适当缩小占用的字节数,例如 int8 型或 single 型如果足够,就不必要声明 double 型。在预分配以及平时对于变量的产生时,对变量进行数据类型的转换效率比较低,尽量一次产生所需类型变量:

```
results = int8(zeros(1,1000));       % 较差
results = zeros(1,1000,'int8');      % 较好
```

3. 稀疏阵处理方法

一个矩阵中绝大多数位置都是 0 的阵列称为"稀疏矩阵",MATLAB 的独特算法可以仅存储矩阵中的非 0 元素及其索引,存储时也只是存储这些非 0 元素及其索引,所以存储时间与存储空间的优化也非常可观,并且实际计算中直接跳过 0 元素,可大大减少计算时间。如果把矩阵中非 0 元素的个数除以所有元素的个数称为"矩阵的密度",那么密度越小的矩阵采用稀疏矩阵的格式越有利,一般密度如果大于 25%可能耗用成本还不如当作普通矩阵处理。要将一般矩阵转换为稀疏矩阵,可以使用函数 sparse(),如 B=sparse (A),是指将矩阵 A 转换为稀疏矩阵。另外,使用函数 full()则可把稀疏矩阵转换为一般矩阵。

4. 避免冗余计算和非必要计算

冗余计算出现的最常见情景,就是把一些与循环变量无关的计算放在了循环体内,看似对计算结果没有影响,但是每次进入循环都要对其进行运算,实际上空耗了算力。类似的还有,if-else 语句中分配常用运算到 if 上,这样整体的计算次数就会减少。再比如使用短路运算符,当运算符的第一个表达式不能完全确定结果时,才会计算第二个表达式,这样就减少了计算量。

另外,函数的调用是需要消耗资源用于路径搜索的,这本身花费时间极少,但是要尽量避免这种花费出现在循环中,累计起来的花费会比较惊人。解决方法是使用"函数句柄",也就是一个函数的唯一识别码,这样就不需要每次使用它时都要搜索了,将会对程序大大提速,这是函数句柄的最重要的应用之一。

5. 并行循环计算

如果一个 for 循环的循环变量是整数，并且每次循环的计算不依赖于其他次循环的计算结果，与循环计算的先后顺序也无关，那么这个 for 关键字基本就可以直接替换成 parfor，这样就形成了一个最简单的并行计算结构，计算机会将再分配 n 个算核给程序，相当于算力一下提高了 n 倍。当然，既然要运用并行计算技术，那么单次循环的计算量本身应该是比较大，否则由于开关一次"并行工作池"(Parallel pool)大约就需要 30s，太简单的计算使用并行计算反而会更慢。

掌握上述内容已基本发挥出了 MATLAB 的真正性能，这时的 MATLAB 可以说是编程最快且计算最快的编程语言了。

6.6 程序交互设计

程序就是要给人们用的，首先编程者自己开发过程中用，然后测试者（有时也是编程者自己）测试使用，最后用户使用。广义的"人机交互"是指程序有输出，或者操作者有输入，完成人与机器交流的过程。狭义的"人机交互"，就是指"人机交互界面"或者"用户界面"(User Interface，UI)，更狭义就是"图形用户界面"(Graphical User Interface，GUI)。使用恰当的方法把交互做得完善，对编程者来说，可以提高调试和程序进化的效率，对于使用者来说，可以更容易地理解程序的功能和使用方法，好的交互是不需要过多的说明与培训的，用户甚至可以直接上手使用。

6.6.1 命令行交互

命令行是最初的计算机程序与用户之间的交互界面，在命令行中会输入一些数据或指令，而程序也会在命令行中输出一些结果。在 MATLAB 中，有一些现成的内置函数功能可以实现命令行交互，下面一一介绍。

1. 输入函数 input()

应用于需要用户输入一些数据并将数据读入作为程序的输入数据，如：

```
numPicture = input('What is the number of the picture?')
```

这时用户可以在命令行输入一个数字，比如 2，这个数字就会被直接存入 numPicture 这个变量中。注意，如果想要输入一个字符串，则必须由用户加上字符串的单/双引号，或者再把命令写作如下形式：

```
isPrintPicture = input('Should the printer begin to work? (y/n)','s')
```

这时，无论用户输入什么，返回值都自动变为字符形式。

2. 键盘控制命令 keyboard

其实就是“断点命令”，在程序的中间写上 keyboard 指令后，当程序运行到这一句时，会自动暂停运行，将控制权交给命令行，此时命令行后显示为 K >>的字符，这就是“调试模式”的意义，这时可以在命令行输入任何命令，比如修改变量值或显示结果数据等。要终止调试模式并继续执行，可在命令行中输入恢复执行命令 dbcont(debug continue)，要终止调试模式并退出文件而不完成执行，可在命令行中输入退出调试模式命令 dbquit(debug quit)。

3. 程序暂停命令 pause()

pause()函数可以实现程序的暂停运行，并且时间可控，如：

```
pause(5)                                        % 程序暂停运行 5s
```

暂停函数还有一个妙用，如果需要观察绘图过程，而 MATLAB 本身绘图速度又太快时，可以灵活使用 pause()来实现绘图慢动作；因此，动画速度也是可以通过 pause()函数来实现，这一点在第 4 章中动画的生成部分已有讲解。

4. 输出显示函数 disp()和 fprintf()

这两个函数的作用都是在命令行中显示一些数据和信息，它们不同之处在于，disp()更为简洁易用，而 fprintf()可设置选项更多，比如可以设置显示数据的小数点位数和格式，如：

```
disp(isPrint)                                   % 显示名为 isPrint 的变量的值
disp('Done!')                                   % 显示字符串
a = 5.06; fprintf('%s%1.1f\n','a = ',a);        % 显示结果为“a = 5.1”
```

disp()更为常用和简洁，而示例中的 fprintf()还设置了字段宽度和精度参数，并且其实它还可以向文件中输入，详细用法见 fprintf()的 doc 说明。

5. 信息输入函数 warning()和 error()

两个函数其实都跟 disp()的用法一致，只不过对于警告信息来说，软件会在命令行中把信息显示为橘红色，并且在信息前面显示“警告：”字符，但这种信息提示是不影响后面的代码运行的。对于报错函数 error()来说，不仅显示字符为深红色，并且后面的代码也不会继续执行，而是直接停止程序。

因此，程序的交互设计，实现的不仅是程序与用户之间的沟通，还是程序与编程者、编程者与用户之间的沟通，灵活运用可事半功倍。

6.6.2 文件交互

一个初阶的 MATLAB 编程人员往往缺乏文件交互的意识，而编写程序的目的其实就是在处理文件(数据也是文件的一种)。前面提到了工作目录与子工作目录的设定与意义,这就是一种文件交互,前述代码再复习一下:

```
workDir = uigetdir(workDir,'设置工作目录');
save Workspace.bpcdir workDir                     % 把工作目录保存为一个文件
% load Workspace.bpcdir - mat                     % 恢复上次设置工作目录
```

uigetdir()函数是以UI的形式让用户选择目录的对话框,并返回目录字符串;用save()函数把工作目录字符串保存在一个文件中,这个文件可以自己定义后缀,当然,后缀是什么并不重要,它的本质还是.mat文件,所以第三句加载(load)文件时,给定的文件类型就是.mat文件。这样一个过程,完成了目录的输入、保存和加载,这也正是文件操作的基本和常用方法。其中save()和load()函数必须熟悉掌握,对于.mat文件的存取也是最为重要和基本的操作。

上述uigetdir()函数以ui为前缀,这其实是一类局部UI函数,同类型函数还有:打开文件选择对话框uigetfile()、打开用于保存文件的对话框uiputfile()、打开文件选择对话框并将选定的文件加载到工作区中uiopen()、打开用于将变量保存到MAT文件的对话框uisave()。

虽然.mat文件是MATLAB最方便存取的文件,但是对于没有安装MATLAB软件的其他用户来说,能否可以不借助MATLAB软件就能打开及修改的文件格式呢,本书推荐.csv格式的文件,用户既可用普通的文本编辑器打开,也可用Excel打开,后者格式清晰易于分辨,非常适合数据库一类的表或结构体数据的保存。(.csv格式是以逗号分隔数据,结构上属于表类)读写.csv文件的代码如例:

```
writetable(tableDatabase, 'database.csv');       % 把 tableDatabase 数据存入.csv 文件
tableDatabase = readtable('database.csv');       % 把.csv 文件的数据读取存入表 tableDatabase
```

文件交互还有一个常用的操作,就是新建一个文件(比如.txt文本文件),然后在文件中写入一些内容再关闭,举一个具体的典型实例:

```
[fileName,pathName] ...
    = uiputfile('*.txt','请命名文件', [workDir,'\name.txt']);
fileID = fopen([pathName fileName],'w');
fprintf(fileID,'%s\n','此处为要输入的文本'); % 向文件中输入文本
flagFclose = fclose(fileID);                 % 解除占用
```

本例共4句,第1句使用uiputfile()函数,调用保存文件的对话框UI,其中workDir是本小节前述例子中输入的工作目录,而\name.txt字符串是在给出默认的文件名,也即当用户不予命名时的默认文件名;第2句使用fopen()函数打开刚才确认的文件,并设置为擦写模式('w'),其中返回并存入fileID的是一个整数代表的文件标识符,它是这个文件的唯一身份标识,相当于数字代码;第3句使用fprintf()函数向文件中打印信息,该函数可以详细设置文本格式;第4句需要特别注意,使用fclose()函数将处理的文件关闭,这样才能解除

对该文件的占用，否则只要不关闭 MATLAB，则该文件就不能被其他软件再行处理，甚至无法删除和移动，其返回值为 0 时表示关闭操作成功，返回 −1 表示关闭操作失败，建议对这些变量进行监视，以确保关闭操作无误。

6.6.3 语音交互

声音和语音无非是一些音频数据，与计算机进行声音和语音交互也不是什么未来科技的事情，在 MATLAB 中对于音频的输入，可以使用软件自带的声音文件处理函数即可，比如音频文件读取函数 audioread()，或者音频录制函数 record()，这些都是输入音频或语音的便捷方法，只是对于语音向文字的识别，没有现成的函数，需要另行编写程序。

但 MATLAB 却也有现成的办法输出语音，比如下面这 3 行代码：

```
sp = actxserver('SAPI.SpVoice');                   % 准备本地语音服务对象
sp.Rate = 2;                                        % 语速，-10～10
sp.Voice = 100;                                     % 语音，0～100
sp.Speak('欢迎来到 MATLAB 的世界!');
sp.Speak('Hello,welcome to the MATLAB world!');
```

试试看，是不是听到了曼妙的语音？其实 MATLAB 是一种解释性的脚本语言，可以说无所不能、非常强大，SpVoice 类是支持语音合成(TTS)的核心类，还有许多属性，这里只是简单调用，它还可以应用于语音识别。

6.6.4 局部 UI 交互

MATLAB 软件提供了一些内置的局部 UI 模块(也称为“对话框”)，可以利用它们实现直观的人机交互，对于脚本形式的主程序软件是一个很好的解决方案，尤其当所需输入参数较少时，其效果完全与整体设计 UI 相差无几，而且还能使用 P 加密分发(6.7 节详解)，是一种迅捷的编程手法。

前述选择目录的对话框函数 uigetdir()以及其他与文件交互相关的 UI 均属于局部 UI 交互，这种对话框非常清晰而明确，用户首次使用即能一目了然，这就是 UI 的效用。MATLAB 中常用的局部 UI 大致分三类：信息 UI、选择 UI 和输入 UI。

1. 信息 UI

“信息 UI”是计算机中最常见的一类局部 UI，在操作 Windows 系统时，经常出现的那一类警告、消息等，都属于信息 UI，它们只是程序对于用户的信息提示，而没有用户的数据输入，其本质都是非常简单的字符串显示而已，只是在 MATLAB 中提供了多种图标和设置选项，代码如下(图 6-14 所示为显示效果)：

```
errordlg('文件丢失!','错误');
```

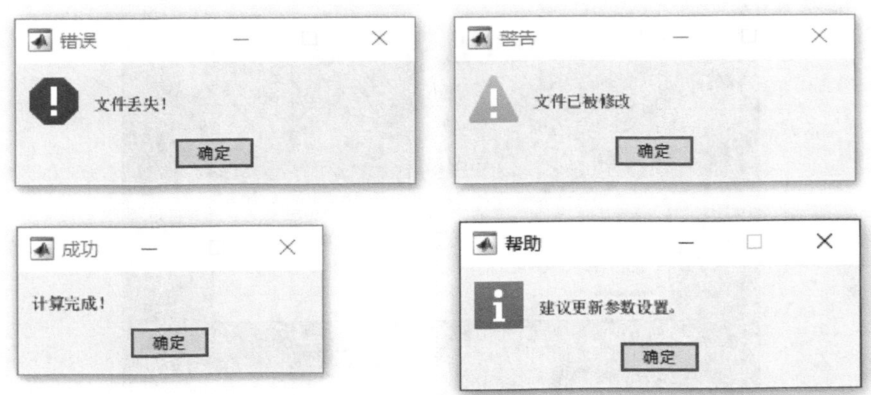

图 6-14　信息 UI 显示效果

```
warndlg('文件已被修改','警告');
msgbox('计算完成!', '成功');
helpdlg('建议更新参数设置.','帮助');
```

以上 4 种信息 UI 在实际应用时，不必过于强调区分形式，而是应以准确快速地传递信息为核心目标，灵活使用。信息 UI 中还有一种很重要的形式，它就是“进度条”，使用方法如下(如果拥有整体软件 UI，则不需要新建图窗和关闭图窗，代码运行效果如图 6-15 所示)：

```
f = uifigure;                          % 新建一个图窗
d = uiprogressdlg(f,'Title','进度显示','Message','正在计算中,请稍候...');
for i = 0:0.01:1
   d.Value = i;
   pause(0.04)                         % 此处的暂停时间决定了进度条的动画速度
end
close(d)                               % 关闭进度条
close(f)                               % 关闭图窗
```

进度条是人机交互中一个非常伟大的发明，它出现的意义甚至是革命性的，虽然绝大多数情况下，进度条并不是严格的“时间进度”，但它四两拨千斤地抚平了用户的焦急与疑惑的心理，是每一个软件设计者不得不重视的神器。

2. 选择 UI

“选择 UI”是由用户在程序备选的选项中进行选择，本质上也是输入的一种，包括“确认”对话框、“选择列表”对话框、“颜色”选择器、“字体”选择器。“确认”对话框 uiconfirm()应用代码如下(运行效果如图 6-16 所示)：

```
f = uifigure;
```

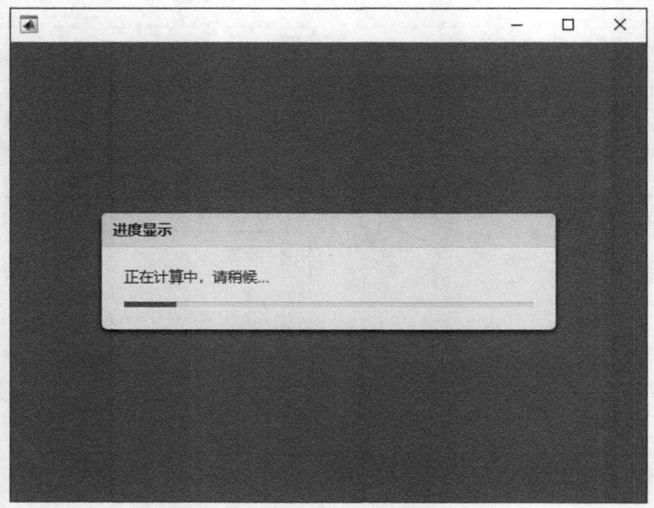

图 6-15　进度条运行效果

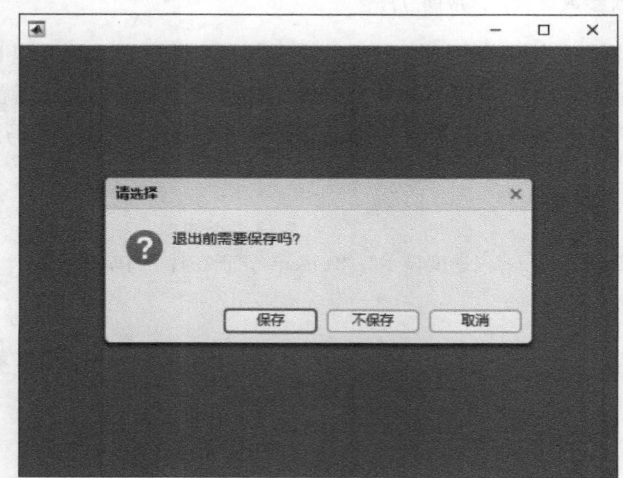

图 6-16　“确认”对话框运行效果

```
selection = uiconfirm(f, '退出前需要保存吗?', '请选择',...
    'Options',{'保存','不保存','取消'});
close(f)
```

返回给 selection 变量的即为用户单击按钮对应的字符串，返回的同时“确认”对话框自动关闭，程序可以通过返回的字符串来决定下步的运行。uiconfirm()函数功能强大，适用多种情况，详情见它的 doc 说明。

还有一种“选择列表”对话框，不但可以选择更多项，而且可以进行多选，使用 listdlg()函数，代码如下(显示效果如图 6-17 所示)：

图 6-17 "选择列表"对话框显示效果

```
list = {'红色','黄色','蓝色','绿色','橙色','紫色'};
[indx,tf] = listdlg('PromptString','选择喜欢的颜色','ListString',list);
```

还有两种常见的由 MATLAB 内置的选择对话框函数："颜色"选择器 uisetcolor()和"字体"选择器 uisetfont()，这些功能都是打包好的，可以直接使用，它们的显示界面如图 6-18 所示。

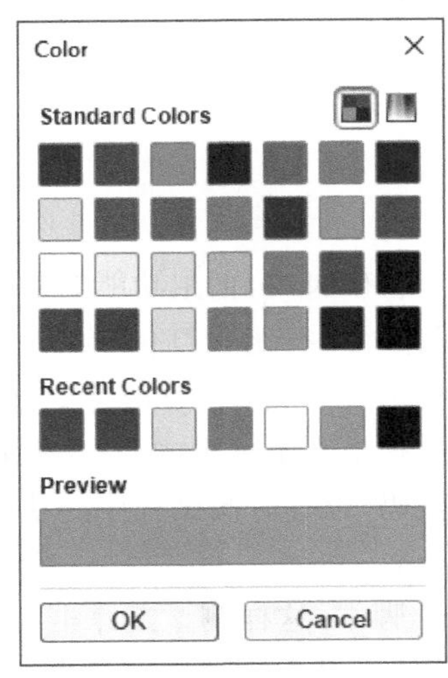

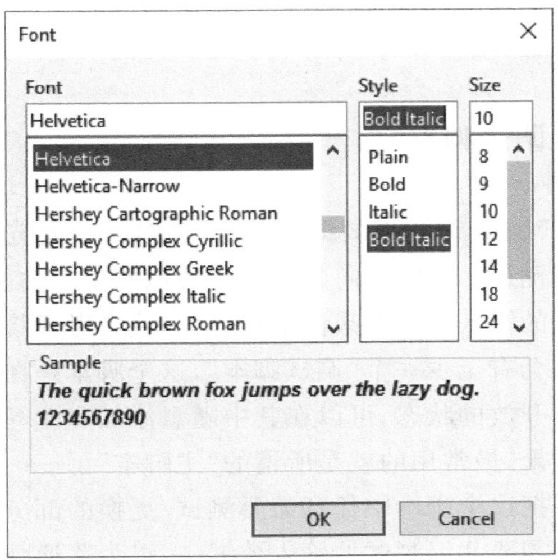

图 6-18 "颜色"选择器和"字体"选择器

3．输入 UI

绝大多数情况下，需要对程序进行一些参数的输入，这时可以用到输入 UI，具体的代码和结果如下(显示界面如图 6-19 所示)：

```
prompt = {'name:','age:'};
definput = {'小杰克','20'};
answer = inputdlg(prompt,'输入学生信息',[1 50],definput);
```

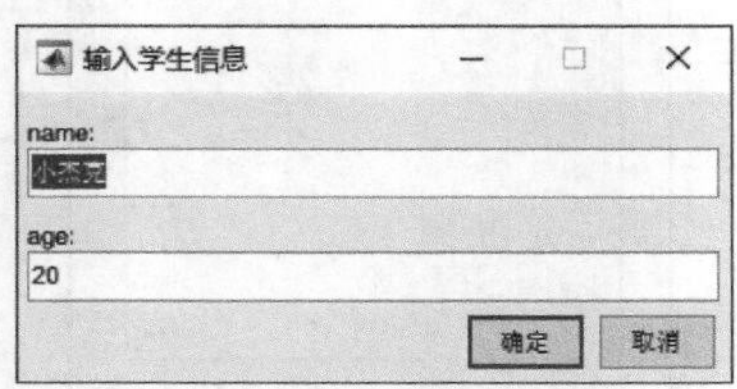

图 6-19　输入 UI

其中，变量 prompt 是以元胞阵的形式输入各参数的提示信息字符串，而 definput 变量表示各参数的默认输入值，意味着即使用户不进行输入也会返回默认字符。这种输入 UI 在没有软件界面而以脚本为主程序的软件中，经常用，也可以反复出现。注意，返回值 answer 也是对应尺寸的元胞阵，提取后对重要参数可以进行适当的检验，如果超出限制应及时报错并设置重新输入。

6.7　调试与分发

设计程序离不开程序的调试以及软件的分发，程序调试甚至是最占用时间的环节之一，尽量多掌握一些调试技巧有利于提高调试效率。

6.7.1　调试脚本

MATLAB 编程人员编程时的一般顺序：首先写一个基础脚本，把主功能的测试代码写入并运行测试；然后再向其中添加其他非主要功能的程序并进行函数打包和编写；最后再考虑数据的输入以及结果的输出方案，或者考虑将程序移植到 AppDesigner 中。所以，一般的程序都会有至少一个“调试脚本”，这个脚本是在编程过程中必不可少的，它代表着程序比较初级和开放的状态，可以在其中随意添加和注释部分代码，以临时测试程序的功能和数据的运算结果，最常用的就是所谓的“主脚本”了——Main. m。

可以把这个脚本中任意需要测试/更换的部分提出子脚本，这样测试起来非常方便，比如程序中需要几组测试的输入数据，一组为普通情况数据，一组为极端情况数据，还有一组为特殊情况数据，那么 Main 脚本的数据输入位置可以写为：

```
% 数据输入
ScriptNormal;                                  % 普通数据
% ScriptExtreme;                               % 极端数据
% ScriptSpecial;                               % 特殊数据
```

就这么简单，需要换哪组数据，就把哪组数据脚本取消注释，再把不需要的注释掉即可。

对于每个单独的函数而言，也建议写一个测试脚本，可以直接写在函数内部，一般包含一些基本的输入数据，测试用的中间节点输入，变量或图像，测试完成后直接注释，等待需要时再释放即可，甚至无须释放，使用 F9 快捷键运行也极为方便，这样做可以提高初期版本的质量和改进版本的可靠性。

在调试脚本中，建议在关键的计算环节后设置结果自动输出的代码，比如 disp()函数或一些作图函数，这种可视化的手法让程序在任何一步出了问题，都可以一目了然，节省大量的反复查 BUG 时间。即便一些作图动作比较耗时，也可以将它们打包注释，一旦需要检查结果，再进行释放。

6.7.2 程序调试

对于程序的调试，最常用的还是编辑器自带的功能按钮与断点的配合使用。在“编程器”工具栏中，绿色的三角符号为运行，相当于 F5 快捷键，这里脚本就会开始运行，直到遇到断点。断点可能通过单击代码行左侧的短横线产生，产生后显示为一个红色的圆点，程序将会运行到这个圆点处中断，不会运行该行处的代码。这时进入调试模式，命令行中显示为 K >>，表示此时为调试模式，变量空间也为当前的变量空间，用户可以在此时运行一些测试代码，来验证调试时的一些猜想。结束后还可以继续运行。在调试模式下，鼠标在变量位置停留时，会自动提示变量值，可以马上观察到，非常方便。

在编辑器上方按钮中，包含好几个与“节”有关的快捷键，比如“运行当前节并前进到下一节”Ctrl＋Shift＋Enter 以及“运行到当前节”Ctrl＋Enter 等，这也是为什么本书多次强调要把代码分节的原因，在调试程序或者寻找 BUG 的过程中，代码越模块化，结构越清晰，节省下来的时间将是几何级数级的。

如果在 MATLAB 命令行输入 dbstop if error，然后再运行程序，这样程序会自动停在出错的那一行，这时可以直接观察各个变量的值，省去了自己加断点的过程。而且，不需要每次运行程序前都输入 dbstop if error，只需要输入一次就可以。如果想在每次 warning 前暂停程序，也可以在命令行输入 dbstop if warning。在一定程度上，这条命令可以大大减少卡断点的频率，对程序的调试有提高效率的作用。

这里再次强调 F9 快捷键的使用，选中要运行的代码，直接按 F9 快捷键即可立即执行，与在命令行中一个字符一个字符敲入是等效的，不仅如此，在 doc 中的代码也可以直接使用该快捷键运行，在调试过程中极为实用。

前面讲解过注释的用法，在此处调试过程中，也是一个很好的工具，注释快捷键 Ctrl＋

R 和取消注释快捷键 Ctrl＋T,配合使用,十分强大。另外如果调试过程中发现过长时间的运行,可以随时中止运行,使用快捷键 Ctrl＋C,可以防止死循环以及临时有变。

关于程序运行时间,有时是需要监测的,比较常用的方法是使用 tic/toc 命令,代码如下:

```
tic
 % 程序
toc
```

tic/toc 命令会把两者中间部分的代码用时间记录下来,存入 toc 变量中,单位为秒(s)。不过这个时间并不精确,它属于 wall clock,与当时计算机的状态有关,比如是否也同时运行了其他的程序。而且测试者需要不停地压缩 tic/toc 的作用范围来确定程序中最慢的环节。这时还有另一种可以详细分析运行时间的工具,称为“探查器”,使用方法就是在运行程序时,单击编辑器中的“运行并计时”即可,由于该功能的调用,运行时间会比实际时间略长一些,运行结束后会弹出“探查器”信息,如图 6-20 所示。

探查器

文件(F) 编辑(E) 调试(B) 窗口(W) 帮助(H)

开始探查(P) 运行此代码(R): 探查时间: 4 秒

探查摘要

基于performance时间于 28-Jan-2020 16:46:27 生成。

函数名称	调用次数	总时间	自用时间*	总时间图 (深色条带 = 自用时间)
HasPropertiesAsNVPairs>getParserByClass	6	2.269 s	2.261 s	
getTextOpts	1	3.011 s	0.260 s	
readTextFile	1	3.550 s	0.231 s	
legacyReadtable	1	3.712 s	0.133 s	
table.table>table.getPropertyNamesList	1	0.101 s	0.097 s	
getTextOpts>getVarOptsArrayFromTypes	1	0.203 s	0.052 s	
seconds	1	0.047 s	0.045 s	
unique>uniqueR2012a	22	0.033 s	0.033 s	
detectTypes	1	0.057 s	0.033 s	
table2struct	1	0.067 s	0.026 s	
makeUniqueStrings>makeUnique	9	0.028 s	0.020 s	
...>ImportOptions.set.VariableOptions	1	0.028 s	0.019 s	
...gt;HasPropertiesAsNVPairs.parseInputs	6	2.338 s	0.019 s	
unique	22	0.052 s	0.018 s	
DatabasePrintHead	1	3.809 s	0.018 s	
...oLocal>RemoteToLocal.RemoteToLocal	1	0.018 s	0.016 s	

图 6-20 “探查器”信息

6.7.3 加密分发

最简单的分发，就是把工作目录打个包，复制分发，也就是把源文件分享了。

还有一种分发方式，在“编辑器”工具栏中，单击“发布”工具栏下的“发布”按钮，运行后生成一份.html 文件，以整理的格式显示对应.m 文件的代码，自动生成目录和标题，也是一种非常适合于代码学习的分发方式。

如果对于 MATLAB 程序既希望别人可以使用，又不希望把源代码分发出去，如何去做？其实这是作为程序员的一种常规的操作，对于带软件界面的 MATLAB 来说，用户是在软件界面上完成的交互和使用，因此，只需将软件打包为.exe 可执行文件就行，代码自然是相当于加密了，这与其他语言的软件编译是相同的道理。关于 MATLAB 的 UI 如何打包，详见第 7 章中关于 AppDesigner 的讲解。

另外，在 MATLAB 中还有一种非常厉害的文件加密方法，称为“P 文件加密法”。

在 MATLAB 中，如果打开软件后第一次运行程序，有可能会感觉到稍微有一点慢，而后面再去运行时，就会比较快了，这是因为 MATLAB 在首次执行 M 文件时，需要对其进行一次“解析”(Parse)，这个解析文件即.p 文件会存入内存，下一次运行时则直接运行.p 文件。这个.p 文件，作为一个中间文件，与.m 文件一一对应，但是又完全无法打开或查看，这就是一种加密方法。

生成.m 文件对应的.p 文件的方法是在命令行中输入：

```
pcode name.m                          % 将 name.m 文件生成对应的.p 文件,存于当前目录
pcode *.m                             % 将目录下所有.m 文件都保存一份对应的.p 文件
```

在当前目录下生成的.p 文件，与原对应文件同名，无论是函数、脚本还是类，作用完全相同，可以直接替代原文件，并且无法从中获得源代码。注意，如果在工作目录下，既有一个文件的.m 文件也有.p 文件，那么 MATLAB 运行程序时，会直接跳过.m 文件的解析，而选择已经解析完成的.p 文件，这样就会造成即使修改了.m 文件中的代码，在实际运行时也不会体现出来。在实际分发时，如果没有 UI，比较常用的方法是，留下一个可以公开的数据输入脚本或配置文件脚本，而其他关键的函数与脚本则打包为.p 文件。

这个.p 文件的保密性到底有多强？会不会被破解或者反编译？从原理上讲，.p 文件的加密性不会优于二进制，而且 MATLAB 的 doc 文件也不建议使用.p 代码文件用于保护知识产权，其实这是一种严谨的说法，程序员都知道“没有破不开的锁”。不过本书的观点认为，.p 文件的加密性极高，可以认为是安全的，主要原因是来源于 MATLAB 的官方动作，MathWorks 公司把软件的核心底层函数均使用.p 文件进行打包，这其实就从侧面反映了.p 文件加密方法的可靠性。

本章小结

本章全面梳理了 MATLAB 在程序设计方面的应用方法、技巧、习惯，也是之前章节的提炼与进阶；完成本章的学习后，读者已经从整体上对 MATLAB 拥有了非常全面的掌握，可以应用 MATLAB 解决各种各样的实际问题，为成为一个优秀的科学家或工程师打下了坚实的基础。

第7章 MATLAB软件设计——AppDesigner

MATLAB作为优秀的编程软件之一，也拥有非常优秀的软件界面设计能力，并且MATLAB提供的软件界面设计方案也延续了它的一贯作风——编程简洁、实现极快。

这里有必要先做一个概念澄清——“软件”“应用”“程序”有何不同？

从计算机学的角度来讲，三者还是有区别的。“软件”(Software)是相对于硬件而言的广义概念，包括所有程序和数据，从功能上分为系统软件和应用软件。“程序”(Program)就表示一系列控制指令。“应用”(Application)也称为应用软件(Application software)是面向终端用户的一组程序和数据，使用图形用户界面(Graphical User Interface，GUI)完成交互。它需要依赖于系统软件。以下表述可以总结它们之间的概念范畴：

```
功能角度：软件 = 系统软件 + 应用软件
性质角度：软件 = 程序 + 数据
```

不过，大众的认知还是从使用者角度出发，也比较易于理解。在大众概念中，系统软件称为“系统”，而应用软件就称为“软件”，所以应用与软件没什么区别。而程序是指与用户关系不大的后台的代码。这样的大众认知比较形象且易于沟通，这也是本书选择的语境：

```
大众语境：软件 = 应用软件 = 应用
```

在大众语境下，软件与应用都包含图形用户界面(GUI)，在习惯上，软件(Software)与应用(App)略微有所偏重。常把用软件(如MATLAB/COMSOL)生成的子软件称为应用(App)，所以在这样的语境下，App就是子软件的意思；而当App分发给其他用户时，在用户看来，这就是一款软件，正如第6章所述项目与子项目之间的关系一样。另外，由于移动端软件一般都称为App，所以App也逐渐被用于取代软件这个词语，成为一个替代软件的更为时尚和流行的用语。

本书结合计算机学概念、大众认知、MATLAB语境，大致上把以脚本和函数为主任务的设计称为“程序设计”(第 6 章已讲解),把以 GUI 为主任务的设计称为“软件设计”,也即“App 设计”。本章全面解析 AppDesigner 的应用方法,进而给出一个具体的应用实例,最后解析 App 的编程构建方法。

7.1 AppDesigner 介绍

App 与常见的软件界面一样,可以包含各种“交互式控件”,比如菜单、按钮和滑块等,当用户与这些控件交互时它们将执行相应的指令。App 也可以包含用于数据可视化或交互式数据探查的绘图。设计完成的 App 可以打包并与其他 MATLAB 用户共享,或者使用 MATLAB Compiler 生成独立的应用程序分发给没有 MATLAB 软件的计算机。在 MATLAB 中,App 的设计工具的名称,就称为 AppDesigner,是 MathWorks 公司在 R2016a 中正式推出的 GUIDE 的替代产品,它旨在顺应 Web 的潮流,帮助用户利用新的图形系统方便地设计更加美观的 GUI。

7.1.1 GUIDE 替代品

提到 AppDesigner,就不得不拿它与 GUIDE 作对比,梳理一下二者之间的关系。

1. AppDesigner 是 GUIDE 的替代品

GUIDE(GUI Development Environment)是旧版 MATLAB 的 GUI 开发环境,是许多 MATLAB 前辈开发者钟情的工具,但是,由于 GUIDE 自身存在一些技术和功能上的问题,MathWorks 于 2016 年春推出了它的替代性产品 AppDesigner,而旧版的 GUIDE 已经停止维护并将在未来几年内退出系统。全新的 AppDesigner 虽然刚刚推出时也存在许多问题和不足,但是作为 MathWorks 公司重点开发的核心产品,每版均有大量的更新与升级,已经成为颇受市场关注的希望之星。

2. AppDesigner 与 GUIDE 的主要区别在于所使用的技术

GUIDE 的基础是 Java Swing,它本身由于各种原因,成为甲骨文公司已经停止投入开发的一项技术,因此不是长久的选择。另外,时代的变迁使得软件行业逐渐兴起了基于 Web 的工作流,而 GUIDE 也无法提供类似的服务。AppDesigner 就是建立在现代 Web 技术的基础上,比如 JavaScript、HTML 和 CSS,这样就搭载上了一个非常灵活的平台,与时代同行。

3. AppDesigner 与 GUIDE 的编程模型有所不同

AppDesigner 为应用程序生成了一个 MATLAB 类(后面的实操中会详解),这使得 App 整体的程序回调与数据传递逻辑清晰可靠,远胜于 GUIDE 中所谓句柄结构以及各类数据概念的复杂逻辑。这既大大提高了 AppDesigner 的编程效率,也是对 App 鲁棒性的一种保障。

4. GUIDE 可向 AppDesigner 中迁移

2018 年春,MATLAB 为照顾 GUIDE 的老用户发布了 GUIDE 到 AppDesigner 的迁移工具,自动化地将旧版 GUIDE 程序转换为 AppDesigner 程序,布局上尽量保持原意,还能自动复制回调。这个迁移工具可以从 MATLAB 中心的文件交换或 MATLAB 桌面上的 Add-on Explorer 下载,它还会生成一个报告,解释后台是如何进行代码更新的,并提供了一些问题的解决办法。

小结:AppDesigner 是 GUIDE 的优质替代品,效率高、界面友好,是设计 App 的神器。建议学习过 GUIDE 的用户可以直接转学 AppDesigner,而没有学习过界面设计的用户,可以直接学习 AppDesigner 而无须再考虑与 GUIDE 相关的一切事宜。

7.1.2 基本功能

AppDesigner 主要用来做什么?它有怎样的功能?

1. 布局界面

首先,AppDesigner 提供了一个非常友好的 App 界面的布局方法,内置诸多控件,直接拖动控件进行摆放,并提供诸多工具对控件进行对齐、排列、间距控制,还能直接对控件的属性进行编辑,比如外观属性和基本功能属性。AppDesigner 设计的 App 界面美观大方,将信息化与工业化质感融为一体,富有现代气息,设置简洁高效,上手迅速。

2. 编写程序

App 界面的控件摆好的同时,AppDesigner 就会在后台自动生成对应的标准代码,包括用户对于控件的各种设置也都自动形成代码了,此时已经是一个可运行的 App,无须用户自己填写代码。对于控件可直接自动创建回调函数,用户只需要在特定的位置填写代码即可,工作量被控制到了极致。

3. 打包分发

完成 App 设计后,AppDesigner 提供了完善的打包工具,可以将 App 打包为 MATLAB App、Web App,或是独立运行的"桌面 App"(也就是最常用的.exe 可执行软件)。这三种分发方案基本可以满足绝大多数应用场景。

4. 代码框架

进入比较高级的阶段,AppDesigner 提供的界面框架可能会不满足编程者的特殊要求,比如需要动态创建、修改、删掉一些控件，或者将控件状态随数据变化而更改，这时就可以采用 App 的编程构建方法，先使用 AppDesigner 来搭建 App 的基本框架，然后再导出为.m 文件，并在此基础上修改增、删代码，实现 App 的编程构建。

以上 4 点精要地概括了 AppDesigner 的基本功能以及使用方法，下面直接介绍一个最简单的案例以便最快速地入门 AppDesigner。

7.1.3 快速入门

本小节旨在指导读者用最短时间，理清 AppDesigner 的使用流程和框架，建议按步骤操作，完成后可以再复习前两小节，加深一下感受。

1. 新建 App

首先，建立一个工作目录，在本章文件目录下建立一个名为 01 quickGuide 的工作目录；定位到这个目录下，在命令行输入 appdesigner 即可打开，选择“新建空白 App”，显示界面如图 7-1 所示。

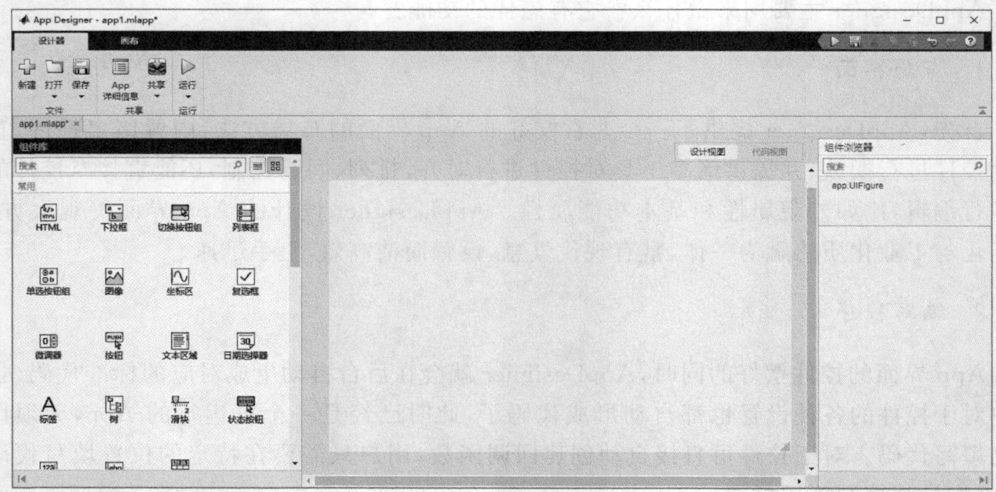

图 7-1　AppDesigner 界面

这时标题上还是未命名的 App，建议单击“保存”按钮，保存名为 quickGuide.mlapp，注意文件扩展名为.mlapp。

2. 布局控件

将左侧“组件库”中的“坐标区”和“滑块”拖入合适的位置，并调整大小，包括整个界面窗口的大小也可以调整，如图 7-2 所示。

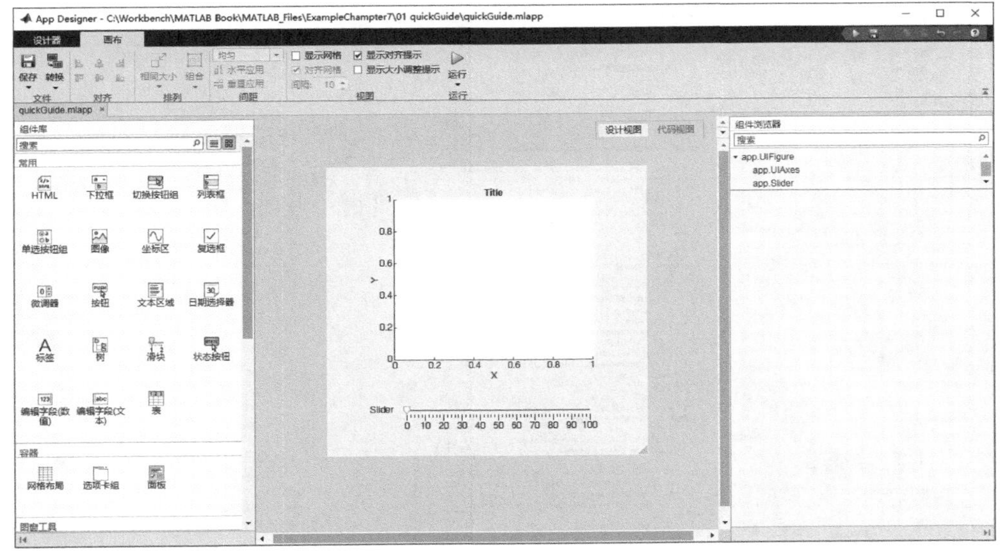

图 7-2　布局控件

3. 添加回调

在右侧“组件浏览器”中找到 app. Slider，右击“回调”，从弹出的快捷菜单中选择“添加 SliderValueChanged 回调”，这时界面自动跳转到“代码视图”，已创建好回调函数，并且将光标已定位于回调函数体内，用户只需要填写函数体代码即可。代码如下：

```
a = app.Slider.Value;
theta = linspace(0,1,60);
c = linspace(0,1,length(theta));
x = exp(theta). * sin(a * theta);
y = exp(theta). * cos(a * theta);
scatter(app.UIAxes,x,y,30,c,'filled');
```

效果如图 7-3 所示。

所谓“回调函数”就是在本例中，希望滑动滑块的位置时，坐标区内可以依据滑块位置作图，那么作图这个动作就自然需要一个触发。添加的是 SliderValueChanged 函数，意味着当滑块值变化后，会触发一个函数即回调函数。回调函数是软件界面设计中一个最重要的功能，几乎所有软件的动作反应都是由回调触发的。

4. 运行 App

至此，软件的设计就完成了，下面开始运行，按 F5 快捷键或单击“编辑器”工具栏中绿色的“运行”按钮即可，拖动滑块观察坐标区的变化（基于第 4 章图形可视化中的案例），这就是 App 运行时的实际效果，如图 7-4 所示。

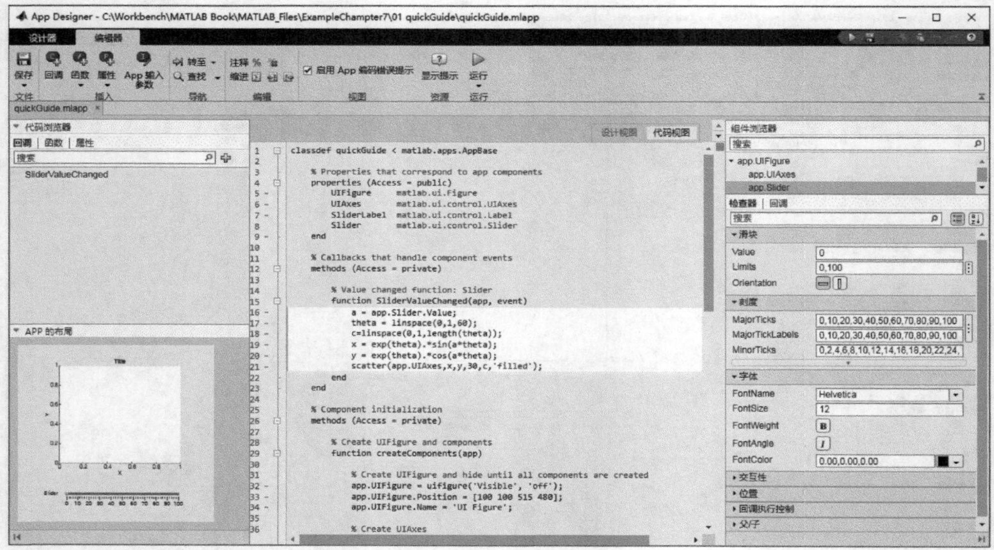

图 7-3 添加回调

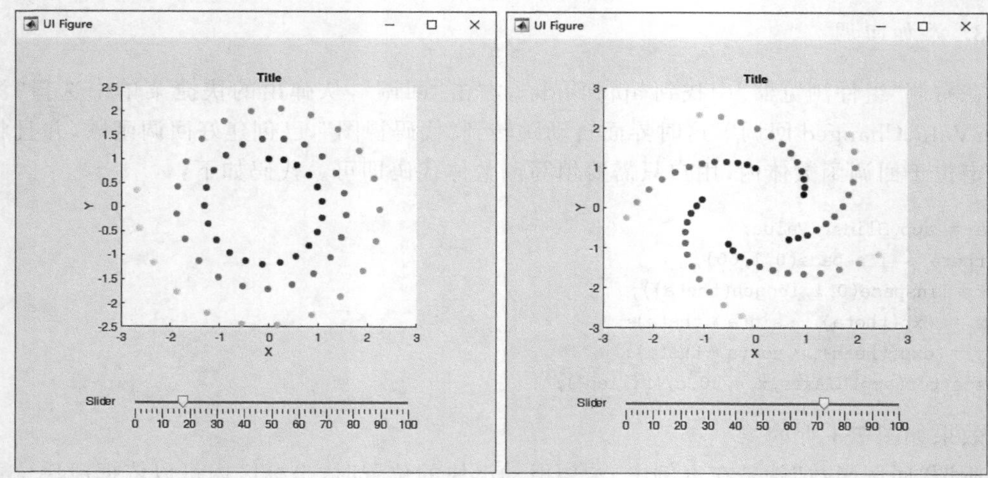

图 7-4 运行 App

读者可以自行在各个环节大胆修改、尝试,再运行,感受使用 AppDesigner 设计 App 的原理和流程。

7.2 AppDesigner 组件

在 7.1.3 节快速入门中,从左侧“组件库”中拖入的“坐标区”和“滑块”都属于“组件”,一个软件界面就是由各种各样的组件组成的。本节介绍这些“组件”的特性和用法。

7.2.1 常用组件

AppDesigner 里的组件非常丰富，而且版本更新时还经常会给用户带来新组件，图 7-5 总结了 R2020a 版本的常用 18 个组件的名称、示例图和对应的对象名称。

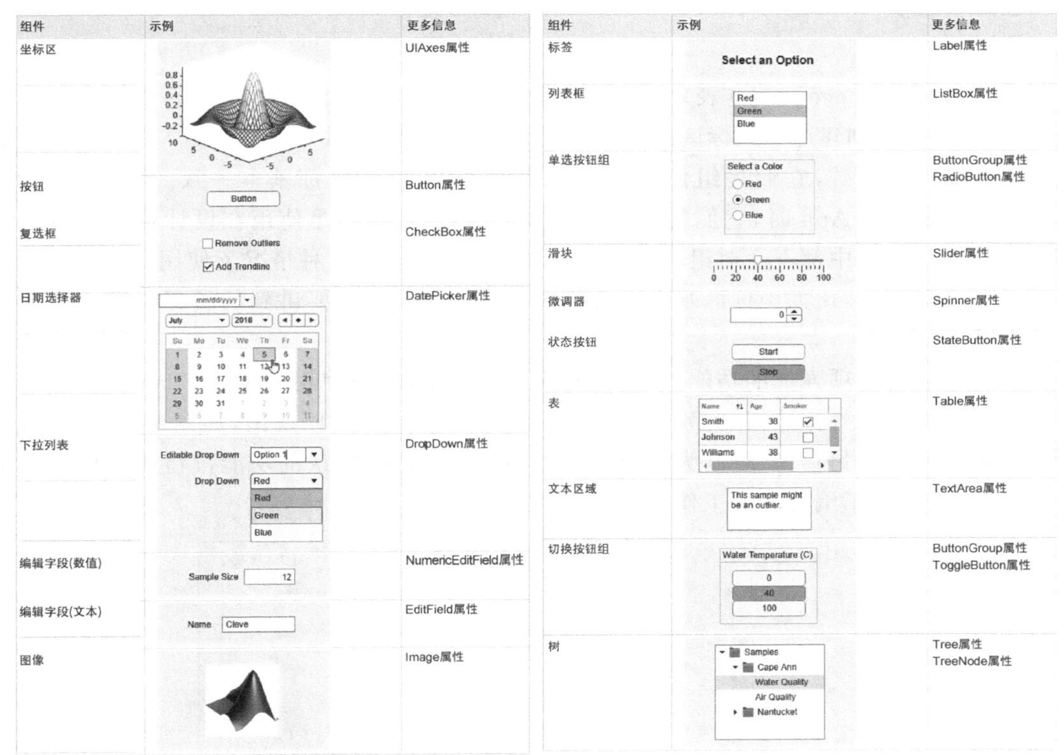

组件	示例	更多信息
坐标区		UIAxes属性
按钮	Button	Button属性
复选框	Remove Outliers Add Trendline	CheckBox属性
日期选择器	mm/dd/yyyy	DatePicker属性
下拉列表	Editable Drop Down Option 1 Drop Down Red	DropDown属性
编辑字段(数值)	Sample Size 12	NumericEditField属性
编辑字段(文本)	Name Cleve	EditField属性
图像		Image属性
标签	Select an Option	Label属性
列表框	Red Green Blue	ListBox属性
单选按钮组	Select a Color Red Green Blue	ButtonGroup属性 RadioButton属性
滑块	0 20 40 60 80 100	Slider属性
微调器	0	Spinner属性
状态按钮	Start Stop	StateButton属性
表	Name Age Smoker Smith 38 Johnson 43 Williams 38	Table属性
文本区域	This sample might be an outlier.	TextArea属性
切换按钮组	Water Temperature (C) 0 40 100	ButtonGroup属性 ToggleButton属性
树	Samples Cape Ann Water Quality Air Quality Nantucket	Tree属性 TreeNode属性

图 7-5 常用组件信息

每个组件其实就是一个 MATLAB 对象，对于组件的操作就是个性对象的属性值，所以一通百通，逻辑清晰有力，只要掌握思路多查 doc 文件，很容易就能精通使用方法。

1. 坐标区(UIAxes)

MATLAB 软件最顶尖的三个领域为数学、图形与编程，时代的潮流也是将各种可视化作为越来越基本的一项需求，因此 App 构建中难免要有作图区，也就是“坐标区”。坐标区的本质就是把平时作图的部分移到了 UI 中而已，因此 UIAxes 对象的属性虽然非常之多，但是绝大多数都比较常用，包括字体、刻度、标尺、网格、标签、多个绘图、颜色图和透明度图、框样式、位置、视图、交互性等，使用时仍然是圆点表示法，先取坐标区对象，再对其属性进行赋值，当然，也可以在 AppDesigner 右侧的“属性”检查器中直接修改，效果是一样的。

```
ax = uiaxes;
c = ax.Color;
ax.Color = 'blue';
```

坐标区的回调函数包括：

```
SizeChangedFcn()                              % UI 坐标区大小调整回调函数
CreateFcn()                                   % 创建函数
DeleteFcn()                                   % 删除函数
```

其中 SizeChangedFcn()表示当用户调整坐标区尺寸时要执行的函数，创建函数 CreateFcn()表示创建这个坐标区时要执行的函数，而删除函数 DeleteFcn()表示删除这个坐标时要执行的函数，它们是组件中常见的回调函数，用法也都基本一致。不过，在使用 AppDesigner 设计 App 时，它们的使用频率并不高，最常用的是使用在设计视图中布局好组件而在使用过程中都不会对组件进行改变，即“静态组件”，这种情况下使用到的回调函数一般比较少且简单，比如坐标区基本不会使用回调函数。后面要讲到的编程构建方法中才会大量用到。

坐标区还有一项强大的功能，在前述的快速入门中，用户使用坐标区生成作图后，坐标区的右上方会出现一排按钮，分别是导出、移动、放大、缩小、还原视图，如图 7-6 所示，另外“保存”选项还包括另存为、复制为图像、复制为向量图，这些默认的功能按钮极大地方便了用户，也大大减少了编程者的工作量。

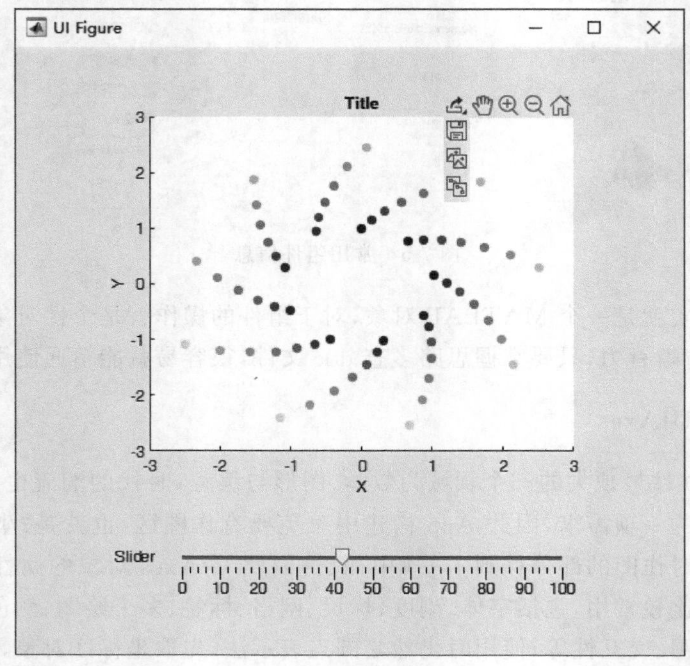

图 7-6 坐标区功能按钮

2. 按钮(Button)

按钮是常用的UI组件，它来源于工业界机器上的按钮，人们都理解它的涵义——按下就会发生什么，所以按钮一定是要写回调函数的，即

```
ButtonPushedFcn()                              % 按下按钮后执行的回调
```

按钮每按一次，这个回调函数中的代码就会执行一次，并且立即执行。

按钮有一个有趣的属性是Icon，用户可以选择一张图片作为按钮的图标，这时把文本设置为空，那么就得到了一个图片按钮，虽然按钮的边缘线还是存在，但是有些场景下可以灵活应用提高美观度。

背景色属性BackgroundColor也是其他组件经常会用到的，组件的颜色、字体都是方便可调的，按钮的默认背景色为[.96 .96 .96]，这与图窗的默认背景色[.94 .94 .94]略有不同，显示出了层次感。对于颜色的选择也是UI设计的一个重要的要求。

3. 复选框(CheckBox)

复选框简单地说就是复选，一般有两种用途：一是显示预设项的状态；二是由用户来改变各选项的状态。复选框只有两种状态(Value属性值)：或者为选中状态(1,true)或者为清除状态(0,false)。当其值更改后执行的回调函数为ValueChangedFcn()。复选框自带了复选标签(Text)，作为复选框的提示信息。

4. 日期选择器(DatePicker)

这是一个打包得非常好的高级功能，效果与常见的日期选择器无异，返回的Value值就是用户选定的日期，是一个datetime对象。datetime对象是一个表示时间点的数组，具有灵活的显示格式。比如可以把此时此刻的时间按格式打印出来。

```
datetime('now','TimeZone','local','Format','d-MMM-y HH:mm:ss Z')
ans = 29-1月-2020 15:26:33 +0800
```

5. 下拉列表(DropDown)

下拉列表的作用，是引导用户在诸多选项中选择一项，这项功能与“单选按钮”一致，只是选项比较多而且只想显示选中的这一项时，下拉列表就非常合适了。下拉列表中的选项使用Items属性来准备，比如下面的代码表示有红、绿、蓝3个选项(代码可直接运行)：

```
uf = uifigure;
dd = uidropdown(uf);
dd.Items = {'Red','Green','Blue'};
```

当然，在AppDesigner右侧的“属性”探查器中有更为直观的输入方式。发现下拉列表中还有一个ItemsData属性，它与Items有什么区别？

原来,如果没有设置 ItemsData 属性,那么返回值(Value)就是 Items 中的诸多字符串之一;然而,有时下拉项中字符较长,含有提示信息的,不易作为一个判断用的字符串,或者是选项较多,希望用数字来表示以便后期形成数字索引用于循环,这时就要用上 ItemsData 了。ItemsData 中同样可以保存 $1\times n$ 的字符串元胞,也可以是 $1\times n$ 的数值向量,它们在位置上与 Items 一一对应,当选定了下拉项中某一项后,自动返回 ItemsData 中的对应项,且忽略 Items 值。

下拉列表同样也有"变值回调"ValueChangedFcn(),还有一个属性功能,就是下拉列表是可以允许用户修改选项内容的,只需将属性 Editable 设置为'on'即可。这时就建议使用 ItemsData 设置功能,否则由于 Items 是可变更的,返回值对应的情况也难以准确判断。

6. 编辑数值字段(NumericEditField)和编辑文本字段(EditField)

两者极为相似,却又单独成为对象的原因,在于两者返回的值的类型不同,编辑数值字段返回的是"双精度数字",而编辑文本字段返回的是"字符向量"或"字符串标量"。编辑数值字段的输入框内,是无法输入非数字字符的,这就很好地限制了用户输入非法信息。除此之外,两者在其他方面完全一致。

这里再介绍一个工具提示属性(Tooltip),这个功能意味着,当用户将指针悬停在组件上时,将显示准备好的提示消息,这是编辑字段组件常用的属性,可以有效地指引用户的输入以及对于 UI 的理解。提示消息的内容就是 Tooltip 属性值,要想显示多行文本,可指定字符向量元胞数组或字符串数组。

对于编辑字段组件还有一个新的回调函数 ValueChangingFcn(),这个回调与前述 ValueChangedFcn()函数是不同的,它们一个是过去式一个是现在分词,正如字面意思,ValueChangingFcn()函数表示正在修改值时要执行的函数,也就是说,当用户在编辑字段中输入时,回调将重复执行,或者当用户按 Enter 键时,回调也会执行;不太常用,但有些场景下需要随用户输入马上刷新时采用。

7. 图像(Image)

UI 中常需要在某一位置放置图像,有的是作为信息提示,有的是作为可视化的数据,还有的是纯粹的美化用途。图像对象的 ImageSource 属性可以设置为图像源或文件,指定为文件路径或 $m\times n\times 3$ 真彩色图像数组也可以。图像对象和其他几乎所有对象一样,有一个可见性属性 Visible,对这个属性设置'on'或者'off'即可决定图像是否可见,非常实用。其实,图像还有一种用法,就是使用回调函数 ImageClickedFcn(),它的作用是单击图像即执行回调,这就与前述的按钮对象(Button)拥有一致的功能了,所以图像也可以用来当作按钮,并且没有按钮周围的边缘线,虽然没有按下去的那种操作手感,但是有些场合下是比较适用的,还可以增强美观度。

8. 标签(Label)

其实前述多项组件中都包含的标签这个组件,它的本质就是一个文本显示,没有输入功能，常作为 UI 上的固定的信息提示。如果动态修改标签的 Text 属性，还可以动态修改显示内容，也可以作为一个动态信息的提示组件。

9. 列表框(ListBox)

列表框几乎与前述的下拉列表(DropDown)完全一样，这里的列表框只是将所有选项同时显示在 UI 上，而不像下拉列表那样需要单击下三角按钮才显示。如果选项过多显示不下时，列表框会自动形成右侧滚动条，允许用户滑动选择。列表框的另一不同是，它可以允许多项选择，只要设置 Multiselect 属性为'on'即可实现，用户只要按住 Ctrl 键的同时再单击鼠标就可以完成多选功能。

10. 单选按钮组(ButtonGroup/ RadioButton)

这是第一个由两个对象组成的复合组件，包括控制按钮组的 ButtonGroup 和控制单选按钮的 RadioButton。这里需要解释，为什么单选按钮称为 RadioButton，因为老式汽车上的收音机按钮，按下一个时，其余的都会因为机械机构的巧妙设计而自动跳起来，这与单选按钮的功能完全一致，所以就起名为 RadioButton。

可以看出，按钮组其实是单选按钮"容器"，容器有许多管理能力，比如按钮组容器就完成了保证有且只有一个单选按钮被选中的功能，又如按钮组会返回 SelectedObject 表示当前选择单选按钮，可以设置 Scrollable 属性为'on'，这样容器就拥有了滚动能力，假如容器没有显示完整，则会自动展开上、下或左、右滚动条，保证所有信息在用户的操作下可以完整显示。

11. 滑块(Slider)

滑块就是 7.1.3 节快速入门中使用的组件，它允许用户非常直观地在一个范围内连续地选择一个值，多数情况下也不要求非常精准，只是大概值，但是希望快速操作即可选定。这些特性也决定了滑块一般不是在输入参数，而是在实时调节参数，需要一些 App 的实时输出让用户判断效果。属性 Limits 可以控制滑块的取值范围，赋值为二元素数值向量，比如[10 100]；属性 Orientation 可以控制滑块的方向，分为水平(horizontal)方向和竖直(vertical)方向。

12. 微调器(Spinner)

微调器本质就是上述"编辑数值字段"(NumericEditField)，唯一区别是增加了"单击增减"功能，向上、向下的小箭头单击一次就可以在现有数值上增减一次，增减幅度称为"步进值"，由属性 Step 控制。那么，为何还要有微调器这种组件？不要小看微调器，这个步进值本质上是在对用户进行很重要的提示，比如对于一个输入参数的调整，范围为 1～10(编辑数值字段也可以设置范围)，如果步进是 1，那么用户就知道这是一个粗调量，调整时就会以 1 甚至 2 来调整尝试，但如果步进是 0.1，那么用户就知道这是一个精调量，需要一点点测试，所以，好的步进值设置会向用户直接传递一个高效的"参数对效果影响"程度的提示。

13. 状态按钮(StateButton)

状态按钮与普通按钮的区别：状态按钮按下后，不弹起，只有再次按下后，才会弹起。与状态按钮功能最接近的，应该是复选框(CheckBox)，它们同样都是保持并显示逻辑状态。两者的区别，仅在于外观上。

14. 表(Table)

表组件其实是非常强大而便捷的组件，它可以直接与 MATLAB 中的数据结构——表(table)相匹配，当然也可以与各种类型的矩阵适配。表组件可以非常清晰地显示一个小型数据库，并且可以为用户开放编辑表中内容的功能。表组件比较常用的属性包括：

ColumnWidth：表列的宽度。

ColumnEditable：编辑列单元格的功能。

ColumnSortable：对列进行排序的能力。

ColumnFormat：单元格显示格式。

表组件比较常用的回调函数包括：

CellEditCallback()：单元格编辑回调函数。

CellSelectionCallback()：单元格选择回调函数。

DisplayDataChangedFcn()：在显示数据更改时执行的回调。

表组件的属性与回调确实都比较复杂，对于简单的数据可能不太必要，但是一旦数据量和数据类型都比较复杂时，往往会让 UI 特别清晰易懂。

15. 文本区(TextArea)

文本区与前述的编辑文本字段(EditField)基本相同，唯一区别是，文本区可以输入多行文本，宽度不足时自动换行，长度不足时还会自动展开右侧的滚动条。

16. 切换按钮组(ButtonGroup/ToggleButton)

这是第二次遇到两个组件形成的复合组件，按钮组组件仍然是一个容器，切换按钮组本质上与上述的单选按钮组(ButtonGroup/RadioButton)功能上完全相同，其中的切换按钮(ToggleButton)有且仅有一个保持为 1 的状态，其余为 0；两者的关系，正如状态按钮(StateButton)与复选框(CheckBox)，只是外观上的不同。

17. 树(Tree/TreeNode)

树是 MATLAB 的 UI 中另一个极其强大的组件，绝大多数的工程问题都适合表达成树的结构形式，比如 3D 建模的软件、有限元分析软件、编辑软件的 IDE 甚至办公软件，它们都不约而同地在软件界面的左侧展开了一个“模型树”结构，因为这种结构最清晰地展现了一个复杂工程的构成，所以树组件功能无疑也是 AppDesigner 的巨大成功之处。

树组件也是复合组件，先由一个"树对象"(Tree)构成框架，然后向其中添加"树节点对象"(TreeNode)，树对象返回 SelectedNodes 属性表示当前选定的节点，并且只要设置 Multiselect 属性为'on'还可以实现多项选择，Editable 属性设置节点文本可编辑性，树对象的常用回调函数包括：

SelectionChangedFcn()：所选内容改变时的回调。

NodeExpandedFcn()：节点展开时的回调。

NodeCollapsedFcn()：节点折叠时的回调。

NodeTextChangedFcn()：节点文本更改回调。

对于树节点对象来说，有 3 个显性属性：Text(节点文本)、NodeData(节点数据)、Icon(图标图像文件)，其中节点文本可以读取或改写，图标可以用于提示信息，而 NodeData 可以存储各种类型信息，这就为结构化的参数输入提供了方便的途径，为动态 UI 组件的设计提供了解决方案。

小结：本节全面讲解了 18 种 UI 组件，其中每一种都可以在不同的应用场景下发挥重要的作用，初学者以用代学，多看 doc 文件，学会总结它们的共通点。本节的组件中，以表和树这两种组件最为高级和强大，在普通的小型 App 设计中出镜不多，可以放在后面学习，不过一旦使用则会威力无穷，可使 App 瞬间高大。

补充：AppDesigner 最新推出了一个 HTML 组件，可以显示 HTML 标记，也可以嵌入 HTML/JavaScript/CSS 的内容，简单地说，就是可以将一个网页形式的内容篇幅显示在 App 中，形式就比较灵活多变了，适合作为网页的实时查看或者 App 的帮助文档。

7.2.2 容器组件

7.2.1 小节介绍了按钮组(ButtonGroup)和树(Tree)作为容器在复合组件中的作用，本小节总结一下可以单独使用的容器组件(Containers)，如图 7-7 所示。

1. 网格布局(GridLayout)

网格布局也称为"网格布局管理器"，它相当于用不可见的网格将 UI 划分为了几个部分，这几个部分的分布类似于矩阵或表格，成行成列，其效果类似于作图时的子图。同样，作为容器，它可以使用 Visible 属性控制子级的可见性，也可以使用 Scrollable 属性实现滚动能力，设置效果如图 7-8 所示。

从图 7-8 可见，可以使用"倍率 x"的形式让网格布局管理器自动完成布局分配，而具体的数字代表像素，比如图中 Padding 为 10 代表围绕网格外围进行的填充间距为 10 像素。这种布局管理在初学者使用 AppDesigner 进行 UI 设计时，并不实用，意义也不大，而在高级应用中使用编程构建方法时，会产生很大的意义。AppDesigner 新建 App 时，会提示可供选择的模板还有"可自动调整布局的两栏式 App" 以及"可自动调整布局的三栏式 App"，这两者就是依靠"网格布局管理器"实现的。

组件	示例	更多信息
网格布局	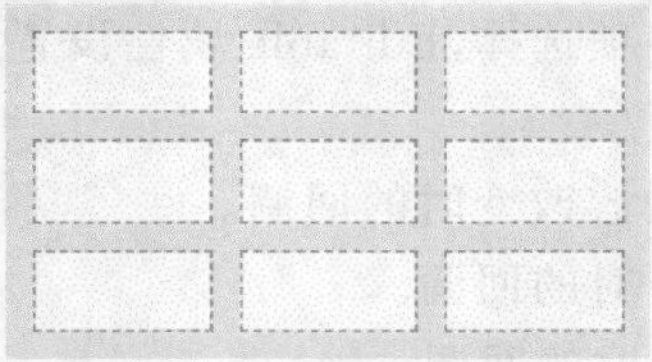	GridLayout 属性
面板	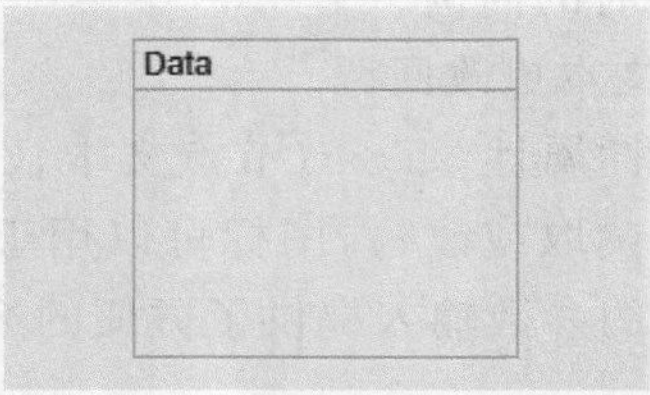 Data	Panel 属性
选项卡组	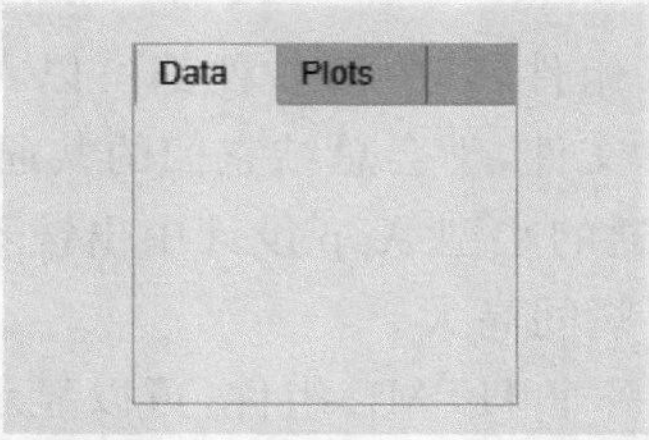 Data Plots	TabGroup 属性 Tab 属性
菜单栏	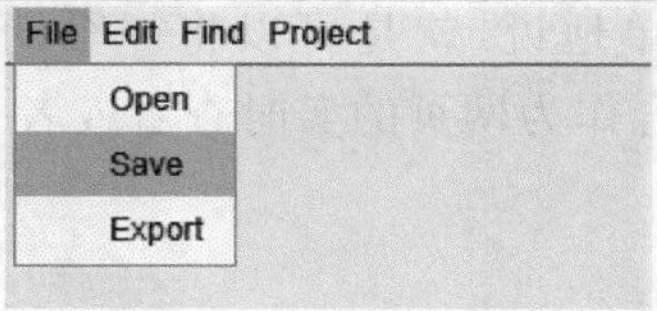 File Edit Find Project Open Save Export	Menu 属性

图 7-7　容器组件

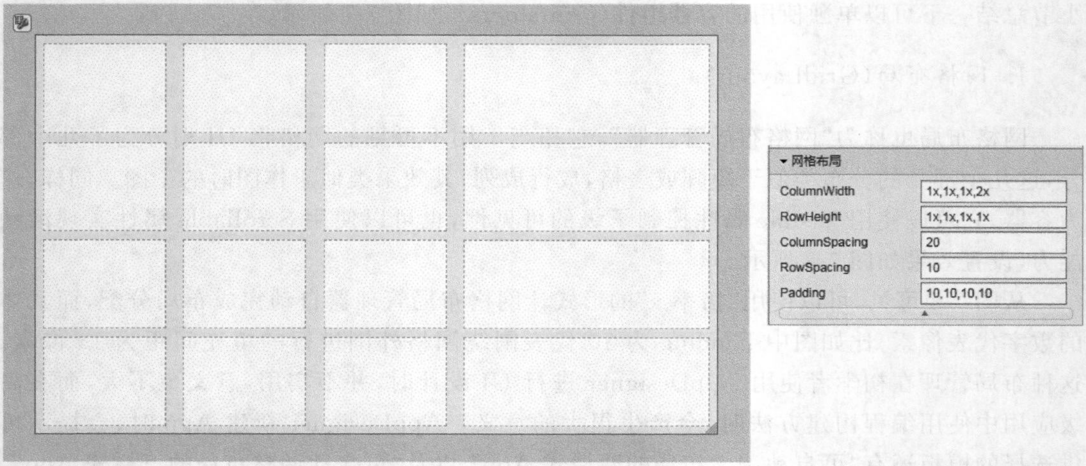

图 7-8　网格布局效果及属性

2. 面板(Panel)

面板是最常用的容器,一类单独的 UI 组件放到一个面板中,就非常整齐和成体系,用户一眼可知这些参数的设置是一个模块中的。面板自带标题(Title),当然也可以设置标题为空,另拖入一个标签组件,这样的好处就是可以去除标题下自带的分隔线,外观美化一些。

3. 选项卡组(TabGroup/Tab)

选项卡组是用来对选项卡进行分组和管理的容器,它有 TabLocation 属性可以设置选项卡标签位置,还有 SelectedTab 属性可以读取当前选择的选项卡,所选择的选项卡改变时还可以使用回调 SelectionChangedFcn。选项卡组常用于分配几个不同模块的参数设置界面,这样的好处是在有限的面积内显示大量的内容。选项卡组是初学者在使用 AppDesigner 设计 App 时的一种解决方案,如果是编程构建 App 时,则可以对面板进行动态的显示与隐藏,这样就不需要选项卡组了,从外观以及对用户的引导方面都有好处,后面会有详解。

4. 菜单栏(Menu)

严格地讲菜单栏并不属于容器;它在当前流行 App 的构建中几乎是必须"出镜"的一项,菜单在 App 窗口顶部显示带选项的下拉列表。菜单使用 Text 属性设置菜单标签,可以是字符向量或字符串标量,Menu 的父对象仍然可以是 Menu,这就是子菜单的设置方法。菜单的回调函数为 MenuSelectedFcn(),表示选定菜单时触发的回调。其实对于一款 App 来说,菜单并不是必要的,许多大型软件强调"一种功能有多个入口"导致了菜单栏上的许多功能其实在界面上其他部分也可以实现,这仅是一种 App 的设计思路,并不一定适合所有种类的 App,一个 App 的设计思路一定要以主线贯穿,不要为了加上菜单而加菜单,应该是为功能的需要服务。

7.2.3 仪表组件

AppDesigner 提供了一批类似于机器仪表的组件,比较适用于一些工业化 App 作为显示与控制的 UI,称为"仪表组件"(Instrumentation),共 10 个,如图 7-9 所示。

仪表组件分为 4 类,包括仪表类、旋钮类、信号灯和开头类,分别介绍如下:

1. 仪表类(Gauge)

仪表类包括仪表(Gauge)、90°仪表(NinetyDegreeGauge)、线性仪表(LinearGauge)、半圆形仪表(SemicircularGauge),它们只是在外观上有所不同,实际上都是用仪表的形式形象地显示一个值。使用 Value 属性值控制仪表指针的位置,Limits 属性设置最小和最大仪表

组件	示例	更多信息
仪表		Gauge 属性
90°仪表		NinetyDegreeGauge 属性
线性仪表		LinearGauge 属性
半圆形仪表		SemicircularGauge 属性
旋钮		Knob 属性
分挡旋钮	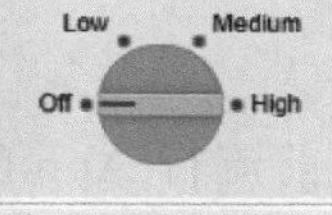	DiscreteKnob 属性
信号灯		Lamp 属性
开关		Switch 属性
跷板开关		RockerSwitch 属性
切换开关		ToggleSwitch 属性

图 7-9　仪表组件

标度值，ScaleColors 和 ScaleColorLimits 属性还可以控制标度颜色和色阶颜色范围，这样就可以非常直观地监控一个变量在它的变化范围内所处的位置，如图 7-10 所示。

仪表应用场景的特点：一是工业或工业感 App；二是用于一些实时变化的标量值的显示，指针的实时摆动给用户很强的反馈；三是数值类监控参数较多时，不同性质、单位、限幅的纯数字阵列会给用户非常糟糕的观察体验，此时修改为整齐的仪表，并且每个仪表清晰地显现出。

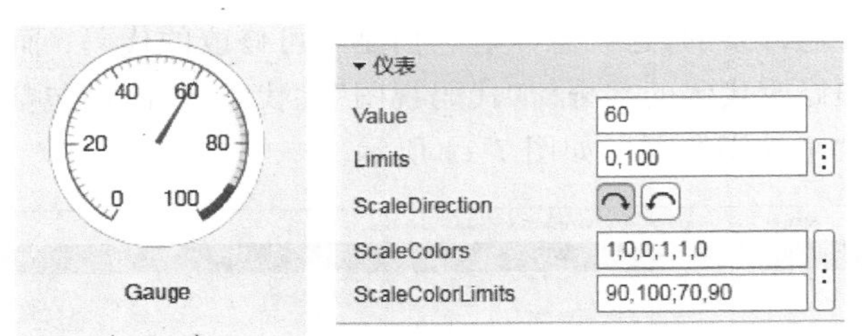

图 7-10　仪表外观及属性

2. 旋钮类(Knob)

旋钮类包括普通旋钮(Knob)和分挡旋钮(DiscreteKnob),普通旋钮的功能与前述滑块(Slider)的功能完全一致,只不过是外观上将直线运动变为旋转了;分挡旋钮与切换按钮组(ButtonGroup/ToggleButton)以及单选按钮组(ButtonGroup/RadioButton)的功能也都完全一致,也只是外观上的不同,分挡旋钮更适合于几个选项是某一参数的几个挡位的情况,因为它们互相之间还有一个大小或者先后的相对关系,使用分挡旋钮观察起来更为直观。

3. 信号灯(Lamp)

信号灯以颜色的形式来提示信息,在工业仪器仪表中最为常见,使得大众认知里对于各类颜色所表达的信息直接理解,无须解释,比如:灰色就代表灯灭,对应功能没有使能;绿色就表示对应功能运行正常;红色就表示对应功能出现错误;黄色或橙色就表示对应功能出现警告,需要用户注意。使用 Color 属性直接控制信号灯的颜色,非常简单易用。

4. 开关类(Switch)

开关类包括普通开关(Switch)、跷板开关(RockerSwitch)和切换开关(ToggleSwitch),3 个功能完全一致,仅是外观不同。这里做一个概念提示,"开关"与"按钮"的区别在于,开关有且仅有开(1)与关(0)两个状态,并且任何时间必定有一个状态有效,开关等效于"状态按钮";而按钮既可以按下后仅触发一次动作,也可以按下后保持不抬起,还可以多个按钮组合使用表示复杂的逻辑状态等。在常用组件中,复选框和状态按钮可以与开关相互替换使用。

7.3 AppDesigner 编程

App 除了 UI,就是界面背后的代码了,本节全面解析 AppDesigner 的编程方法。

7.3.1 代码视图

在前述快速入门中已经使用过代码视图,它的主体代码完全由 AppDesigner 自主生成,并且绝大部分都是灰色背景的，这就意味着它们是不可修改的代码；而背景为白色的部分，则是允许用户添加和修改代码的部分。“代码视图”除代码区外，还包括 3 个窗口：“代码浏览器”“App 的布局”“组件浏览器”，如图 7-11 所示。

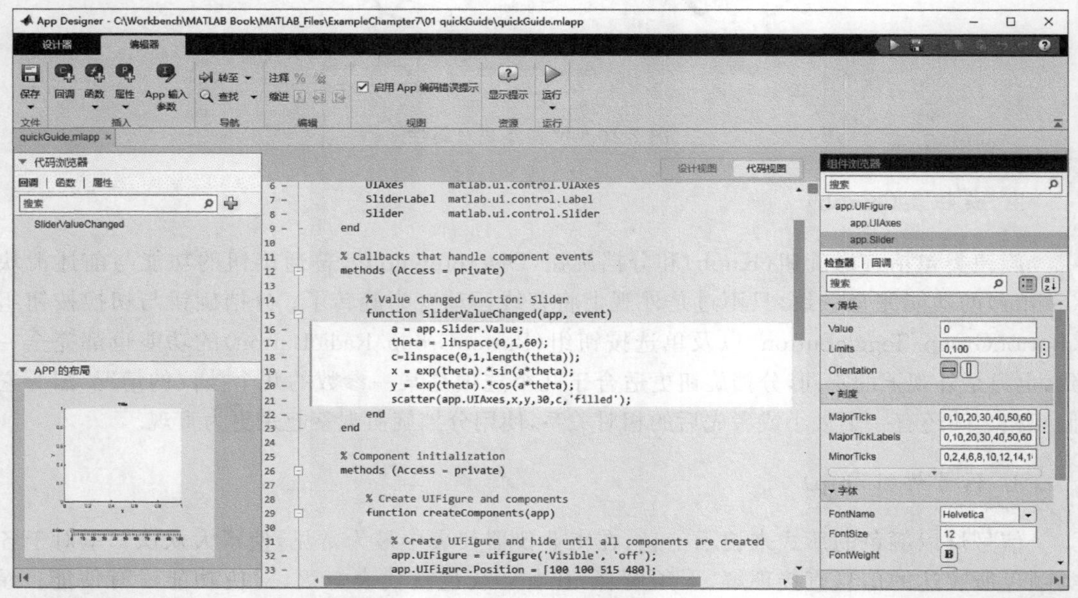

图 7-11 “代码视图”界面

（1）“代码浏览器”相当于一个目录，可以在“回调”“函数”“属性”中任意单击一项，即可跳转至对应代码的位置，还可以直接右键删掉对应模块；通过选择要移动的回调，然后将回调拖放到列表中的新位置，来重新排列回调的顺序，此操作会同时在编辑器中调整回调位置。

（2）“App 布局”是一个缩略视图化的 UI 目录，虽然不能移动其中的 UI，但是可以通过视图快速选择某个 UI 组件，这时右侧“组件浏览器”会更新为对应的组件。

（3）“组件浏览器”相当于组件的属性和回调的一个查看与修改器，在这里可以非常直观地对组件的功能与外观进行设置，也可以检查回调函数。

另外，“组件浏览器”的上部，构建了一个 UI 组件树，从这里不仅可以当作组件的目录进行快速选择，而且还可以一眼而知组件与组件之间的父子关系，甚至还可以在此处直接修改组件的名称以便于编程者的调用（双击即可修改个性名称，个性后全局代码中所有对应名称都自动更新）。还有一个很方便的功能，当用户在代码区单击一处编辑位置后，鼠标可在组件树上右击一个组件，从弹出的快捷菜单中选择“在光标处插入”，则组件的整体名称（包括 app. 的部分）就直接复制插入光标位置，非常方便。

此处解释一个重要的问题，如果需要在不同的函数之间传递数据，如何去做？这时就需要添加一个自定义属性，方法是在“编辑器”选项卡上单击“属性”下拉列表，然后选择“私有属性"或"公有属性"(公有属性在 App 内部和外部均可访问,而私有属性只能在 App 内部访问),比如选择公有属性,则代码显示为:

```
properties (Access = public)
      Data                                  % 要传递的数据
end
```

那么,无论在哪个函数中使用,都可以直接使用 app. Data 来直接调用。

如果要在 App 中的多个位置执行同一个代码块,可以自行创建函数。比如可能需要在用户更改编辑字段中的数字后更新某个绘图,那么就可以把更新绘图的代码打包为一个函数,每次使用时调用即可。创建方法是在"编辑器"选项卡上单击"函数"下拉列表,选择"私有函数"或"公有函数",私有函数只能在 App 内部调用;公有函数可在 App 内部或外部调用。私有函数通常在单窗口 App 中使用,而公有函数通常在多窗口 App 中使用。App 设计工具将创建一个模板函数,并将光标放在该函数的主体中。要想删除该函数,可以在"代码浏览器"的"函数"选项卡上选择函数名称,然后按 Delete 键。注意函数中如果用到 app 结构体中的数据时需要把 app 作为函数的输入参数,代码如下:

```
methods (Access = private)
        function myFunction(app)
                % 函数主体
        end
end
```

最后,如果构建的是一个多窗口 App,那么就需要在 App 中添加输入参数,方法是在"编辑器"选项卡上单击"App 输入参数"即可。

总结一下,公有与私有概念的区分有点类似于前述变量中全局与局部的区分,这里的公有与私有面向的都是"当前类",比如在代码区的第一句可以看到:

```
classdef quickGuide < matlab.apps.AppBase
```

这句代码的意思为,建立名为 quickGuide. mlapp 文件其实是 matlab. apps. AppBase 的一个子类,而后面所有的代码都是在描述这个类,也就是说,私有就是在这个类文件内部用到的属性或函数,而公有意味着可能传递到外部使用,初学者基本都以单窗口的简单架构为主,因此几乎不用区分公有与私有,建议都按私有处理。

7.3.2 编写回调

回调也称回调函数,它是在用户与 App 中的 UI 组件交互时执行的动作。大多数 UI 组件都至少包含一个回调,但是,某些仅用于显示信息的组件(如标签和信号灯)就没有回调。创建回调的方法很多,比如前述的在组件上右击,再比如在"组件浏览器"中的"回调"选项卡中创建回调,甚至还可以在"代码视图"中的"编辑器"选项卡中单击"回调"。

细心的读者可能已经发现，回调函数的输入参数中都有 app 和 event 两个参数，比如前述快速入门案例中的滑块组件回调函数：

```
function SliderValueChanged(app, event)
```

其中 app 是一个对象，从下面所示的代码（构造函数）中可以看出，它是属于建立的 quickGuide 类的一个对象，在这个 app 对象中保存着关于 UI 组件的一切信息，也保存着建立的属性信息，这一点从经常使用的圆点表示法中可见一斑。

```
function app = quickGuide
```

而 event 也是一个对象，这个对象包含了交互信息，而且根据所处回调的类型的不同，会自动返回所需要的不同属性，比如滑块的 ValueChangingFcn()回调中的 event 就包含一个名为 Value 的属性，这个属性存储的是用户移动滑块时（释放鼠标之前）的滑块值，有了它，就可以实现使用前述的仪表组件来实时跟踪滑块的值了。与 event 有关的使用帮助可以在对应组件 doc 文件的相应回调中查看。

注意，当用户从 App 中删除组件时，组件下的回调函数不一定同时被删除，这是因为回调函数有可能关联了其他函数或数据。这时需要搬运删除回调，方法是在“代码浏览器”的“回调”选项卡上选择回调名称，然后按 Delete 键。

7.3.3 启动任务

几乎任何一款 App 在启动之初都要自动地执行一些设定好的动作，这称为“启动任务”，在 MATLAB 中使用 StartupFcn()回调来实现。创建 StartupFcn()回调的方法是右击“组件浏览器”中的 UIFigure 组件，从弹出的快捷菜单中选择回调及添加 StartupFcn 回调。AppDesigner 会自动创建该函数并将光标置于函数的主体中，在这里添加的代码将在 App 启动时自动开始执行。

```
function startupFcn(app)
%启动任务代码
end
```

有哪些动作可能会在初始任务中执行？

(1) 清空历史使用痕迹。比如清空有可能残留的变量和作图区，防止对本次 App 的使用产生不利影响，这也是平时在使用软件时出现问题后重启即可解决的原理所在。

```
clc;                                    % 清屏
clear;                                  % 清除工作区变量
clear global;                           % 清除全局变量
cla(app.UIAxes);                        % 清除 UIAxes 中的图形
```

(2) 数据和状态初始化。比如有一些变量需要设置初始值，再比如一些标识符变量的初始值；一些 UI 组件也需要初始状态，比如信号灯的初始颜色。

(3) 数据库载入。一些 App 是伴随着一些数据库文件的，这些数据库文件可以在初始任务中就全部载入，存入工作区变量中，这样在 App 中可以随时调用，不必再临时加载数据。

(4) 自动调整布局。这一项功能在编程构建 App 操作中非常常用，在软件启动时，读取当前屏幕的尺寸，进行判断，并自动调整 UI 的整体布局与组件尺寸，这一系列操作都可以在启动任务中完成。

(5) 启动画面。许多软件 App 都有一个启动画面，一个原因当然是品牌展示，另一个原因也是因为启动任务较多耗时较长，启动画面从心理上可以减少等待，这项功能放在启动任务中，配合 pause()函数暂停几秒时间，再把 Visible 属性设置为'off'即可让画面消失。

任务(4)与(5)既可在启动任务函数 StartupFcn()中实现，当然也可在创建元件函数 createComponents()中完成，根据实际需要来决定。一般来说，由于使用 AppDesigner 设计的 App 中 createComponents()是不可编辑的，所以往往需要把它们放在启动任务中完成。

7.3.4 多窗口 App

日常生活中许多常用的 App 都包含多个窗口，也就是说一个主窗口可能无法满足所有需求，根据情况会跳出一个新的子窗口(通常被称为对话框，Dialog Box)，在其中进行一些设置与操作，这就被称为“多窗口 App”。准确地说，多窗口 App 由两个或多个共享数据的 App 构成，一般的逻辑是，主窗口中有一个按钮用于打开子窗口，当用户在子窗口中完成设置和操作后，子窗口关闭并把得到的数据发送给主窗口，主窗口继续完成其他任务，其关系如图 7-12 所示。

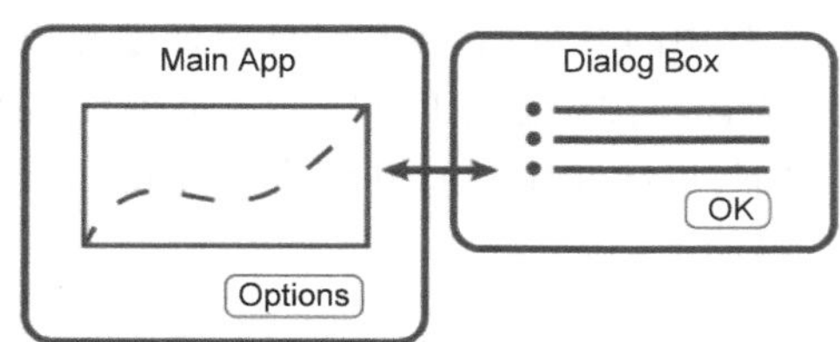

图 7-12 多窗口 App 结构关系

总体实现方法：当子窗口打开时，主窗口将使用输入参数调用子窗口，将信息传递给子窗口。当用户单击子窗口中的“确定”按钮时，子窗口将使用输入参数调用主窗口中的公有函数，将数据返回。具体操作分为以下 4 个步骤(可参见案例文件，目录为\02 multiApp)：

1. 分别创建 App

将主窗口与子窗口分别创建好 App，创建方法与前述一致，分别保存为单独的文件在同一工作目录下，比如 MainApp. mlapp 和 DialogApp. mlapp。

2. 分别创建属性

首先在主窗口中，创建一个用于存储子窗口对象的属性。代码如下：

```
properties (Access = private)
    DialogApp                        % 子窗口对象
end
```

对应地，在子窗口中，创建一个用于存储主窗口对象的属性。代码如下：

```
properties (Access = private)
    CallingApp                       % 主子窗口对象
end
```

需要提醒，两个属性均为私有属性，均仅在自己的类文件范围内起作用。

3. 将信息发送给子窗口

在“编辑器”选项卡上，单击“App 输入参数”，在对话框中输入变量名(以逗号分隔)列表，其中一个就是主窗口对象，比如起名为 mainapp。然后在初始任务函数中把主窗口对象保存即可。对话框自动显示输入的变量都是 StartupFcn()初始任务函数的输入参数，也就是说，如果使用编程法构建 App，直接修改 StartupFcn()的输入参数即可。本步骤至此全部内容相当于代码：

```
function StartupFcn(app,mainapp,sz,c)
    app.CallingApp = mainapp;        % 把主窗口对象保存下来
end
```

提醒一下，此处代码是位于子窗口中的，因此 app 只是一个对象的代号，在本文件内代表子窗口对象，类似于一个函数中的变量，它在本文件之外是无效的。

然后，在主窗口代码中，为选项按钮添加回调 OptionsButtonPushed()，该函数的功能，一是要禁止该按钮再次被按下，以防止重复打开多个子窗口；二是创建子窗口并将对象信息存入 app.DialogApp。代码如下：

```
function OptionsButtonPushed(app,event)
    app.OptionsButton.Enable = 'off';    % 将按钮禁用，防止重复打开子窗口
    app.DialogApp = DialogApp(app);      % 创建子窗口并将对象信息存入 app.DialogApp
end
```

注意，这里 DialogApp()函数就是 DialogApp 类中的“构造函数”，因为是公有函数所以可以在类文件外部直接调用，输入参数为 app，由于本代码是在主窗口代码中写的，所以这里的 app 就代表主窗口对象。

4. 将信息返回给主窗口

首先，在主窗口中创建一个公有函数，用来更新 UI。函数名称可以修改，比如改为

updateplot(),输入参数为 app。

```
function updateplot(app, sz, c)
    %更新 UI 的程序
    app.OptionsButton.Enable = 'on';      % 这里让选项按钮恢复可用
end
```

然后,在子窗口的确定按钮回调函数中,调用上面那个公有函数 updateplot(),记得要按照设置好的输入参数格式把对应数据输入,此时由于是在子窗口代码中书写,则 app.CallingApp 就代表着主窗口对象。调用完成后,再使用 delete()函数关闭子窗口。

```
function ButtonPushed(app,event)
    updateplot(app.CallingApp, app.EditField.Value, app.DropDown.Value);
    delete(app)                           % 删除子窗口
end
```

5. 关闭窗口时的管理任务

初学者常常想不到,但必须注意,无论是主窗口还是子窗口,当窗口关闭之前应该自动去执行一些必要任务,所以需要在两个 App 中各编写一个 CloseRequest()回调函数,在窗口关闭时执行维护任务。

(1) 子窗口关闭前,必须让主窗口中的选项按钮恢复功能,代码如下:

```
function DialogAppCloseRequest(app,event)
    app.CallingApp.OptionsButton.Enable = 'on';     % 选项按钮恢复功能
    delete(app)                                     % 删除子窗口
end
```

(2) 主窗口关闭前,必须保证让子窗口也关闭,代码如下:

```
function MainAppCloseRequest(app,event)
    delete(app.DialogApp)                           % 删除子窗口
    delete(app)                                     % 删除主窗口
end
```

多窗口 App 的设计就完成了,比较复杂,但整个过程可以加深对 App 设计的理解。

7.3.5 App 打包

App 拥有优秀的人机交互界面,就基本决定了它的诞生是为了让更多人使用,App 打包就是实现分发的最后一步。在 AppDesigner 中打开一个.mlapp 文件后,可以在“设计器”选项卡中看到“分享”这一项,明确提供了以下 3 种 App 打包方案。

1. MATLAB App

MATLAB App 是指在 MATLAB 软件中嵌入运行的 App,其实,在 MATLAB 主界面上方就有一个 App 选项卡，其中包含的工具就是 App，只不过这些是官方发布的 App 而已。

打包工具会自动分析出除了主文件外的其他包含的文件，如图 7-13 所示。打包成功后会生成一个安装文件 Display Plot. mlappinstall。

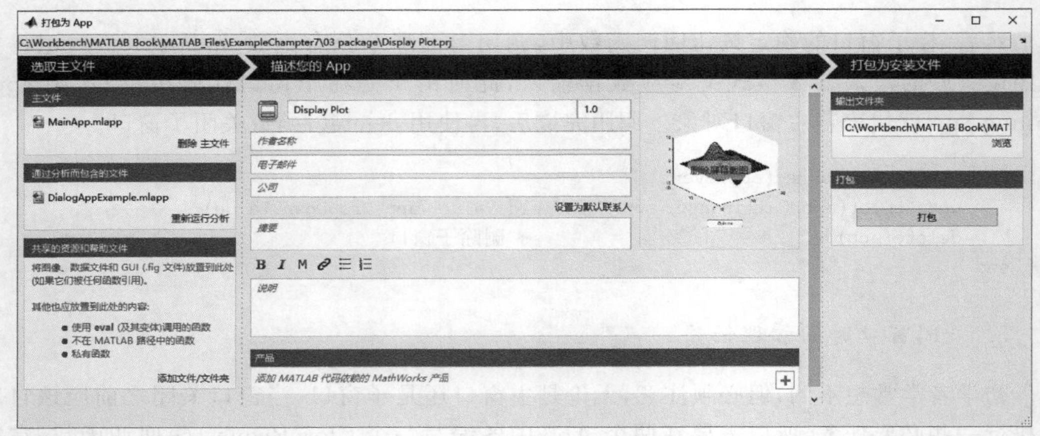

图 7-13　MATLAB App 打包工具

在主界面 App 选项卡下，单击“安装 App”，选择刚才生成的安装文件，即可把 App 安装在选项卡中，与其他官方 App 一起，如图 7-14 所示。

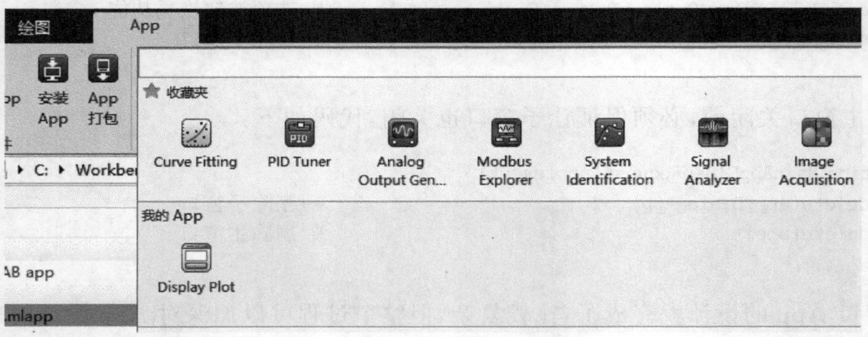

图 7-14　选项卡 App 显示区

这种 MATLAB App 的打包方式，显然是适用于待分发的计算机都拥有 MATLAB 软件的情况。MATLAB 的 App 安装完成后，每次使用需要先打开 MATLAB 软件，再单击打开 App，如果仅计算打开 App 的时间，则启动速度还比较快。

2. Web App

Web App 是指，使用 MATLAB 编译器将 App 打包到 Web 上，并将编译后的应用程序复制到用户已经建立的 MATLAB Web 应用服务器上。这样，任何访问服务器的人都可以在 Web 浏览器中访问相应的 URL。即使不是 MATLAB 用户，也可以在浏览器中运行应用程序。这种方法对于共享应用程序来说是理想的，可以让合作者通过 Web 浏览器轻松访问。打包工具界面如图 7-15 所示。

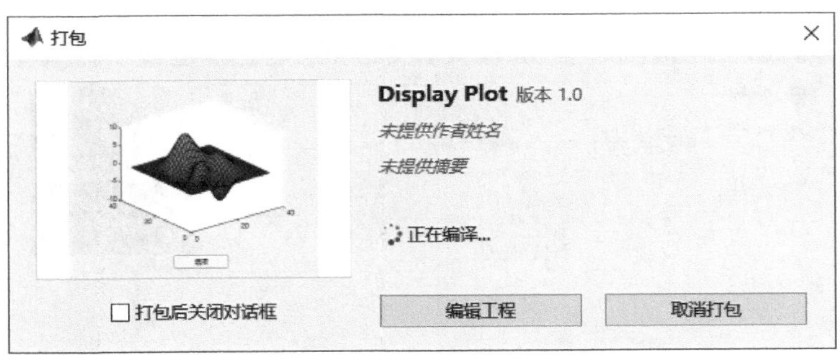

图 7-15　Web App 打包工具界面

这种方式，既不要求使用者计算机上有 MATLAB 软件，也不要求有运行环境(Runtime)，只要有浏览器以及可靠的网络即可使用，并且间接实现了将算力瓶颈转移到服务器上，是一种先进的分发模式，只需要部署一台服务器并完成基于 MATLAB Web App Server 的托管即可。

3. 独立桌面 App

这种方式仍然是当前需求量最大的分发方式，由于使用者计算机未必都有 MATLAB 软件或稳定的 Web 接入部署服务器，独立桌面 App 是要求最低的分发方式。独立桌面 App 就相当于一个编译好的可执行程序(.exe)，只不过需要计算机用户预先安装好 MATLAB 的运行环境(Runtime)。打包工具界面如图 7-16 所示。

打包工具栏中有两个“打包选项”，这其实是关于运行环境选择的，一是网上下载 Runtime，二是直接将 Runtime 打包到安装包中。本书建议采用第一种方式，更为可靠不易出错，并且安装包更简洁小巧。对于用户计算机，直接在搜索引擎中输入 MATLAB Runtime 的第一结果即可进入官网，下载与 App 设计同一版本下最新的 Runtime 并安装即可。独立桌面打包完成后会生成 3 个文件夹与 1 个文件，它们分别表示如下：

- for_redistribution 文件夹包含用于安装应用程序和 MATLAB Runtime，这也就是安装包文件夹，在用户计算机上可以用这个文件夹里的安装包来进行安装。
- for_redistribution_files_only 文件夹包含应用程序的重新发布所需的文件。如果用户计算机已经使用上述文件夹中的安装包进行过安装，而程序需要更新时，可以将本文件夹中的文件直接替换到安装目录下即可。
- for_testing 文件夹包含所有由 MCC 创建的文件，像二进制文件和 jar 文件，头和源文件，使用这些文件来测试安装。说是测试，其实就是不需要安装的“绿色版本”，把该文件直接复制到用户计算机中，其中的.exe 文件可以直接运行，所以这种方式可

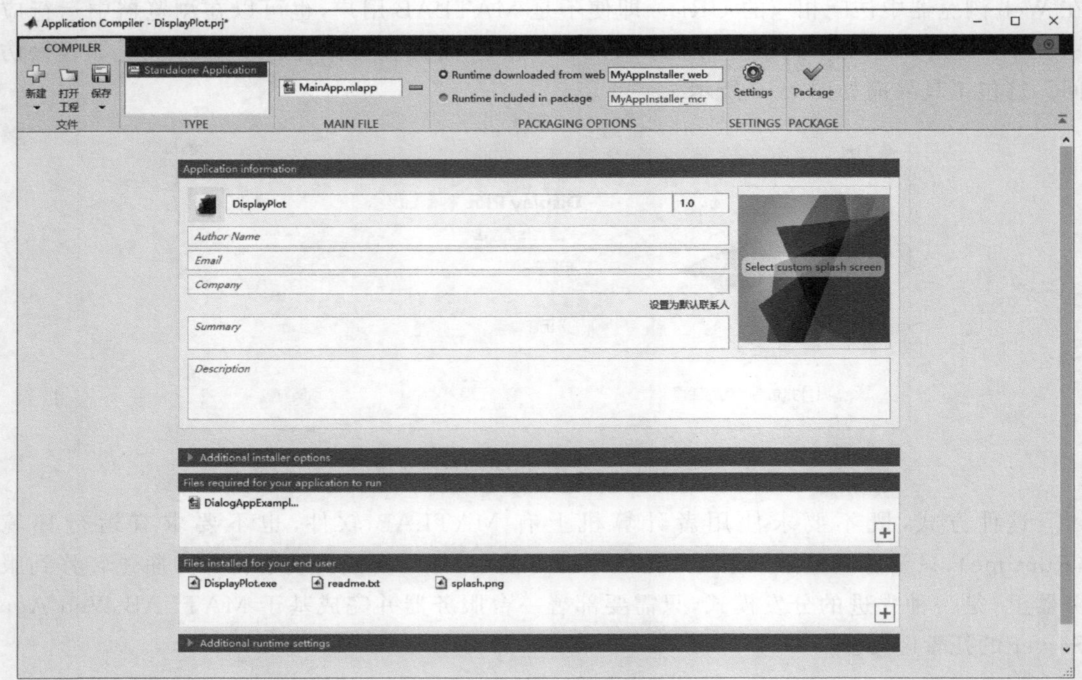

图 7-16　独立桌面 App 打包工具界面

以使用，并不一定要使用安装包。

- PackagingLog. txt 是由编译器生成的日志文件。

不过，使用过独立桌面 App 的读者应该知道，这种方式打包的 App 每次启动时，需要先加载 MATLAB Runtime 和其他一些数据，因此每次启动时间非常长，基本要在 30s 左右。

7.4 软件设计实战

本节的目标，是设计一款有一定复杂度的小软件，同时展示作图应用技法与表数据结构及 UI 组件的应用方法，借此加强对于软件设计思路与流程的理解。本例做了一定程度的精简，可以加快学习进度，减小不必要的精力浪费。

7.4.1 功能设计

App 就是为了实现功能的，所以一款 App 的功能设计应该位于全部设计之初进行。

本节准备设计一款数据库显示分析 App，拟对三国时期各势力文臣武将的数据进行分析，以得到一些对于数据库信息的理解。

给要设计的 App 制定以下 3 个基本功能目标：

(1) 显示全部人物的各项数据，并且可以进行排序操作。

(2) 对于选定的某个人物，可以直观地显示其 4 项能力值(统率、武力、智力、政治)。

(3) 基于数据库中的全部人物数据，可以分析出各项能力之间的影响关系。

从 App 功能角度而言，MATLAB 的 App 开发，与其他大型语言下的 App 开发常常会有一些不同之处，比如使用 M 语言开发 App 时，大多数情况下比较偏重算法和关键结论，而往往不提出细节功能要求，以面向功能快速实现为核心目标，实现核心功能后再逐渐添加附属功能，所以对于功能的设计不仅是第一步，而且还是比较重要甚至有难度的一步。

对于普通的 MATLAB 程序员来说，真正设计一款 App 的流程往往是螺旋式的，比如先初步规划要实现哪些功能，然后对于比较不太有把握实现的部分，进行独立的代码试验，根据试验情况规划 App 架构，调试后根据使用情况再增加新功能。所以，设计 App 的第一步是提炼核心功能，实现后加入边缘功能，切忌一开始就抓住一些细节功能不放。

7.4.2 数据准备

本章开篇就解释过，软件等于数据加程序，对于 App 的设计而言，数据不仅是应用过程与调试过程中必不可少的，而且应该是在 App 设计之初就应该准备好的，因为后续的设计都要围绕数据的具体情况来展开。

为制作这款三国时期文臣武将数据库展示分析软件，作者以网络上的三国志游戏资料为基础，整理编写了一份 Execl 文件，包括姓名、字、性别、性格、武力、智力等数据，如图 7-17 所示(这些数据只是游戏中的设定，只能一定程度上反应历史人物，此处仅作为一个有趣味和文化历史背景的用于练习的数据集)。

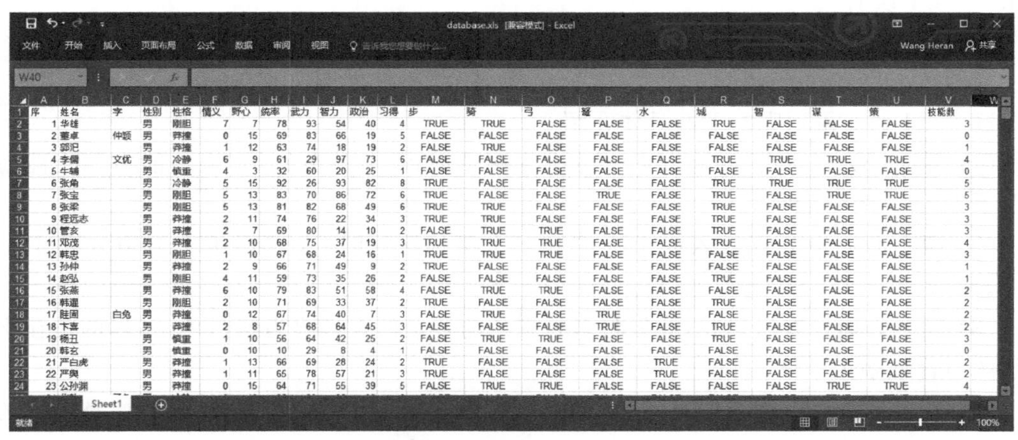

序	姓名	字	性别	性格	情义	野心	统率	武力	智力	政治	习得	步	骑	弓	弩	水	城	智	谋	策	技能数
1	华雄		男	刚胆	7	7	78	93	54	40	4	TRUE	TRUE	FALSE	FALSE	FALSE	TRUE	FALSE	FALSE	FALSE	3
2	董卓	仲颖	男	莽撞	0	15	69	83	66	19	5	FALSE	FALSE	FALSE	FALSE	FALSE	FALSE	FALSE	FALSE	FALSE	0
3	郭汜		男	莽撞	1	12	63	74	18	19	2	FALSE	TRUE	FALSE	FALSE	FALSE	FALSE	FALSE	FALSE	FALSE	1
4	李儒	文优	男	冷静	6	9	61	29	97	73	6	FALSE	FALSE	FALSE	FALSE	FALSE	TRUE	TRUE	TRUE	TRUE	4
5	牛辅		男	慎重	4	3	32	60	20	25	1	FALSE	FALSE	FALSE	FALSE	FALSE	FALSE	FALSE	FALSE	FALSE	0
6	张角		男	冷静	5	15	92	26	93	82	8	TRUE	FALSE	FALSE	FALSE	FALSE	TRUE	TRUE	TRUE	TRUE	5
7	张宝		男	刚胆	5	13	83	70	86	72	6	TRUE	FALSE	FALSE	TRUE	FALSE	TRUE	FALSE	TRUE	TRUE	5
8	张梁		男	刚胆	5	13	81	82	68	49	6	TRUE	TRUE	FALSE	FALSE	FALSE	TRUE	FALSE	FALSE	FALSE	3
9	程远志		男	莽撞	2	11	74	76	22	34	3	TRUE	TRUE	FALSE	FALSE	FALSE	TRUE	FALSE	FALSE	FALSE	3
10	管亥		男	莽撞	2	7	69	80	14	10	2	FALSE	TRUE	TRUE	FALSE	FALSE	TRUE	FALSE	FALSE	FALSE	3
11	邓茂		男	莽撞	2	10	68	75	37	19	3	TRUE	TRUE	TRUE	FALSE	FALSE	TRUE	FALSE	FALSE	FALSE	4
12	韩忠		男	刚胆	1	10	67	68	24	16	1	TRUE	TRUE	TRUE	FALSE	FALSE	FALSE	FALSE	FALSE	FALSE	3
13	孙仲		男	莽撞	2	9	66	71	49	9	2	TRUE	FALSE	FALSE	FALSE	FALSE	FALSE	FALSE	FALSE	FALSE	1
14	赵弘		男	刚胆	4	11	59	73	35	26	2	FALSE	FALSE	FALSE	FALSE	FALSE	TRUE	FALSE	FALSE	FALSE	1
15	张燕		男	莽撞	6	10	79	83	51	58	4	FALSE	TRUE	TRUE	FALSE	FALSE	FALSE	FALSE	FALSE	FALSE	2
16	韩暹		男	刚胆	2	10	71	69	33	37	2	TRUE	FALSE	FALSE	FALSE	FALSE	TRUE	FALSE	FALSE	FALSE	2
17	眭固	白兔	男	莽撞	0	12	67	74	40	7	3	FALSE	TRUE	FALSE	TRUE	FALSE	FALSE	FALSE	FALSE	FALSE	2
18	卞喜		男	莽撞	2	8	57	68	64	45	3	FALSE	FALSE	FALSE	TRUE	FALSE	TRUE	FALSE	FALSE	FALSE	2
19	杨丑		男	慎重	1	10	56	64	42	25	2	FALSE	TRUE	TRUE	FALSE	FALSE	TRUE	FALSE	FALSE	FALSE	3
20	韩玄		男	慎重	0	10	10	29	8	4	1	FALSE	FALSE	FALSE	FALSE	FALSE	FALSE	FALSE	FALSE	FALSE	0
21	严白虎		男	莽撞	1	13	66	69	28	24	2	TRUE	FALSE	FALSE	FALSE	TRUE	FALSE	FALSE	FALSE	FALSE	2
22	严舆		男	莽撞	1	11	65	78	57	21	3	TRUE	FALSE	FALSE	FALSE	TRUE	FALSE	FALSE	FALSE	FALSE	2
23	公孙渊		男	莽撞	0	15	64	71	55	39	5	FALSE	TRUE	TRUE	FALSE	FALSE	FALSE	FALSE	TRUE	TRUE	4

图 7-17　数据库准备

表格中的数据形式有字符、数字、逻辑值等，这样一份 Excel 文件比较适合使用 table 结构来存取。其实，对于数据处理而言，拿到的第一手资料往往是不能直接使用的，一般都需要进行数据的预处理，这时可以在命令行环境下进行一些初步的尝试，比如代码：

```
t = readtable('database.xls','PreserveVariableNames',true);        % 读取数据库
```

将 Excel 以表(table)的形式读入变量 t，并显示表头数据，显示效果如图 7-18 所示，可以看出数据库中共有 527 个人物，每个人物有 22 项数据。

MATLAB R2019b

主页 绘图 APP 编辑器 发布 视图 搜索文档

C: ▸ Workbench ▸ MATLAB Book ▸ MATLAB_Files ▸ ExampleChampter7 ▸ 04 database

命令行窗口

```
>> t = readtable('database.xls','PreserveVariableNames',true)

t =

  527×22 table
```

序	姓名	字	性别	性格	情义	野心	统率	武力	智力	政治	习得	步
1	{'华雄' }	{0×0 char}	{'男'}	{'刚胆'}	7	7	78	93	54	40	4	true
2	{'董卓' }	{'仲颖' }	{'男'}	{'莽撞'}	0	15	69	83	66	19	5	false
3	{'郭汜' }	{0×0 char}	{'男'}	{'莽撞'}	1	12	63	74	18	19	2	false
4	{'李儒' }	{'文优' }	{'男'}	{'冷静'}	6	9	61	29	97	73	6	false
5	{'牛辅' }	{0×0 char}	{'男'}	{'慎重'}	4	3	32	60	20	25	1	false
6	{'张角' }	{0×0 char}	{'男'}	{'冷静'}	5	15	92	26	93	82	8	true
7	{'张宝' }	{0×0 char}	{'男'}	{'刚胆'}	5	13	83	70	86	72	6	true
8	{'张梁' }	{0×0 char}	{'男'}	{'刚胆'}	5	13	81	82	68	49	6	true
9	{'程远志' }	{0×0 char}	{'男'}	{'莽撞'}	2	11	74	76	22	34	3	true
10	{'管亥' }	{0×0 char}	{'男'}	{'莽撞'}	2	7	69	80	14	10	2	false

图 7-18　表数据在命令行中的显示

7.4.3 UI 设计

打开 AppDesigner，新建一个空白 App，拖入 UI 组件如图 7-19 所示。

这个 UI 如何得到呢？下面具体介绍。

(1) 界面分为 3 部分，左上与右上分别为两个面板，名称分别为“人物能力”和“能力关联”，下方为一个表组件。

(2) 两个面板中分别拖入一个标签和一个坐标区，能力关联面板中再拖入两个下拉列表。

(3) 颜色方面也有所优化，此处将多处灰色的背景色直接改为纯白色了，目的是让坐标区绘图与背景融为一体。

(4) 其余均为一些细节的设置，比如面板标题与标签的字体、字号，再比如坐标区的显示选项(如选择 Box 选项，让坐标区绘制框轮廓，这样外观效果更和谐)。

关于 App 的 UI 设计与软件的程序设计是密不可分的，千万不要以为设计软件只是

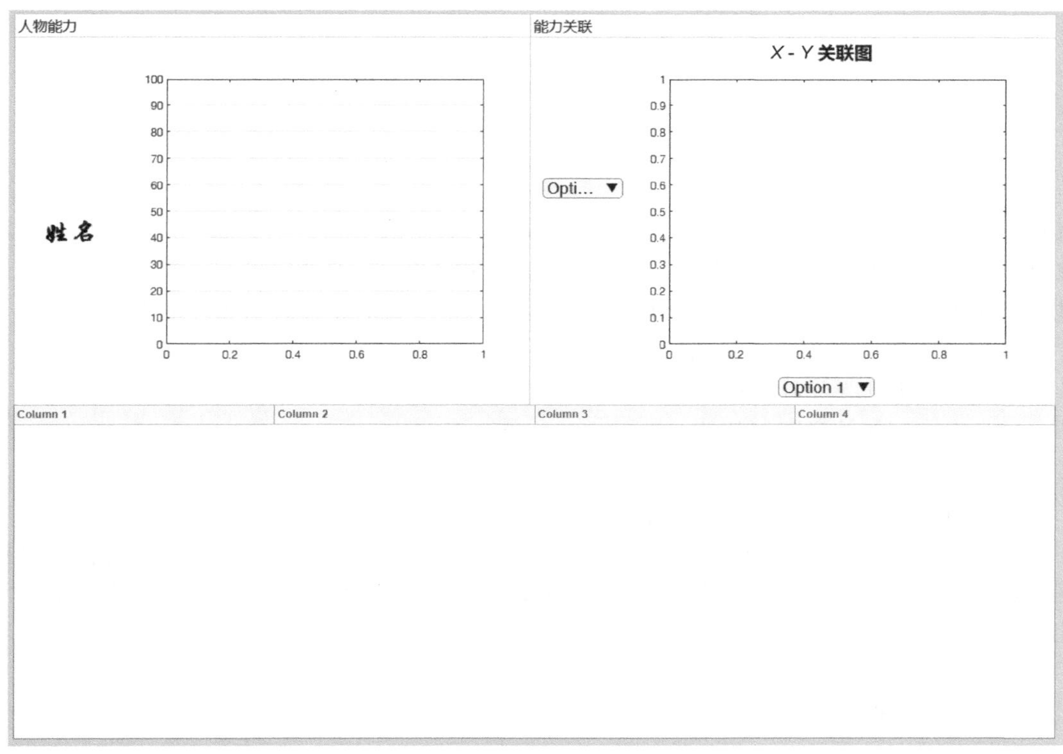

图 7-19　UI 布局

设计程序，而不考虑 UI 的设计，把 UI 设计完全交给工业设计师是极不负责的，因为 UI 与软件的使用深度交叉，UI 组件设计会直接影响到 App 的使用，因此本书建议，UI 设计是 App 设计过程中必须重视的环节，应由软件设计师结合工业设计师的美学建议与指导开发 UI。

AppDesigner 在外观方面提供的功能设置已经远远超过老版的 GUIDE，在绝大多数场景下都能胜任，即便默认选项下也比较美观可以接受，如果需要更多外观设置，也有更为高级和复杂的用法，在编程构建方法中可以实现。

UI 设计抓住以下重要原则：

(1) 简洁：尽量减少不必要的元素，以免给用户带来负担和误解。

(2) 易懂：一定考虑用户语境，而不要使用编程者的语境。

(3) 结构化：用 UI 布局引导用户正确理解，使软件尽量清晰。

7.4.4　自建准备

首先准备需要用到的属性和函数，因为是单窗口 App，这里均选择为“私有”。属性包括：

```
properties (Access = private)
    databaseTable           % 存储数据的表
    numSelect               % 当前选择的行号
    xName                   % X的名称
    yName                   % Y的名称
end
```

其中 X 与 Y 的名称代表关联图中 X 轴与 Y 轴分别表示的变量的名称，这4个属性分别从文件读取、表格中的单击动作和下拉列表选择动作中返回的，把这些量存入属性中利于在其他函数中的调用。另外对于每个属性都应该附加一条中文的注释表明属性的含义。

本例中需要准备4个自建函数，分别为：

(1) 用于更新人物姓名标签的函数：updateName()。

(2) 用于更新关联图标签的函数：updateXYLabel()。

(3) 用于更新人物图的函数：updatePlot()。

(4) 用于更新关联图的函数：updatePlot2()。

先把这4个函数建立起来即可，并不是需要现在就将函数内容补充完整，App中的自建函数与无UI的脚本程序中的函数相比，并没有什么不同，它们都是把一些可能会重复使用到的功能打包而已。

7.4.5 添加回调

先来分析一下App中需要添加哪些回调，首先需要实现对于表格组件的单击的响应，就要添加一个单元格选择回调函数：

```
function UITableCellSelection(app, event)
    app.numSelect = event.Indices(1);                  %提取选择行号
    updateName(app);                                   % 更新人物姓名
    updatePlot(app);                                   % 更新人物能力图
end
```

其中event.Indices(1)表示返回的是单击表格的行号，如果要返回列号则为event.Indices(2)，行号存储在前述准备好的属性app.numSelect中备用。提取行号后只需要两个动作，更新人物姓名和更新人物能力图，而这两者都由前述自建函数准备完成，此处直接调用。

然后，对于两个下拉列表来说，当然需要两个回调函数，即“更改值后执行的回调”，代码如下：

```
function DropDownXValueChanged(app, event)
    app.xName = app.DropDownX.Value;               %读取下拉列表值
    updateXYLabel(app);                            %更新关联图标签
    updatePlot2(app);                              %更新关联图
end
function DropDownYValueChanged(app, event)
```

```
        app.yName = app.DropDownY.Value;            % 读取下拉列表值
        updateXYLabel(app);                         % 更新关联图标签
        updatePlot2(app);                           % 更新关联图
    end
```

原理也是一样，首先把下拉列表返回的值读取并保存在自建属性中，然后要执行的动作就是两个自建函数了，即“更新关联图标签”和“更新关联图”。

最后，也是最复杂的一个，需要建立一个启动任务回调函数，把所有在 App 启动时需要执行代码都放在这个函数中，代码如下：

```
function startupFcn(app)
        clc;                                                    % 清空命令行区
        % 读取数据库,存入表中,并处理类别数据
        app.databaseTable = readtable('database.xls','PreserveVariableNames',true);
        app.databaseTable.('性格') = …
            categorical(app.databaseTable.('性格'),{'冷静','慎重','刚胆','莽撞'});
        % 建立 UI 表,显示表头
        app.UITable.Data = app.databaseTable;
        app.UITable.ColumnName = app.databaseTable.Properties.VariableNames;
        % 定义表格的列宽
        w1 = 58; w2 = 38;
        app.UITable.ColumnWidth = {45 70 45 50 70 w1 w1 w1 w1 w1 w1 w1 w2 w2 w2 w2 w2 w2 w2 w2
'auto'};
        % 控制"性格"列为可编辑
        app.UITable.ColumnEditable = [false(1,4) true false(1,17)];
        app.UITable.ColumnSortable = true(1,22);       % 控制所有列为可排序
        %% 初始化下拉列表
        app.DropDownX.Items = app.databaseTable.Properties.VariableNames(6:12);
        app.xName = app.databaseTable.Properties.VariableNames{6};
        app.DropDownY.Items = app.databaseTable.Properties.VariableNames(6:22);
        app.yName = app.databaseTable.Properties.VariableNames{6};
end
```

说明：

(1) 习惯在启动任务开头清空命令行与工作区变量，防止意外的影响。

(2) app.databaseTable.('性格')是一种很灵活的索引方式，表示将表格中以“性格”为表头(变量)的部分提取出来，并按照{'冷静','慎重','刚胆','莽撞'}进行分类。

(3) 将表格整体赋值给 app.UITable 的 Data 属性，即可在 UITable 中显示表格，非常方便。

(4) UITable 的 ColumnName 存储的是表头信息，该信息在表数据的 VariableNames 属性中，注意 table 不直接拥有 VariableNames 这类属性，而是全部存储在上级属性 Properties 中。

(5) 表格的列宽默认是自动的，此处会导致不能完全显示，因此要手动设置，单位为磅，对 ColumnWidth 属性赋值即可，其中不进行手动设置的部分可以用'auto'代替。

(6) 控制“性格”列为可编辑的操作是为了展示如何让表格中的某一区域可编辑，注意，

编辑的只是表格中的数据，而并没有自动修改数据库文件，如需修改文件可以进行读取保存操作。

(7) ColumnSortable 属性控制表格的排序功能。

(8) 对于下拉列表要特别注意，需要用 Item 属性定义下拉列表中有哪些选项，并且 app 属性中存储两个下拉列表值也需要初始化，否则，在选择某一个下拉列表而另一下拉列表并未被单击时，另一下拉列表的返回值为空，这样更新关联图时会报错。

启动任务函数中编写了较多的代码，主要是帮助复习表(table)的使用技法以及一些属性的应用实操。

7.4.6 填写函数

在自建准备中已将所有动作进行了函数打包，在回调的填写中也将各种返回值存储在自建的属性中，下面要做的就是把自建的函数内容补充完整。

(1) 用于更新人物姓名标签的函数。给标签组件的属性 Text 赋值即可改变其显示文字，这里可以直接调用所选择表格行号 numSelect 属性。

```
function updateName(app)
    app.LabelName.Text = app.databaseTable.('姓名')(app.numSelect);
end
```

(2) 用于更新关联图标签的函数。这里使用了一个字符串串联的操作，其实就是矩阵的串联操作，其中 xName 和 yName 两个属性在上述回调中已存储了两个字符串。

```
function updateXYLabel(app)
    app.XYLabel.Text = [app.xName,' - ',app.yName,'关联图'];
end
```

函数(1)和(2)里为什么把单单一句代码都要打包为函数？是否可以直接将这一句代码放在对应位置？当然可以，但这里展示的是，按"功能"而不是代码量来决定是否打包函数，这种操作不容易在"先写脚本后打函数"的流程中出现，而是在如本例的"先按功能建函数，再添加函数内容"的流程中出现。

(3) 用于更新人物图的函数。人物图准备将 4 项能力的数据可视化显示出来，这 4 项能力位于表格的 8～11 列，代码如下(复习柱形图绘制方法及圆点表示法)：

```
function updatePlot(app)
    x = categorical(app.databaseTable.Properties.VariableNames(8:11)); % 能力名称
    y = table2array(app.databaseTable(app.numSelect,8:11));            % 能力数据
    b = bar(app.UIAxes,x,y);                                            %绘制柱形图
    b.FaceColor = 'flat';                                               %面颜色模式
    cmap = colormap(app.UIAxes,lines);                                  %取颜色图
    b.CData = cmap(1:4,:);                                              %设置颜色
    b.LineStyle = 'none';                                               %设置轮廓线形
```

```
    b.FaceAlpha = 0.8;                                          % 设置透明度
end
```

(4) 用于更新关联图的函数。将任意两种能力或技能进行数据对比,可视化两者的分布与关系,并对两者进行二次曲线的拟合,以明确提炼因素之间的影响。代码如下(复习散点图绘制方法、学习散点尺寸的控制技法、复习曲线拟合与绘制方法、学习坐标区标尺显示控制技法):

```
function updatePlot2(app)
    x = app.databaseTable.(app.xName);                    % 提出 x 数据
    y = app.databaseTable.(app.yName);                    % 提出 y 数据
    pointSize = ones(size(x));                            % 预分配"点尺寸"向量
    for i = 1:size(x,1)
        temp = ismember([x y],[x(i) y(i)]);               % 相同坐标提取
        numPoint = sum(all(temp'));                       % 相同坐标点的个数
        pointSize(i) = 500 * sqrt(numPoint);              % 此处的标记尺寸
    end
    % 绘制散点图
    s = scatter(app.UIAxes2,x,y);
    s.SizeData = pointSize;
    s.Marker = '.';
    s.MarkerEdgeAlpha  = 0.5;
    hold(app.UIAxes2,"on")
    % 坐标区标尺显示控制
    app.UIAxes2.XLimMode = 'auto';
    app.UIAxes2.YLimMode = 'auto';
    app.UIAxes2.XLim = app.UIAxes2.XLim + app.UIAxes2.XLim(2) * [-0.05 0.05];
    app.UIAxes2.YLim = app.UIAxes2.YLim + app.UIAxes2.YLim(2) * [-0.05 0.05];
    % 绘制拟合曲线图
    p = polyfit(x,y,2);
    f = fplot(app.UIAxes2,poly2sym(p));
    f.LineWidth = 2;
    hold(app.UIAxes2,"off")
end
```

说明:

(1) pointSize 如果不进行内存预分配,将在循环中不停地扩展尺寸,对于计算是不利的,MATLAB 也会提示警告,因此预分配的良好习惯一定要养成,本例就是一个最典型的应用场景。

(2) ismember()函数非常强大,它可以用于在大矩阵中提取与某一矩阵(包括元素、向量)相同的位置为逻辑 1,其余为逻辑 0。

(3) 本例中计算散点尺寸的意义是,将散点图中每个点的尺寸可以直观表示该数据出现的频数,并且出现越多颜色就越深(这是因为后面使用 MarkerEdgeAlpha 属性设置了透明度),使得可视化效果非常强烈,富有科技感,这是一种高级的散点图,应用于坐标为整数导致较多重合点出现时,称为"热力散点图"。

(4) 本例还对坐标区标尺显示施加了特殊的控制技法，首先在绘制热力散点图时，设置 XLimMode 及 YLimMode 为'auto'，这样 MATLAB 会自动识别数据范围并自动设置适合的标尺，这时把标尺尺寸做一个处理，让标尺向左右(或上下)分别扩展原标尺的 5%(扩展为了让有较大尺寸的散点可以完全在坐标区中显示)，这里提醒一下，虽然标尺模式默认情况下就是'auto'的状态，但是一旦设置了标尺的具体数字(扩展 5%)，则自动变更为数字模式，那么下一次再在此图形中作图时，就不会再按照数据范围自动匹配标尺了。

(5) 此例还展示了 hold 函数的最典型用法之一，首先使用 hold on 让第二次作曲线图可以画在第一次作的散点图上，再使用 hold off 使得下次重画时软件会自动清除坐标区。

7.4.7 效果分析

终于到了运行的时刻了，App 启动时会自动加载数据库，单击智力的箭头从高到低排序，表格自动将所有人物按智力分数重新显示了，看到最高分为诸葛亮，单击诸葛亮这行的任意位置，都会在左上方的坐标区中显示该人物的 4 个能力值，由于提前设置了坐标区的 Y 轴标尺为 0～100，所以更换其他人物时可以对比区别，运行界面如图 7-20 所示。

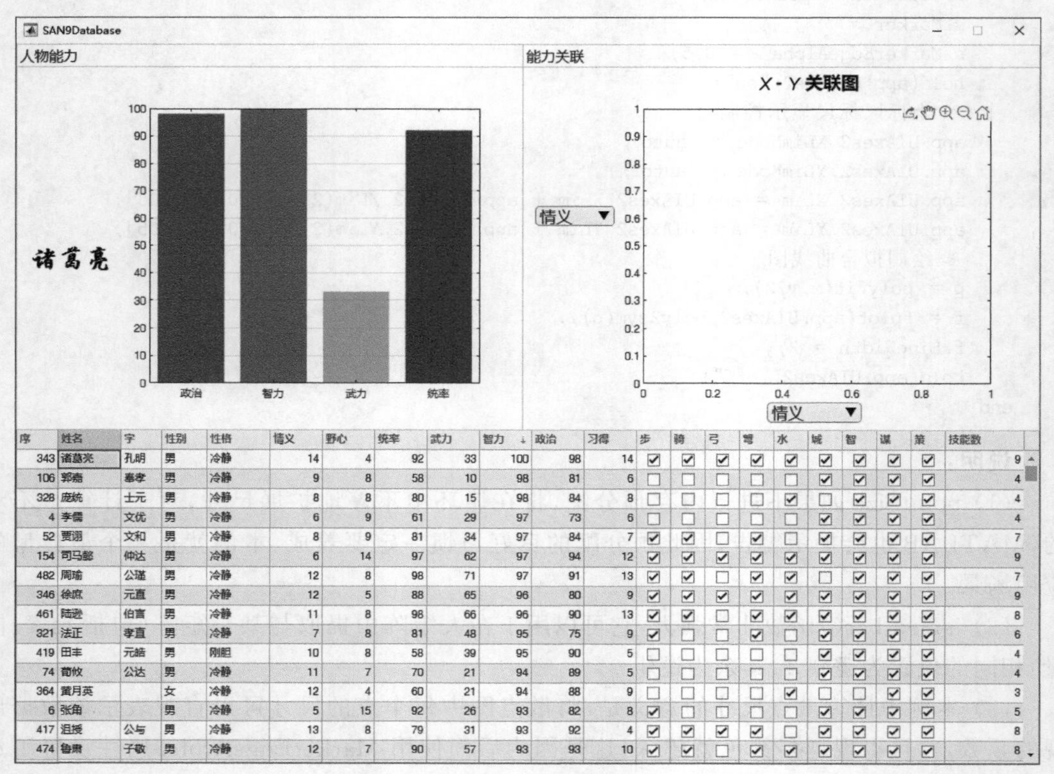

图 7-20 App 运行界面

从图 7-20 中还可以观察到许多规律，比如智力较高的人中性格多为“冷静”；性格有 4 种，前面设置了性格可修改，这里尝试双击任意一个性格列中的位置，显示效果如图 7-21 所示。

序	姓名	字	性别	性格	情义	野心
343	诸葛亮	孔明	男	冷静 ▼	14	4
106	郭嘉	奉孝	男	冷静	9	8
328	庞统	士元	男	慎重	8	8
4	李儒	文优	男	刚胆	6	9
52	贾诩	文和	男	莽撞	8	9
154	司马懿	仲达	男		6	14
482	周瑜	公瑾	男	冷静	12	8
346	徐庶	元直	男	冷静	12	5
461	陆逊	伯言	男	冷静	11	8

图 7-21　分类数据的修改展示

这就是前面性格列更改为“类别数组”的意义之一，此处就可以进行选择修改。

单击智力与政治的下拉列表，分析一下智力与政治（处理政治事务能力）之间的关联，从图 7-22 中可以看出，智力越高则政治力也越高。

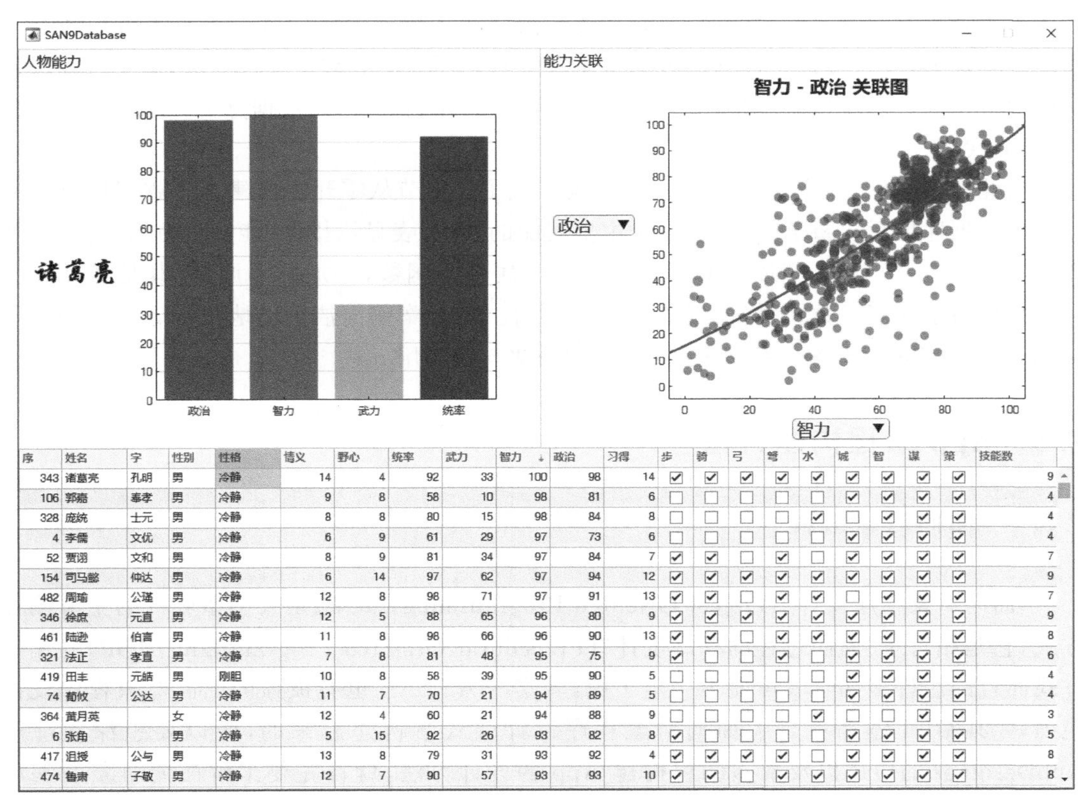

序	姓名	字	性别	性格	情义	野心	统率	武力	智力 ↓	政治	习得	步	骑	弓	弩	水	城	智	谋	策	技能数
343	诸葛亮	孔明	男	冷静	14	4	92	33	100	98	14	☑	☑	☑	☑	☑	☑	☑	☑	☑	9
106	郭嘉	奉孝	男	冷静	9	8	58	10	98	81	6	☐	☐	☐	☐	☐	☑	☑	☑	☑	4
328	庞统	士元	男	冷静	8	8	80	15	98	84	8	☐	☐	☐	☐	☑	☐	☑	☑	☑	4
4	李儒	文优	男	冷静	6	9	61	29	97	73	6	☐	☐	☐	☐	☐	☑	☑	☑	☑	4
52	贾诩	文和	男	冷静	8	9	81	34	97	84	7	☑	☑	☐	☑	☐	☑	☑	☑	☑	7
154	司马懿	仲达	男	冷静	6	14	97	62	97	94	12	☑	☑	☑	☑	☑	☑	☑	☑	☑	9
482	周瑜	公瑾	男	冷静	12	8	98	71	97	91	13	☑	☑	☐	☑	☑	☐	☑	☑	☑	7
346	徐庶	元直	男	冷静	12	5	88	65	96	80	9	☑	☑	☑	☑	☑	☑	☑	☑	☑	9
461	陆逊	伯言	男	冷静	11	8	98	66	96	90	13	☑	☑	☐	☑	☑	☑	☑	☑	☑	8
321	法正	孝直	男	冷静	7	8	81	48	95	75	9	☑	☐	☐	☑	☐	☑	☑	☑	☑	6
419	田丰	元皓	男	刚胆	10	8	58	39	95	90	5	☐	☐	☐	☐	☐	☑	☑	☑	☑	4
74	荀攸	公达	男	冷静	11	7	70	21	94	89	5	☐	☐	☐	☐	☐	☑	☑	☑	☑	4
364	黄月英		女	冷静	12	4	60	21	94	88	9	☐	☐	☐	☐	☑	☐	☐	☑	☑	3
6	张角		男	冷静	5	15	92	26	93	82	8	☑	☐	☐	☐	☐	☑	☑	☑	☑	5
417	沮授	公与	男	冷静	13	8	79	31	93	92	4	☑	☑	☑	☑	☐	☑	☑	☑	☑	8
474	鲁肃	子敬	男	冷静	12	7	90	57	93	93	10	☑	☑	☐	☑	☑	☑	☑	☑	☑	8

图 7-22　关联图运行效果

尝试修改下拉列表的选项,可以分析出各种各样的有趣的关联,比如从图 7-23 就可以说明智力对于各种变量的影响: ①有一定智力时,武力会较高,所谓聪明人练武也快; 但智力很高的人,可能就由于以智力为谋生之道而不再弥补武力的短板,所以很高智力的人武力一般不太高。②智力普通的人野心最低,智力高的人野心比较大,因为见识广这容易理解;有意思的是智力低的人野心也很大,可能是无知者无谓吧。③智力越高,习得(学习)就越多,而且最高智力的人习得会非常多,可能智力越高越能意识到学习的重要性。

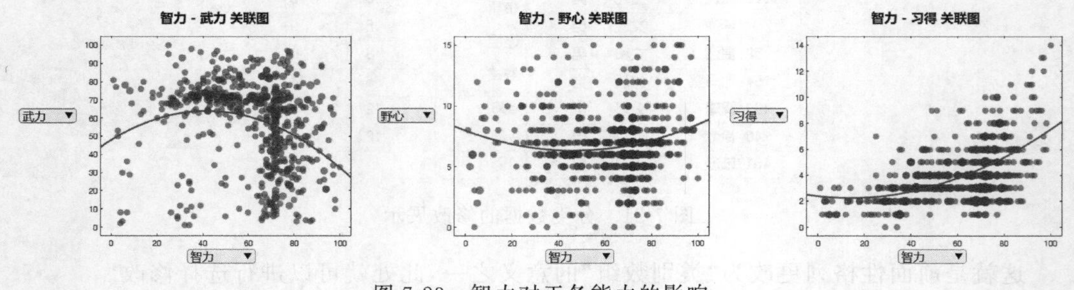

图 7-23　智力对于各能力的影响

其实,这里的数据也只是游戏中的设定,另外对于人物的分析也没有这么简单,此处的二次多项式拟合也不是很科学的表达(从线与点之间的位置关系即可看出),不过当数据足够准确且足够多时(最好是数据的种类也足够多),运用类似的数据分析方法,确实可以得到一些通过逻辑分析难以准确描述的因果关系,我们正在拥抱"用大数据分析代替因果关系分析"的时代。

至此,一款"软件"或者说 App 就算开发完成了。本节从零开始构建了一款三国时期文臣武将数据库展示分析 App,面向 3 个主要功能的实现(表显示排序、能力直方图、变量关联图),利用 AppDesigner 完成了 UI 设计,自建了属性与函数,添加了回调(尤其是启动任务回调),填写了功能函数,最终实现了 App 的设计。本节案例简洁生动地跟读者一起加深了对 App 构建流程的理解,并加强了一些作图技法与表应用方法。

7.5　App 编程构建方法

7.5.1　面向对象编程

"面向对象程序设计"(Object Oriented Programming,OOP)是大中型软件的主流编程方式,它是相对于"面向过程的程序设计"(Procedural Oriented Programming,POP)的编程方式而言的。许多初学者可能不一定了解,其实 MATLAB 也有极强的面向对象程序设计能力,尤其 GUI 体系就是大面向对象程序设计模式下构建起来的,所以要想深入理解 AppDesigner 的应用以及掌握编程构建 App 的设计方法,就首先要了解面向对象的编程原理。

“面向过程的程序设计”的实现思想就是把问题分解为步骤，一步步地解决问题；而“面向对象程序设计”解决问题的思路有所不同，简单地理解为：①把与问题相关的事物提炼为一个个对象；②对象与对象之间，可以像积木一样组合，也可以像手机一样通信；③用以上两点，来模拟实际问题的发生。

面向对象的最核心的概念就是“对象”(Object)与“类”(Class)。对象就是指具体的事物，比如7.4节的数据库中，可以说诸葛亮就是一个对象，郭嘉是另外一个对象，把这些对象的共性抽象一下，说这些对象都属于“人物”，这就是类的概念。所以可以总结，许多拥有同一性质的对象被归纳总结为一个类，可以利用这个类再演绎出(新建)任意一个新的对象。所以，这个新的对象有什么特点能做什么事，在它创建的那一刻就知道了，因为它属于那一类，所以那一类有什么特点能做什么事，这个对象就都可以。

诸葛亮的智力就称为诸葛亮这个对象的“属性”(Property)，姑且把这个智力变量写成“诸葛亮.智力”(圆点表示法)，郭嘉也有同样的属性即为“郭嘉.智力”，这些都是对象的属性。另外对象还可以有一些变化或活动，比如说，诸葛亮的智力还可以通过读书再提高，那么读书这个活动就可以被定义为对象的“方法”(Method)，可以把诸葛亮读书姑且记为“诸葛亮.读书()”，这个“读书()”就是属于诸葛亮这个对象的一个方法(函数)。而对象所拥有属性与方法抽象为类后，当然也拥有。所以，如果用OOP思想解决“诸葛亮读了一本书后，现在的智力值是多少?”的问题，步骤如下：

(1) 建立“人物”类，该类含有一个“智力”属性和一个“读书”方法。

(2) 完善“读书”方法的具体函数内容，比如：

```
method 读书()
    对象.智力 = 对象.智力 + 1;
end
```

(3) 新建一个对象“诸葛亮”，它属于“人物”类。

(4) 对“诸葛亮”施加“读书”方法，即：

```
诸葛亮.读书();
```

(5) 读取对象“诸葛亮”的“智力”属性，并输出：

```
disp(诸葛亮.智力)
```

如此，就使用OOP思想解决了一个具体问题。这样看起来要比PP方法麻烦许多，为什么还成为一个非常流行的编程思想？OOP的核心思想其实就是机械电气工程中常讲的“模块化”，每个对象就是一个模块，每个类就是一种类别的模块，OOP的主要优势介绍如下：

(1) OOP善于把复杂的问题解构为许多简单的模块的组合与信息交换，模块自己既拥有数据还拥有方法，这种逻辑其实更接近真实世界，更适于搭建模型。

(2) OOP可以通过继承的方式实现代码的复用，从底层逻辑实现对模块之间的关系的建模。

(3) OOP 修改或增加模块不会影响原有模块,这是一种优异的鲁棒性,它源于架构对于模块之间隔离与接口的完美模拟。

所以,这种模块化的思想,就决定了 OOP 非常适用于较大型较复杂的软件工程,便于搭建更仿真的模型,也更易于形成架构逻辑,同时也不惧怕频繁的后期维护。

7.5.2 App 类应用

MATLAB 软件整体就是基于 OOP 思想构建起来的,在 M 语言中,每一个值都是一个类。比如,在命令行中输入 $a=1$;来创建一个变量 a,然后输入命令 whos 查询变量的信息,如图 7-24 所示。

```
>> whos
  Name      Size            Bytes  Class     Attributes

  a         1x1                 8  double
```

图 7-24 类查询

有没有发现,变量 a 它是属于一个类(Class),这个类称为 double。进一步,还可以用类检查工具函数 isa()来检查 a 到底是不是一个 double 类:

```
isa(a,'double')
```

输出的结果是逻辑 1,证明确实是 double 类,所以,所谓数据类型本质上就是"数据类"。这里的 isa()函数可以说非常形象,上面的代码可以翻译为:

```
"a" is a double class
```

而在构建 App 时的所有代码,最能反映 OOP 思想。下面使用 7.4 节中案例代码的详细说明。

1. App 整体就是一个类文件

进入代码视图,看到 App 代码整体的结构为:

```
classdef databaseApp < matlab.apps.AppBase
    % 代码主体
end
```

也就是说,构建的 App 文件,其实是在编写一个类文件,只不过这个类文件有点特殊,部分代码是 AppDesigner 构建好的并且灰底不可修改,而且拥有对应的 UI 设计视图,这才整体被打包为一个. mlapp 文件。从代码文件的头就可以看出端倪,classdef 就是新建类文件的默认关键字,意为 class definition。定义的类的名称即为 databaseApp,(这个名字是保存. mlapp 文件时定义的文件名)也就是说,所做的一切工作都是在定义这个 databaseApp 类。matlab. apps. AppBase 也是一个类,这个类是 MATLAB 软件自己早就定义好的,中间显示的“<”符号意为“继承”，也就是说 databaseApp 类是 matlab. apps. AppBase 类的“子类”，而 matlab. apps. AppBase 类是 databaseApp 类的父类，子类继承父类的意为，子类拥有父类所拥有的一切属性和方法。换言之，MATLAB 早已为用户定义好了 App 的父类，对于用户要做的 App 还有什么特殊的需求，则自己再定义子类。完成 App 设计后，可以在工作目录下命令行中输入这个类的名称 databaseApp 并运行，可以看到 App 界面启动并正常运行了，这时就是在“运行这个类”。

2. App 也是由属性和方法构成的

App 的代码文件的结构，显然也是“属性＋方法”。属性中无非是在定义变量或者对象，比如下面这段代码中，定义了属性 SAN9DatabaseUIFigure，后面紧跟的 matlab. ui. Figure 代表这个属性本身是属于 matlab. ui. Figure 类的，SAN9DatabaseUIFigure 本身就拥有了父类的所有属性与方法。

```
properties (Access = public)
  SAN9DatabaseUIFigure  matlab.ui.Figure
   % 属性
end
```

App 中的方法代码也是类似的：

```
methods (Access = public)
   % 方法
end
```

3. App 的构造函数

App 的方法中，有一个函数的函数名与类名相同，即 databaseApp 函数，代码如下：

```
function app = databaseApp
            createComponents(app)
            registerApp(app, app.SAN9DatabaseUIFigure)
            runStartupFcn(app, @startupFcn)
            if nargout == 0
                clear app
            end
end
```

这个函数被称为是类的“构造函数”，前述所谓的“运行类”其实是在运行这个构造函数。这个构造函数的输出为 app 这个变量，app 就是属于 databaseApp 类的一个对象，只不过在类文件内部，这个 app 只是一个代码，就如同函数内部的变量一样，此处的代码换成其他字母也都可以。createComponents()函数的作用是创建元件，从整体图窗到每一个按钮都是在这个函数中创建的。registerApp()是 matlab. apps. AppBase 父类中定义过的一个方法函数，用于注册 App. runStartupFcn()函数是添加的启动任务回调，回调都需要输入回调函数的指针，如@startupFcn。

4. 每个 UI 组件都是一个对象

正如在属性中定义过的一样，每个 UI 组件其实都是属于某一个类的对象，比如 UITable 就是属于 matlab. ui. control. Table 类的对象，其创建代码为：

```
app.UITable = uitable(app.SAN9DatabaseUIFigure);
```

就是在创建一个名为 app. UITable 的对象，并且它建立在 app. SAN9DatabaseUIFigure 父容器上。这个 app. UITable 对象也有自己的属性与方法，因此创建后可以进行属性与方法的设置。

```
app.UITable.ColumnName = {'Column 1'; 'Column 2'; 'Column 3'; 'Column 4'};
app.UITable.RowName = {};
app.UITable.CellSelectionCallback = …
  createCallbackFcn(app, @UITableCellSelection, true);
app.UITable.Position = [1 1 1134 378];
```

其实整个 MATLAB 都是建立在 OOP 思想基础上，App 的构建更是完全依赖于类文件，只不过 AppDesigner 为了减少使用者的工作量，把不需要修改的部分都打包好，还加入了 UI 设计视图，让 App 的设计非常简洁迅速。不过，要想更真正深入地理解和运用 App 构建的技术，还是建议要对 MATLAB 中的 OOP 思想有一定的认识。

7.5.3 App 编程构建

学习至此，聪明的读者可能也已经思考过，其实完全可以在脚本中用代码创建一个图窗，并在图窗上创建 UI 组件，再对组件编写回调函数，这样就完成了一个 App 的构建。这是一种面向过程(PP)的 App 编程构建方法，对于非常简单的局部交互 UI，完全可以这样去做，(具体教程可参见 doc 文件“以编程方式创建简单的 App”)不过对于较复杂的 App 设计和以灵活控制界面组件行为为目的的 App 设计，本书建议仍然以面向对象(OOP)思想为基础，以 AppDesigner 提供的类架构为蓝本，开展 App 的编程构建方法。

如下原理及操作步骤非常简单易行：

(1) 打开 AppDesigner，新建一个 App，在 UI 设计视图中将需要用到的基础组件拖入适当位置，并完成一些基本的外观设置，还可以创建一些属性与回调，此处的目的是借助 AppDesigner 的易操作性，将大部分功能性代码自动生成出来。

(2) 在“设计器”选项卡中，单击“保存”，导出为. m 文件，这时 MATLAB 会自动为用户创建一个. m 的类文件，其中的代码就是原来在 AppDesigner 中的代码视图中的全部代码，这个类文件可以直接运行，就是目标 App。

(3) 现在就可以关闭 AppDesigner，完全利用编程的方式在类文件中修改已有的 App。

那么,采用这种方式有什么特别之处?或者说原来的 AppDesigner 有哪些功能无法实现?

(1) 完全控制 App 的界面尺寸与布局。由 AppDesigner 制作的 App,对于不同屏幕尺寸、不同界面尺寸的适用能力有限,比如 App 分发到其他电脑上或其他屏幕上进行全屏时,或者手动调节界面的尺寸时,UI 组件的布局是很容易错位的,这对于 App 来说是灾难性的。为了解决这个问题,AppDesigner 在新建 App 界面中提供了两款适应性模板,分别为"可自动调整布局的两栏式 App"和"可自动调整布局的三栏式 App",它们可以一定程度上解决该类问题,但是功能范围仍然比较有限。这两款自动调整布局的 App 模板实现的原理其实就是在创建组件函数 createComponents()中,对网格布局(GridLayout)进行了适应性的设置,针对不同的尺寸情况做出对应的反应而已。完全可以将这两个模板另存为类文件,并在其基础上修改函数 createComponents(),实现预期的功能。

(2) 精准控制 UI 组件的尺寸及坐标。拖动组件确实比较方便,但是也不够准确,在 AppDesigner 中 UI 设计界面里的布局,一旦复杂起来,很容易造成位置上的不协调,比如组件的长、宽、坐标都可能出问题。在类代码中,不仅可以以数字形式准确设置组件的尺寸和坐标,还可以设置变量,批量修改坐标,这样如果遇到界面布局的修改,只需要在代码中修改变量的值即可,对于 App 后期维护与升级有极大的优势。

(3) 可实现 UI 组件的动态建删与显隐。其实,许多大中型 App 的 UI 组件都存在一些动态的行为,比较创建、删除、显示、隐藏,对于复杂的功能性 App,这些往往都是难以避免的,这时就需要使用编程的方式来构建 App 了。在类文件中可以准备一个与组件信息相对应的变量属性,一旦这些变量发生了改变就立即更新 UI,这种操作在制作含有"模型树"的 App 时非常实用。

(4) 批量设置 UI 组件的属性和方法。当 App 中组件较多时,如果需要将多个组件的属性(如外观)或方法进行统一修改时,原来的 AppDesigner 就比较麻烦,只能一个个属性修改,而编程式就灵活得多,可以将一组组件归入一类中统一设置与修改,也方便后期的维护与升级。

总之,编程式 App 构建方法最大的特点就是由于开放所带来的灵活,可以根据需要来定制化设计,这对于大中型 App 的构建及维护升级有极大的优势。

本章小结

本章从功能特色、UI 组件和编程角度全面解析了 AppDesigner 的应用方法,与读者一起完成了一个有趣的 App 设计,并在最后展示了 App 的编程构建方法;完成本章的学习后,可以按自己的领域需求自行设计各种各样的 App,享受软件设计带来的乐趣。

附录 A 工具箱大全

工具箱大全如表 A-1 所示。

表 A-1　工具箱大全

类别	英文名称	中文解释	MATLAB	Simulink	App
数学、统计和优化	Curve Fitting Toolbox	曲线拟合工具箱	√		√
	Optimization Toolbox	优化工具箱	√		
	Global Optimization Toolbox	全局优化工具箱	√		
	Symbolic Math Toolbox	符号数学工具箱	√		
	Mapping Toolbox	地图工具箱	√		
	Partial Differential Equation Toolbox	偏微分方程工具箱	√		√
数据科学和深度学习	Statistics and Machine Learning Toolbox	统计与机器学习工具箱	√		√
	Deep Learning Toolbox	深度学习工具箱	√		√
	Reinforcement Learning Toolbox	强化学习工具箱	√		
	Text Analytics Toolbox	文本分析工具箱	√		
	Predictive Maintenance Toolbox	预测性维护工具箱	√		√
信号处理	Audio Toolbox	音频语音工具箱	√	√	√
	DSP System Toolbox	DSP 系统工具箱	√	√	√
	Phased Array System Toolbox	相控阵系统工具箱	√	√	√
	RF Toolbox	射频工具箱	√	√	√
	Sensor Fusion and Tracking Toolbox	传感器融合与跟踪工具箱	√		
	SerDes Toolbox	串行/解串工具箱	√	√	√
	Signal Processing Toolbox	信号处理工具箱	√		√
	Wavelet Toolbox	小波工具箱	√		√
	Mixed-Signal Blockset	混合信号模块		√	

续表

类 别	英 文 名 称	中 文 解 释	MATLAB	Simulink	App
控制系统	Aerospace Toolbox	航空航天工具箱	√	√	
	Automated Driving Toolbox	自动驾驶工具箱	√		√
	Control System Toolbox	控制系统工具箱	√		√
	Fuzzy Logic Toolbox	模糊逻辑工具箱	√		√
	Model Predictive Control Toolbox	模型预测控制工具箱	√		√
	Robotics System Toolbox	机器人系统工具箱	√	√	√
	Robust Control Toolbox	鲁棒控制工具箱	√		
	System Identification Toolbox	系统辨识工具箱	√		√
	Powertrain Blockset	动力系统模块		√	
	Simulink Control Design	Simulink 控制设计		√	
	Simulink Design Optimization	Simulink 控制设计优化		√	
	Vehicle Dynamics Blockset	汽车动力学模块		√	
	Model-Based Calibration Toolbox	基于模型的标定工具箱		√	√
图像处理和计算机视觉	Computer Vision Toolbox	计算机视觉工具箱	√		√
	Image Processing Toolbox	图像处理工具箱	√		√
	Vision HDL Toolbox	视觉 HDL 工具箱	√	√	
并行计算	Parallel Computing Toolbox	并行计算工具箱	√		
	MATLAB Parallel Server	MATLAB 并行计算服务器	√		
测试和测量	Data Acquisition Toolbox	数据采集工具箱	√		√
	Image Acquisition Toolbox	图像采集工具箱	√		√
	Instrument Control Toolbox	仪表控制工具箱	√		√
	OPC Toolbox	OPC 开发工具	√		√
	Vehicle Network Toolbox	车载网络工具箱	√		√
计算金融学	Datafeed Toolbox	数据输入工具箱	√		
	Econometrics Toolbox	计量经济学工具箱	√		√
	Financial Instruments Toolbox	金融商品工具箱	√		
	Financial Toolbox	金融工具箱	√		
	Risk Management Toolbox	风险管理工具箱	√		√
	Spreadsheet Link	Excel 链接工具	√		
	Trading Toolbox	交易工具箱	√		
计算生物学	Bioinformatics Toolbox	生物信息工具箱	√		√
	SimBiology Toolbox	生物学工具箱	√		
应用程序部署	MATLAB Compiler	MATLAB 编译器	√		√
	MATLAB Compiler SDK	MATLAB 编译器扩展	√		√
	MATLAB Production Server	MATLAB 产品服务器	√		
事件建模	SimEvents Toolbox	事件仿真工具箱		√	
物理建模	Simscape Toolbox	物理建模工具箱		√	
	Simscape Driveline	动力传动系统物理建模		√	
	Simscape Electrical	电气系统物理建模		√	
	Simscape Fluids	流体系统物理建模		√	
	Simscape Multibody	多体动力学物理建模		√	

续表

类别	英文名称	中文解释	MATLAB	Simulink	App
无线通信	5G Toolbox	5G 工具箱	√		
	Antenna Toolbox	天线工具箱	√		√
	Communications Toolbox	通信系统工具箱	√	√	√
	LTE HDL Toolbox	LTE HDL 工具箱	√	√	
	LTE Toolbox	LTE 工具箱	√		√
	WLAN Toolbox	WLAN 工具箱	√		
实时仿真和测试	Simulink Desktop Real-Time	Simulink 桌面实时仿真软件		√	
	Simulink Real-Time	Simulink 实时仿真软件		√	
代码生成	Embedded Coder	嵌入式系统编码器	√	√	
	Filter Design HDL Coder	滤波器设计的 HDL 编码器	√		
	Fixed-Point Designer	定点化系统设计器	√	√	√
	GPU Coder	GPU 代码生成器	√		√
	HDL Coder	HDL 编码器	√	√	√
	HDL Verifier	HDL 代码校验器	√	√	
	MATLAB Coder	MATLAB 编码器	√		√
	AUTOSAR Blockset	AUTOSAR 模块		√	
	DO Qualification Kit	DO 资质套件		√	
	IEC Certification Kit	IEC 认证套件		√	
	Simulink Code Inspector	Simulink 代码探查器		√	
	Simulink Coder	Simulink 编码器		√	
	Simulink PLC Coder	Simulink PLC 编码器		√	
验证、确认和测试	Polyspace Bug Finder	Polyspace 漏洞探查器		√	
	Polyspace Bug Finder Server	Polyspace 漏洞探查服务器		√	
	Polyspace Code Prover	Polyspace 代码校准器		√	
	Polyspace Code Prover Server	Polyspace 代码校准服务器		√	
	Simulink Check	Simulink 检查		√	
	Simulink Coverage	Simulink 模型覆盖		√	
	Simulink Design Verifier	Simulink 设计校验器		√	
	Simulink Test	Simulink 测试		√	
	SoC Blockset	SoC 模块		√	
数据库访问和报告	Database Toolbox	数据库工具箱	√		√
	MATLAB Report Generator	MATLAB 报告生成器	√		√
仿真图形和报告	Simulink 3D Animation	Simulink 三维动画		√	√
	Simulink Report Generator	Simulink 报告生成器		√	
系统工程	Simulink Requirements	Simulink 需求分析		√	
	Stateflow	Stateflow 状态流		√	

附录B 常用函数大全

MATLAB 共有内置函数 2338 个，本书总结出其中常用函数按表 B-1～表 B-66 所示分类，其中黑体字为核心常用函数。

B.1 MATLAB 语言基础知识

B.1.1 输入命令及功能

表 B-1 输入命令及功能函数

函 数	功 能	函 数	功 能
ans	最近计算的答案	format	设置命令行窗口输出显示格式
clc	清空命令行窗口	iskeyword	确定输入是否为 MATLAB 关键字

B.1.2 矩阵和数组

表 B-2 矩阵和数组函数

函 数	功 能	函 数	功 能
zeros	创建全零数组	**repmat**	重复数组副本
ones	创建全部为 1 的数组	**linspace**	生成线性间距向量
rand	均匀分布的随机数	**logspace**	生成对数间距向量
true	逻辑值 1(真)	**meshgrid**	二维和三维网格
false	逻辑 0(假)	**ndgrid**	N 维空间中的矩形网格
eye	单位矩阵	**length**	最大数组维度的长度
diag	创建对角矩阵或获取矩阵的对角元素	**size**	数组大小
		ndims	数组维度数目
cat	沿指定维度串联数组	**numel**	数组元素的数目
horzcat	水平串联数组	isscalar	确定输入是否为标量
vertcat	垂直串联数组	**isrow**	确定输入是否为行向量
repelem	重复数组元素副本	**iscolumn**	确定输入是否为列向量

续表

函　数	功　能	函　数	功　能
isempty	确定数组是否为空	shiftdim	移动维度
sort	对数组元素排序	**reshape**	重构数组
sortrows	对矩阵行或表行进行排序	**squeeze**	删除单一维度
flip	翻转元素顺序	colon	向量创建、数组下标和 for 循环迭代
fliplr	将数组从左向右翻转	**end**	终止代码块或指示最大数组索引
flipud	将数组从上向下翻转	**ind2sub**	线性索引的下标
rot90	将数组旋转 90°	**sub2ind**	将下标转换为线性索引
transpose	转置向量或矩阵		

B.1.3　运算符和基本运算

表 B-3　算术运算函数

函　数	功　能	函　数	功　能
cumprod	累积乘积	fix	朝零四舍五入
cumsum	累积和	**floor**	朝负无穷大四舍五入
diff	差分和近似导数	idivide	带有舍入选项的整除
movsum	移动总和	**mod**	除后的余数(取模运算)
prod	数组元素的乘积	**rem**	除后的余数
sum	数组元素总和	**round**	四舍五入为最近的小数或整数
ceil	朝正无穷大四舍五入	**bsxfun**	对两个数组应用按元素运算

表 B-4　逻辑与关系运算函数

函　数	功　能	函　数	功　能
all	确定所有的数组元素是为非零还是为真(true)	**islogical**	确定输入是否为逻辑数组
		logical	将数值转换为逻辑值
any	确定任何数组元素是否为非零	**true**	逻辑值 1(真)
false	逻辑值 0(假)	**isequal**	确定数组相等性
find	查找非零元素的索引和值		

B.1.4　数据类型

表 B-5　数值类型函数

函　数	功　能	函　数	功　能
cast	将变量转换为不同的数据类型	eps	浮点相对精度
isinf	确定数组元素是否为无限值	Inf	无穷大
isnan	判断查询数组元素是否包含 NaN 值	NaN	非数字

表 B-6 字符和字符串函数

函数	功能	函数	功能
string	字符串数组	split	拆分字符串数组中的字符串
join	合并字符串	erase	删除字符串内的子字符串
char	字符数组	pad	为字符串添加前导或尾随字符
cellstr	转换为字符向量元胞数组	**lower**	将字符串转换为小写
blanks	创建空白字符数组	**upper**	将字符串转换为大写
strcat	水平串联字符串	**strcmp**	比较字符串
ischar	确定输入是否为字符数组	strcmpi	比较字符串(不区分大小写)
iscellstr	确定输入是否为字符向量元胞数组	strncmp	比较字符串前 n 个字符(区分大小写)
strlength	字符串数组中字符串的长度	strncmpi	比较字符串前 n 个字符(不区分大小写)
count	计算字符串中模式的出现次数	regexp	匹配正则表达式(区分大小写)
strfind	在一个字符串内查找另一个字符串	regexpi	匹配正则表达式(不区分大小写)

表 B-7 日期和时间函数

函数	功能	函数	功能
datetime	表示时间点的数组	**now**	当前日期和时间作为日期序列值
exceltime	将日期时间转换为 Excel 日期数字	**clock**	日期向量形式的当前日期和时间
yyyymmdd	将日期时间转换为 YYYYMMDD 数值	**date**	当前日期字符串
datestr	将日期和时间转换为字符串格式	etime	日期向量之间流逝的时间

表 B-8 表函数

函数	功能	函数	功能
table	具有命名变量的表数组	**sortrows**	对矩阵行或表行进行排序
array2table	将同构数组转换为表	unique	数组中的惟一值
cell2table	将元胞数组转换为表	addvars	将变量添加到表或时间表中
struct2table	将结构体数组转换为表	movevars	在表或时间表中移动变量
table2array	将表转换为同构数组	removevars	从表或时间表中删除变量
table2cell	将表转换为元胞数组	convertvars	将变量转换为指定的数据类型
table2struct	将表转换为结构体数组	splitvars	在表或时间表中拆分多列变量
readtable	基于文件创建表	mergevars	将表或时间表变量合并成多列变量
writetable	将表写入文件		
head	获取表、时间表或 tall 数组的前几行	rows2vars	调整表的方向以使行成为变量
tail	获取表、时间表或 tall 数组的最后几行	ismember	判断数组元素是否为集数组成员
height	表行数	varfun	向表或时间表变量应用函数
width	表的变量数	rowfun	将函数应用于表或时间表行
istable	确定输入是否为表		

表 B-9 结构体函数

函 数	功 能	函 数	功 能
struct	结构体数组	**arrayfun**	将函数应用于每个数组元素
fieldnames	结构体的字段名称	**structfun**	对标量结构体的每个字段应用函数
getfield	结构体数组字段	**table2struct**	将表转换为结构体数组
isfield	确定输入是否为结构体数组字段	**struct2table**	将结构体数组转换为表
isstruct	确定输入是否为结构体数组	cell2struct	将元胞数组转换为结构体数组
rmfield	删除结构体中的字段	struct2cell	将结构体转换为元胞数组

表 B-10 元胞数组函数

函 数	功 能	函 数	功 能
cell	元胞数组	**cellplot**	以图形方式显示元胞数组的结构体
cell2mat	将元胞数组转换为普通数组	cellstr	转换为字符向量元胞数组
cell2struct	将元胞数组转换为结构体数组	iscell	确定输入是否为元胞数组
cell2table	将元胞数组转换为表	**mat2cell**	将数组转换为元胞数组
celldisp	显示元胞数组内容	struct2cell	将结构体转换为元胞数组
cellfun	对元胞数组中的每个元胞应用函数	table2cell	将表转换为元胞数组

表 B-11 函数句柄函数

函 数	功 能	函 数	功 能
feval	计算函数	str2func	根据字符向量构造函数句柄
func2str	基于函数句柄构造字符向量	functions	关于函数句柄的信息

B.2 数学

B.2.1 初等数学

表 B-12 三角学函数

函 数	功 能	函 数	功 能
sin	参数的正弦,以弧度为单位	atan	以弧度为单位的反正切
sind	参数的正弦,以度为单位	atand	以度为单位的反正切
asin	以弧度为单位的反正弦	**atan2**	四象限反正切
asind	以度为单位的反正弦	**atan2d**	以度为单位的四象限反正切
cos	以弧度为单位的参数的余弦	csc	输入角的余割(以弧度为单位)
cosd	以度为单位的参数的余弦	sec	角的正割(以弧度为单位)
acos	以弧度为单位的反余弦	cot	角的余切(以弧度为单位)
acosd	以度为单位的反余弦	**hypot**	平方和的平方根(斜边)
tan	以弧度表示的参数的正切	**deg2rad**	将角从以度为单位转换为以弧度为单位
tand	以度表示的参数的正切	**rad2deg**	将角的单位从弧度转换为度

表 B-13 指数和对数函数

函 数	功 能	函 数	功 能
exp	指数	log2	以 2 为底的对数和浮点数分解
log	自然对数	**pow2**	求以 2 为底的幂值并对浮点数字进行缩放
lg	常用对数(以 10 为底)	**sqrt**	平方根

表 B-14 复数函数

函 数	功 能	函 数	功 能
abs	绝对值和复数幅值	imag	复数的虚部
angle	相位角	isreal	确定数组是否为实数数组
complex	创建复数数组	**j**	虚数单位
conj	复共轭	**real**	复数的实部
i	虚数单位	**sign**	sign 函数(符号函数)

表 B-15 离散数学函数

函 数	功 能	函 数	功 能
factor	质因数	**lcm**	最小公倍数
factorial	输入的阶乘	**rat**	有理分式近似值
gcd	最大公约数	rats	有理输出

表 B-16 多项式函数

函 数	功 能	函 数	功 能
poly	具有指定根的多项式或特征多项式	**polyval**	多项式计算
polyfit	多项式曲线拟合	polyint	多项式积分
roots	多项式根	polyder	多项式微分

表 B-17 常量和测试矩阵函数

函 数	功 能	函 数	功 能
Inf	无穷大	**isinf**	确定数组元素是否为无限值
pi	圆的周长与其直径的比率	isnan	判断查询数组元素是否包含 NaN 值
NaN	非数字	compan	伴随矩阵
isfinite	确定数组元素是否为有限值	magic	幻方矩阵

B.2.2 线性代数

表 B-18 线性代数函数

函 数	功 能	函 数	功 能
mldivide	对线性方程组 $Ax=B$ 求解 x	**tril**	矩阵的下三角形部分
mrdivide	对线性方程组 $xA=B$ 求解 x	**triu**	矩阵的上三角形部分
linsolve	对线性方程组求解	istril	确定矩阵是否为下三角矩阵
inv	矩阵求逆	istriu	确定矩阵是否为上三角矩阵
eig	特征值和特征向量	norm	向量范数和矩阵范数
svd	奇异值分解	vecnorm	向量范数
qz	广义特征值的 *QZ* 分解	**cond**	逆运算的条件数
lu	*LU* 矩阵分解	**det**	矩阵行列式
qr	正交三角分解	**null**	矩阵的零空间
transpose	转置向量或矩阵	orth	适用于矩阵范围的标准正交基
mpower	矩阵幂	**rank**	矩阵的秩
kron	Kronecker 张量积	**trace**	对角线元素之和

B.2.3 随机数生成

表 B-19 随机数生成函数

函 数	功 能	函 数	功 能
rand	均匀分布的随机数	**randi**	均匀分布的伪随机整数
randn	正态分布的随机数	randperm	随机置换

B.2.4 插值

表 B-20 插值函数

函 数	功 能	函 数	功 能
interp1	一维数据插值(表查找)	**ppval**	计算分段多项式
interp2	meshgrid 格式的二维网格数据的插值	**mkpp**	生成分段多项式
		interpft	一维插值(FFT 方法)
interp3	meshgrid 格式的三维网格数据的插值	**ndgrid**	*N* 维空间中的矩形网格
		meshgrid	二维和三维网格
interpn	ndgrid 格式的一、二、三、*N* 维网格数据插值	griddata	插入二维或三维散点数据
		griddatan	插入 *N* 维散点数据
spline	三次方样条数据插值		

B.2.5 优化

表 B-21 优化函数

函 数	功 能	函 数	功 能
fminbnd	查找单变量函数在定区间上的最小值	**fzero**	非线性函数的根
lsqnonneg	解算非负线性最小二乘问题	optimget	优化选项值

B.2.6 数值积分和微分方程

表 B-22 常微分方程函数

函 数	功 能	函 数	功 能
ode45	求解非刚性微分方程-中阶方法	odeget	提取 ODE 选项值
ode23	求解非刚性微分方程-低阶方法	deval	计算微分方程解结构体

表 B-23 时滞微分方程函数

函 数	功 能	函 数	功 能
dde23	求解带有固定时滞的时滞微分方程(DDE)	ddeget	从时滞微分方程 options 结构体中提取属性
ddesd	求解带有常规时滞的时滞微分方程(DDE)	ddeset	创建或更改时滞微分方程 options 结构体
ddensd	求解中立型时滞微分方程(DDE)	deval	计算微分方程解结构体

表 B-24 偏微分方程函数

函 数	功 能	函 数	功 能
pdepe	求解一维抛物-椭圆形 PDE 的初始边界值问题	pdeval	使用 pdepe 的输出计算 PDE 的数值解

表 B-25 数值积分和微分函数

函 数	功 能	函 数	功 能
integral	数值积分	del2	离散拉普拉斯算子
integral2	对二重积分进行数值计算	**diff**	差分和近似导数
integral3	对三重积分进行数值计算	**gradient**	数值梯度
polyint	多项式积分	**polyder**	多项式微分

B.2.7 傅里叶分析和滤波

表 B-26 滤波傅里叶分析和滤波函数

函　数	功　能	函　数	功　能
fft	快速傅里叶变换	ifftshift	逆零频平移
fft2	二维快速傅里叶变换	interpft	一维插值(FFT 方法)
fftn	*N* 维快速傅里叶变换	**conv**	卷积和多项式乘法
fftshift	将零频分量移到频谱中心	**conv2**	二维卷积
fftw	定义用来确定 FFT 算法的方法	**convn**	*N* 维卷积
ifft	逆向快速傅里叶变换	deconv	去卷积和多项式除法
ifft2	二维逆向快速傅里叶变换	**filter**	一维数字滤波器
ifftn	多维逆向快速傅里叶变换	**filter2**	二维数字滤波器

B.2.8 稀疏矩阵

表 B-27 稀疏矩阵函数

函　数	功　能	函　数	功　能
spalloc	为稀疏矩阵分配空间	spones	将非零稀疏矩阵元素替换为 1
speye	稀疏单位矩阵	spy	可视化稀疏模式
sprand	稀疏均匀分布随机矩阵	**find**	查找非零元素的索引和值
sprandn	稀疏正态分布随机矩阵	**full**	将稀疏矩阵转换为满矩阵
sparse	创建稀疏矩阵	bicg	双共轭梯度法
issparse	确定输入是否为稀疏矩阵	cgs	共轭梯度二乘法
nnz	非零矩阵元素的数目	sprank	结构秩
nonzeros	非零矩阵元素	etree	消去树
nzmax	为非零矩阵元素分配的存储量	etreeplot	绘制消去树
spfun	将函数应用于非零稀疏矩阵元素	**treeplot**	绘制树形图

B.2.9 图和网络算法

表 B-28 图和网络算法函数

函　数	功　能	函　数	功　能
graph	具备无向边的图	**addedge**	向图添加新边
digraph	具备有向边的图	**rmedge**	从图中删除边
addnode	将新节点添加到图	flipedge	反转边的方向
rmnode	从图中删除节点	**numnodes**	图中节点的数量

续表

函　数	功　　能	函　数	功　　能
numedges	图中边的数量	shortestpath	两个单一节点之间的最短路径
findnode	定位图中的节点	distances	所有节点对组的最短路径距离
findedge	定位图中的边	**adjacency**	图邻接矩阵
edgecount	两个节点之间的边数	**incidence**	图关联矩阵
reordernodes	对图节点重新排序	**degree**	图节点的度
subgraph	提取子图	neighbors	图节点的相邻节点
bfsearch	广度优先图搜索	**nearest**	半径范围内最近的邻点
dfsearch	深度优先图搜索	indegree	节点的入度
centrality	衡量节点的重要性	outdegree	节点的出度
maxflow	图中的最大流	**plot**	绘制图节点和边
bctree	块割点树图	labeledge	为图边添加标签
minspantree	图的最小生成树	labelnode	为图节点添加标签
toposort	有向无环图的拓扑顺序	layout	更改图的绘图布局
simplify	将多重图简化为简单图	highlight	突出显示绘制的图中的节点和边

B.3　图形

B.3.1　二维图和三维图

表 B-29　线图函数

函　数	功　　能	函　数	功　　能
plot	二维线图	loglog	双对数刻度图
plot3	三维线图	**semilogx**	半对数图 x 轴为对数刻度
stairs	阶梯图	semilogy	半对数图 y 轴为对数刻度
errorbar	含误差条的线图	**fplot**	绘制表达式或函数
area	填充区二维绘图	**fimplicit**	绘制隐函数
stackedplot	具有公共 x 轴的几个变量的层叠	**fplot3**	三维参数化曲线绘图函数

表 B-30　数据分布图函数

函　数	功　　能	函　数	功　　能
histogram	直方图	scatterhistogram	创建带直方图的散点图
histogram2	二元直方图	plotmatrix	散点图矩阵
pie	饼图	heatmap	创建热图
pie3	三维饼图	sortx	对热图行中的元素进行排序
scatter	散点图	sorty	对热图列中的元素进行排序
scatter3	三维散点图	wordcloud	使用文本数据创建文字云图

表 B-31　离散数据图函数

函　数	功　能	函　数	功　能
bar	条形图	stem	绘制离散序列数据
barh	水平绘制条形图	stem3	绘制三维离散序列数据
bar3	绘制三维条形图	**scatter**	散点图
bar3h	绘制水平三维条形图	scatter3	三维散点图

表 B-32　极坐标图函数

函　数	功　能	函　数	功　能
polarplot	在极坐标中绘制线条	rlim	设置/查询 r 坐标轴范围
polarscatter	极坐标中的散点图	thetalim	设置/查询 theta 坐标轴范围
polarhistogram	极坐标中的直方图	rticklabels	设置/查询 r 轴刻度标签
compass	绘制从原点发射出的箭头	thetaticklabels	设置/查询 theta 轴刻度标签
ezpolar	易用的极坐标绘图函数	**polaraxes**	创建极坐标区

表 B-33　等高线图函数

函　数	功　能	函　数	功　能
contour	矩阵的等高线图	clabel	为等高线图添加高程标签
contour3	三维等高线图	fcontour	绘制等高线

表 B-34　向量场函数

函　数	功　能	函　数	功　能
feather	绘制速度向量	compass	绘制从原点发射出的箭头
quiver	箭头图或速度图	**quiver3**	三维箭头图或速度图

表 B-35　曲面图和网格图函数

函　数	功　能	函　数	功　能
surf	曲面图	**fmesh**	绘制三维网格图
surfc	三维着色曲面图下的等高线图	fimplicit3	绘制三维隐函数
surfnorm	计算并显示三维曲面法向量	cylinder	生成圆柱
mesh	网格图	ellipsoid	生成椭圆面
meshc	根据网格图绘制等高线图	sphere	生成球面
meshz	围绕网格图绘制帷幕	pcolor	伪彩(棋盘)图
fsurf	绘制三维曲面	surf2patch	将曲面数据转换为补片数据

表 B-36　三维可视化函数

函　数	功　能	函　数	功　能
contourslice	在三维体切片平面中绘制等高线	**slice**	三维体切片平面
reducepatch	缩减补片面的数量	smooth3	平滑处理三维数据
shrinkfaces	减小补片面的大小	coneplot	三维向量场中以圆锥体绘制向量

续表

函　数	功　能	函　数	功　能
curl	计算向量场的旋度和角速度	streamline	根据向量数据绘制流线图
divergence	计算向量场的散度	streamparticles	绘制流粒子
stream2	计算二维流线图数据	streamslice	在切片平面中绘制流线图
stream3	计算三维流线图数据	streamtube	创建三维流管图

表 B-37　多边形函数

函　数	功　能	函　数	功　能
fill	填充的二维多边形	**patch**	创建一个或多个填充多边形
fill3	填充的三维多边形	surf2patch	将曲面数据转换为补片数据

B.3.2　格式和注释

表 B-38　标题和标签函数

函　数	功　能	函　数	功　能
title	添加标题	**xline**	具有常量 x 值的垂直线
xlabel	为 x 轴添加标签	**yline**	具有常量 y 值的水平线
ylabel	为 y 轴添加标签	**annotation**	创建注释
zlabel	为 z 轴添加标签	**line**	创建基本线条
legend	在坐标区上添加图例	rectangle	创建带有尖角或圆角的矩形
text	向数据点添加文本说明	texlabel	设置具有 TeX 字符的文本的格式

表 B-39　坐标区外观函数

函　数	功　能	函　数	功　能
xlim	设置或查询 x 坐标轴范围	zticks	设置或查询 z 轴刻度值
ylim	设置或查询 y 坐标轴范围	xticklabels	设置或查询 x 轴刻度标签
zlim	设置或查询 z 坐标轴范围	yticklabels	设置或查询 y 轴刻度标签
axis	设置坐标轴范围和纵横比	zticklabels	设置或查询 z 轴刻度标签
box	显示坐标区轮廓	**yyaxis**	创建具有两个 y 轴的图
grid	显示或隐藏坐标区网格线	**cla**	清除坐标区
xticks	设置或查询 x 轴刻度值	**axes**	创建笛卡儿坐标区
yticks	设置或查询 y 轴刻度值	**figure**	创建图窗窗口

表 B-40　颜色图函数

函　数	功　能	函　数	功　能
colormap	查看并设置当前颜色图	rgbplot	绘制颜色图
colorbar	显示色阶的颜色栏	caxis	设置颜色图范围

表 B-41　照相机视图函数

函　数	功　能	函　数	功　能
view	视点的指定	camzoom	放大和缩小场景
makehgtform	创建 4×4 变换矩阵	campos	设置或查询照相机位置
viewmtx	查看变换矩阵	camup	设置或查询照相机的向上方向向量
campan	围绕照相机位置旋转照相机目标	camva	设置或查询照相机视角

表 B-42　光照、透明度和着色函数

函　数	功　能	函　数	功　能
camlight	在照相机坐标系中创建或移动光源对象	material	控制曲面和补片的反射属性
		alim	设置或查询坐标区的 alpha 范围
light	创建光源对象	**alpha**	向坐标区中的对象添加透明度
lighting	指定光照算法	alphamap	指定图窗 alphamap(透明度)
shading	设置颜色着色属性		

B.3.3　图像

表 B-43　图像函数

函　数	功　能	函　数	功　能
imshow	显示图像	**imwrite**	将图像写入图形文件
image	从数组显示图像	**ind2rgb**	将索引图像转换为 RGB 图像
imread	从图形文件读取图像	**rgb2gray**	将 RGB 图像或颜色图转换为灰度图
imresize	调整图像大小		

B.3.4　打印和保存

表 B-44　打印和保存函数

函　数	功　能	函　数	功　能
print	打印图窗或保存为特定文件格式	**savefig**	将图窗和内容保存到 FIG 文件
saveas	将图窗保存为特定文件格式	**openfig**	打开保存在 FIG 文件中的图窗

B.3.5　图形对象

表 B-45　图形对象属性函数

函　数	功　能	函　数	功　能
get	查询图形对象属性	**reset**	将图形对象属性重置为其默认值
set	设置图形对象属性		

表 B-46 图形对象的标识函数

函 数	功 能	函 数	功 能
gca	当前坐标区或图	ancestor	图形对象的父级
gcf	当前图窗的句柄	findobj	查找具有特定属性的图形对象
gcbf	包含正在执行其回调的对象的图窗句柄	findfigs	查找可见的屏幕外图窗
		gobjects	初始化图形对象的数组
gcbo	正在执行其回调的对象的句柄	delete	删除文件或对象
gco	当前对象的句柄		

表 B-47 图形对象编程函数

函 数	功 能	函 数	功 能
isempty	确定数组是否为空	clf	清除当前图窗窗口
isequal	确定数组相等性	cla	清除坐标区
isa	确定输入是否具有指定数据类型	close	删除指定图窗

表 B-48 指定图形输出的目标函数

函 数	功 能	函 数	功 能
hold	添加新绘图时保留当前绘图	clf	清除当前图窗窗口
newplot	确定图形对象的绘制位置	cla	清除坐标区

表 B-49 图形性能函数

函 数	功 能	函 数	功 能
drawnow	更新图窗并处理回调	opengl	控制 OpenGL 渲染

B.4 数据导入和分析

B.4.1 数据导入和导出

表 B-50 文本文件函数

函 数	功 能	函 数	功 能
readtable	基于文件创建表	**csvread**	读取逗号分隔值（CSV）文件
writetable	将表写入文件	**csvwrite**	写入逗号分隔值文件
textscan	从文本文件字符串读取格式化数据	**fileread**	以文本格式读取文件内容

表 B-51 电子表格函数

函 数	功 能	函 数	功 能
readtable	基于文件创建表	xlsfinfo	确定文件是否包含 Excel 电子表格
writetable	将表写入文件	**xlsread**	读取 Microsoft Excel 电子表格文件
setvartype	设置变量数据类型	**xlswrite**	写入 Microsoft Excel 电子表格文件

表 B-52　图像函数

函　数	功　能	函　数	功　能
im2java	将图像转换 Java 图像	**imread**	从图形文件读取图像
imfinfo	有关图形文件的信息	**imwrite**	将图像写入图形文件

表 B-53　音频和视频函数

函　数	功　能	函　数	功　能
audioinfo	有关音频文件的信息	**VideoWriter**	写入视频文件
audioread	读取音频文件	**sound**	将信号数据矩阵转换为声音
audiowrite	写音频文件	soundsc	缩放数据和作为声音播放
VideoReader	读取视频文件	**beep**	产生操作系统蜂鸣声

表 B-54　工作区变量和 MAT 文件函数

函　数	功　能	函　数	功　能
load	将文件变量加载到工作区中	**who**	列出工作区中的变量
save	将工作区变量保存到文件中	**whos**	列出工作区中的变量及大小和类型
disp	显示变量的值	**clear**	从工作区中删除项目、释放系统内存

表 B-55　低级文件 I/O 函数

函　数	功　能	函　数	功　能
fclose	关闭一个或所有打开的文件	**fprintf**	将数据写入文本文件
fgetl	读取文件中的行,并删除换行符	**fread**	读取二进制文件中的数据
fgets	读取文件中的行,并保留换行符	frewind	将文件位置指示符移至文件的开头
fileread	以文本格式读取文件内容	**fscanf**	读取文本文件中的数据
fopen	打开文件或获得有关打开文件信息	**fwrite**	将数据写入二进制文件

B.4.2　数据的预处理

表 B-56　数据的预处理函数

函　数	功　能	函　数	功　能
ismissing	查找缺失值	**rescale**	数组元素的缩放范围
isoutlier	查找数据中的离群值	discretize	将数据分组到 bin 或类别中
smoothdata	对含噪数据进行平滑处理	**histcounts**	直方图 bin 计数
detrend	去除线性趋势	**histcounts2**	二元直方图 bin 计数
normalize	归一化数据	findgroups	查找组并返回组编号

B.4.3 描述性统计量

表 B-57 描述性统计量函数

函数	功能	函数	功能
min	数组的最小元素	**cummin**	累积最小值
max	数组的最大元素	movmad	移动中位数绝对偏差
mean	数组的均值	movmax	移动最大值
median	数组的中位数值	movmean	移动均值
mode	数组中出现次数最多的值	movmedian	移动中位数
std	标准差	movmin	移动最小值
var	方差	movprod	移动乘积
corrcoef	相关系数	movstd	移动标准差
cov	方差	movsum	移动总和
cummax	累积最大值	movvar	移动方差

B.5 脚本和函数编程

B.5.1 控制流

表 B-58 控制流函数

函数	功能	函数	功能
if,elseif,else	条件为 true 时执行语句	**break**	终止执行 for 或 while 循环
for	用来重复指定次数的 for 循环	**continue**	将控制权传递给循环
parfor	并行 for 循环	**end**	终止代码或指示最大数组索引
switch,case	执行多组语句中的一组	**pause**	暂时停止执行 MATLAB
try,catch	执行语句并捕获产生的错误	**return**	将控制权返回给调用函数
while	条件为 true 时重复执行的循环		

B.5.2 脚本与函数

表 B-59 脚本与函数

函数	功能	函数	功能
edit	编辑或创建文件	**nargin**	函数输入参数数目
input	请求用户输入	**nargout**	函数输出参数数目
function	声明函数名称、输入和输出	**varargin**	可变长度输入参数列表
global	声明为全局变量	**varargout**	可变长度输出参数列表

B.5.3 文件和文件夹

表 B-60 文件和文件夹

函 数	功 能	函 数	功 能
dir	列出文件夹内容	**copyfile**	复制文件或文件夹
ls	列出文件夹内容(同 dir)	**delete**	删除文件或对象
pwd	确定当前文件夹	**mkdir**	新建文件夹
exist	检查变量、脚本、函数、文件夹或类	movefile	移动或重命名文件或文件夹
type	显示文件内容	**rmdir**	删除文件夹
cd	更改当前文件夹	**open**	在合适的应用程序中打开文件

B.5.4 代码分析和执行

表 B-61 代码分析和执行函数

函 数	功 能	函 数	功 能
pcode	创建受保护的函数文件	feval	计算函数
eval	执行文本中的表达式		

B.6 App 构建

B.6.1 App 设计工具

表 B-62 App 设计工具函数

函 数	功 能	函 数	功 能
appdesigner	创建或编辑 App 文件	**uimenu**	创建菜单或菜单项
uiaxes	为绘图创建 UI 坐标区	**uiradiobutton**	创建单选按钮组件
uibutton	创建普通按钮或状态按钮组件	**uislider**	创建滑块组件
uibuttongroup	创建按钮组	**uispinner**	创建微调器组件
uicheckbox	创建复选框组件	**uitable**	创建表用户界面组件
uidatepicker	创建日期选择器组件	uitextarea	创建文本区域组件
uidropdown	创建下拉组件	uitogglebutton	创建切换按钮组件
uieditfield	创建文本或数值编辑字段组件	**uitree**	创建树组件
uilabel	创建标签组件	**uitreenode**	创建树节点组件
uilistbox	创建列表框组件	**uifigure**	创建用于设计 App 的图窗

续表

函　数	功　　能	函　数	功　　能
uipanel	创建面板容器对象	**uiprogressdlg**	创建进度对话框
uitabgroup	创建包含选项卡式面板的容器	uisetcolor	打开颜色选择器
uitab	创建选项卡式面板	**uigetfile**	打开文件选择对话框
uigridlayout	创建网格布局管理器	**uiputfile**	打开用于保存文件的对话框
expand	展开树节点	**uigetdir**	打开文件夹选择对话框
collapse	折叠树节点	**uiopen**	打开文件选择对话框并加载文件
move	移动树节点		
uialert	显示警告对话框	**uisave**	打开用于将变量保存到 MAT 文件
uiconfirm	创建确认对话框		

B.6.2　编程工作流

表 B-63　编程设计 App 函数

函　数	功　　能	函　数	功　　能
figure	创建图窗窗口	uipushtool	在工具栏上创建普通按钮
axes	创建笛卡儿坐标区	uitoggletool	在工具栏上创建切换按钮
uicontrol	创建用户界面控件	align	对齐 UI 组件和图形对象
uitable	创建表用户界面组件	movegui	将图窗移动到屏幕上的指定位置
uipanel	创建面板容器对象		
uibuttongroup	创建按钮组	getpixelposition	获取组件位置(以像素为单位)
uitab	创建选项卡式面板	setpixelposition	设置组件位置(以像素为单位)
uitabgroup	创建包含选项卡式面板的容器	listfonts	列出可用的系统字体
uimenu	创建菜单或菜单项	textwrap	使 uicontrol 的文本换行
uicontextmenu	创建上下文菜单	uistack	对 UI 组件的视图层叠重新排序
uitoolbar	在图窗上创建工具栏		

表 B-64　对话框局部 UI 函数

函　数	功　　能	函　数	功　　能
errordlg	创建错误对话框	uisetfont	打开字体选择对话框
warndlg	创建警告对话框	export2wsdlg	将变量导出到工作区的对话框
msgbox	创建消息对话框	**uigetfile**	打开文件选择对话框
helpdlg	创建帮助对话框	**uiputfile**	打开用于保存文件的对话框
waitbar	创建或更新等待条对话框	**uigetdir**	打开文件夹选择对话框
questdlg	创建问题对话框	**uiopen**	打开文件选择对话框并加载
inputdlg	创建收集用户输入的对话框	**uisave**	将变量保存到 MAT 文件的对话框
listdlg	创建列表选择对话框	dialog	创建空的模态对话框
uisetcolor	打开颜色选择器	uigetpref	创建根据用户预设打开的对话框

B.7 高级软件开发

B.7.1 App测试框架

表 B-65 App测试框架函数

函数	功能	函数	功能
press	对UI组件执行按下手势	drag	对UI组件执行拖动手势
choose	对UI组件执行选择手势	type	在UI组件中输入

B.7.2 性能和内存

表 B-66 性能和内存函数

函数	功能	函数	功能
timeit	测量运行函数所需的时间	cputime	已用的CPU时间
tic	启动秒表计时器	bench	MATLAB基准
toc	从秒表读取已用时间	**memory**	显示内存信息

图书资源支持

感谢您一直以来对清华大学出版社图书的支持和爱护。为了配合本书的使用，本书提供配套的资源，有需求的读者请扫描下方的“书圈”微信公众号二维码，在图书专区下载，也可以拨打电话或发送电子邮件咨询。

如果您在使用本书的过程中遇到了什么问题，或者有相关图书出版计划，也请您发邮件告诉我们，以便我们更好地为您服务。

我们的联系方式：

地　　址：北京市海淀区双清路学研大厦 A 座 701

邮　　编：100084

电　　话：010-83470236　010-83470237

资源下载：http://www.tup.com.cn

客服邮箱：tupjsj@vip.163.com

QQ：2301891038（请写明您的单位和姓名）

教学资源 · 教学样书 · 新书信息

人工智能科学与技术
人工智能|电子通信|自动控制

资料下载 · 样书申请

书圈

用微信扫一扫右边的二维码，即可关注清华大学出版社公众号。